普通高等院校电子信息与电气工程类专业教材

模拟电子技术(第二版)

主　编　蔡红娟
副主编　周　斌　蔡　苗

华中科技大学出版社
中国·武汉

内 容 简 介

本书是根据近年来电子技术的发展和多年的教学改革与实践,针对"模拟电子技术"课程的教学基本要求编写而成的。

本书共分 8 章,主要内容包括半导体器件、基本放大电路、放大电路的频率响应、集成运算放大电路、信号的基本运算与滤波处理、负反馈放大电路、波形的产生与变换、直流电源。

本书可作为高等院校电气信息类各个专业和部分非电类专业的教材,也可作为工程技术人员的业务参考书。

图书在版编目(CIP)数据

模拟电子技术/蔡红娟主编. —2 版. —武汉:华中科技大学出版社,2019.1(2024.1重印)
ISBN 978-7-5680-4833-0

Ⅰ.①模…　Ⅱ.①蔡…　Ⅲ.①模拟电路-电子技术-高等学校-教材　Ⅳ.①TN710.4

中国版本图书馆 CIP 数据核字(2019)第 005369 号

模拟电子技术(第二版)　　　　　　　　　　　　　　　　　　　　蔡红娟　主编
Moni Dianzi Jishu

策划编辑:谢燕群

责任编辑:谢燕群

封面设计:原色设计

责任校对:刘　竣

责任监印:赵　月

出版发行:华中科技大学出版社(中国·武汉)　　　　电话:(027)81321913
　　　　　武汉市东湖新技术开发区华工科技园　　　　邮编:430223

录　　排:武汉市洪山区佳年华文印部

印　　刷:武汉市籍缘印刷厂

开　　本:787mm×1092mm　1/16

印　　张:15.5

字　　数:373 千字

版　　次:2024 年 1 月第 2 版第 2 次印刷

定　　价:35.80 元

第二版前言

为了适应新工科发展需要,培养高素质综合性应用型人才,经过教学改革与实践,我们在第一版基础上修订了本教材。立足于"讲清基本概念、基本电路的工作原理和基本分析方法",面向工程应用,做了以下几个方面的工作。

(1)增加新技术的介绍与应用电路分析。如增加了肖特基二极管的介绍,增加了MOS管的应用电路分析等。

(2)重新改编了例题和习题,增加了具有工程背景的例题和习题,并赋予了相应的应用情景,旨在帮助读者提高工程应用能力。

(3)增加了模拟电子技术专业术语的汉英对照,帮助读者提高相关外文文献的查阅能力。

参加本版修订工作的有蔡红娟(第1、2、5、6、7章),周斌(第4章和习题),蔡苗(第3、8章)。蔡红娟任主编,并负责全书统稿;周斌和蔡苗任副主编。在编写本书过程中,翟晟、陈艳等也做了大量工作,在此表示深深的谢意。此外,本书得到了殷小贡、李海、徐安静老师的审阅,并提出了许多宝贵的意见,在此对他们以及在编写过程中给予热情帮助和支持的其他同志们一并表示衷心的感谢。

本书引用了许多专家、学者的著作和论文中的研究成果,在此特向他们表示衷心的感谢。

由于编者的能力和水平有限,书中定有疏漏、欠妥之处,恳请广大读者批评指正。

作　者
2018 年 9 月于武汉

前　　言

为了适应电子科学技术的发展和应用技术型高校的转型需要,我们以"夯实理论基础,强化工程应用能力"为原则,根据教学基本要求,针对"模拟电子技术"课程学习的特点,编写了这本教材。在编写本书过程中,力求在内容取舍、编写体例、内容叙述方面有所突破,做到概念清楚、内容深入浅出、易于自学,并注重实用性、适度性和专业性。本书具有以下几个特点:

(1) 内容选取以工程应用为背景,结合各相关专业的工程实际,合理删减工程实践中用得少或不符合电子技术发展方面的内容,对集成电路的讨论强化"外部"、淡化"内部",并注重新器件、新技术的应用。本书中的应用实例大多来自作者科研工作及教学实践,注重与工程实践应用的结合,有利于激发读者的学习兴趣,帮助读者树立工程意识。

(2) 本书在结构编排上遵循"先器件后电路,先基础后应用"的原则,由浅入深。前 2 章阐述了半导体器件及其基本应用电路,既强调基础知识又注重知识的应用,体现了"管为路用"的思想;之后分析了各类单元电路,并将集成运放作为基本电子器件来阐述各类单元电路的工作原理和工程应用,解决了"入门难"的问题。

(3) 为了进一步明确教学基本要求,各章的开头均给出了本章的基本概念、重点与难点、基本分析方法,各章又以"本章小结"结束,前后呼应,有利于帮助读者理清基本概念、明确学习目的,易于入门。

(4) 本书配备了足够数量的例题和习题,题型多样又具有代表性,其具有启发性和实践性的提问有利于读者自学并提高工程实践中分析问题和解决问题的能力。

本书第 1、2、5、6、7 章由蔡红娟编写,第 3、8 章和习题由蔡苗编写,第 4 章由翟晟编写。蔡红娟任主编,并负责全书统稿,蔡苗和翟晟任副主编。在本书编写过程中,周斌、陈艳等也做了大量工作,在此对他们表示深深的谢意。此外,殷小贡、李海、徐安静老师对本书进行了审阅,并提出了许多宝贵的意见,在此对他们以及在编写、出版过程中给予热情帮助和支持的其他同志们一并表示衷心的感谢。

本书引用了许多专家、学者著作和论文中的研究成果,在此特向他们表示衷心的感谢。

由于编者的能力和水平有限,书中定有疏漏、欠妥之处,恳请广大读者批评指正。

编　者

2015 年 9 月于武汉

目　　录

第 1 章　半导体器件

【基本概念】

　　本征半导体,空穴和自由电子,载流子,N 型半导体和 P 型半导体,PN 结,扩散运动和漂移运动,导通、截止和击穿,二极管,稳压管,三极管,场效应管。

【重点与难点】

　　(1) PN 结的单向导电性;

　　(2) 二极管、三极管的伏安特性;

　　(3) 场效应管的工作原理。

【基本分析方法】

　　(1) 如何判断二极管和稳压管的工作状态;二极管的建模及基本应用电路分析。

　　(2) 如何判断三极管、场效应管的类型及其在电路中的工作状态。

1.1　半导体器件的基础知识

1.1.1　半导体材料

　　大自然的物质按其导电能力可以分为导体、半导体和绝缘体。导体的导电能力最强,常见的导体有铜、铁、铝等;绝缘体几乎不导电,如木头、橡胶等;半导体的导电性能介于导体和绝缘体之间。

　　在电子器件中,常用的半导体材料有:四价元素,如硅(Si)、锗(Ge)等;化合物半导体,如砷化镓(GaAs)。其中硅是目前最常用的一种半导体材料,其最外层轨道上有四个电子,简化的原子结构模型如图 1-1 所示。砷化镓及其化合物一般用在比较特殊的场合,如超高速器件和光电器件中。在形成晶体结构的半导体中,人为掺入特

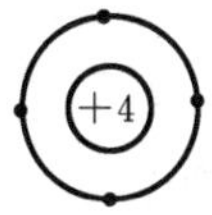

图 1-1　四价元素原子结构图

定的杂质元素时,导电性能具有可控性;另外,在光照和热辐射条件下,其导电性还有明显的变化,这些特殊的性质决定了半导体可以制成各种电子器件。

1.1.2　本征半导体

　　在半导体的晶体结构中,原子按一定的规则整齐排列,由于原子间的距离很近,故价电子不仅受到所属原子核的吸引,还受到相邻原子核的吸引。这样,每一个原子的每个价电子都与相邻原子的一个价电子组成一个电子对,即形成共价键结构,如图 1-2 所示。共价键结构使原子最外层处在较为稳定的状态。本征半导体就是这样一种纯净的具有晶体结构的半导体,在热力学温度 $T = 0$ K(-273 ℃)且无外部激发能量时,每个价电子都处于最低能态,

价电子没有能力脱离共价键的束缚,没有能够自由移动的带电粒子,这时的本征半导体被认为是绝缘体。

本征半导体,在温度升高或受到光照射时,其共价键中的少数价电子因获得能量而挣脱共价键束缚成为自由电子,这种现象称为激发。如图1-3所示,价电子挣脱共价键束缚成为自由电子之后,在共价键中留下一个空位子,称之为空穴(图中用圆圈表示)。每形成一个自由电子,就留下一个空穴。所以,在本征半导体中,自由电子和空穴总是成对出现、数目相等。原子是中性的,而自由电子带负电,所以认为空穴带正电。

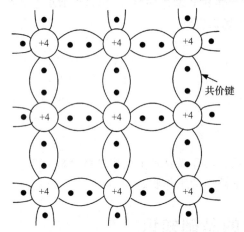

图1-2 硅晶体共价键结构

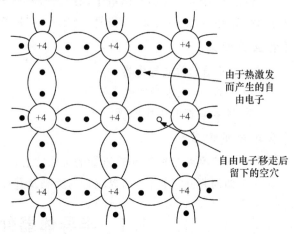

图1-3 热激发产生的自由电子-空穴对

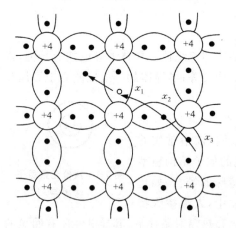

图1-4 电子和空穴的移动

在外电场力的作用下,一方面自由电子作定向运动形成电子电流,另一方面空穴出现后,会吸引相邻原子中的价电子来填补空穴,同时出现另一个空穴,如图1-4所示。若x_1处出现空穴,而x_2处的价电子就可以填补到这个空穴,从而使空穴由x_1移到x_2;若接着x_3处的价电子又填补到x_2处的空穴,即使空穴又由x_2移到x_3处。这样空穴就产生定向移动,$x_1 \rightarrow x_2 \rightarrow x_3$,形成空穴电流。由于自由电子和空穴所带电荷极性不同,因此它们的运动方向相反,本征半导体中的电流是两个电流之和。

运载电荷的粒子称为载流子。导体导电只有一种载流子,即自由电子;而半导体有两种载流子,即自由电子和空穴,这是半导体导电的特殊性。

在本征半导体中,一方面,由于热激发,自由电子-空穴对不断产生;另一方面,自由电子在运动过程中又会不断地填补空穴,从而使自由电子-空穴对消失,这一过程称为复合。在一定温度下,自由电子-空穴对的产生和复合达到动态平衡,则半导体载流子的浓度维持在一定水平。理论证明,本征半导体的载流子浓度随着温度的升高近似按指数规律增加。因此,温度对半导体的导电性能影响很大。

1.1.3　杂质半导体

本征半导体中,由于热激发而产生的自由电子和空穴的数目是很少的,因此其导电性能很差。如果在本征半导体中掺入少量合适的杂质元素,便可使半导体的自由电子或空穴的数目大大增加,这种半导体称为杂质半导体。控制掺入杂质的浓度,便可控制杂质半导体的导电性能。

杂质半导体有以下两种:电子型半导体和空穴型半导体。载流子以电子为主的半导体称为电子型半导体。因为电子带负电,取英文单词"负"(negative)第一个字母的大写"N",所以电子型半导体又称 N 型半导体。载流子以空穴为主的半导体称为空穴型半导体。取英文单词"正"(positive)第一个字母的大写"P",所以空穴型半导体又称 P 型半导体。下面以硅材料为例进行讨论。

1. N 型半导体

在本征半导体中掺入五价元素(如磷),使每一个五价元素取代一个四价元素在晶体中的位置,可以形成 N 型半导体。由于杂质原子的最外层是五个价电子,因此除了与周围四价原子形成共价键外,还多出一个电子,如图 1-5 所示。多出的电子不受共价键的束缚,只需获得较小的能量便可成为自由电子。由于掺入的杂质原子可以提供电子,故称为施主原子。N 型半导体中,自由电子的浓度大于空穴的浓度,所以称自由电子为多数载流子(简称多子),空穴为少数载流子(简称少子)。N 型半导体主要靠自由电子导电,掺入杂质越多,多子(自由电子)的浓度就越高,导电性能就越强。

2. P 型半导体

在本征半导体中掺入三价杂质元素(如硼),使每一个三价元素取代一个四价元素在晶体中的位置,可以形成 P 型半导体。由于杂质原子的最外层是三个价电子,因此只能与周围四价原子形成三对共价键,同时形成一个空穴,如图 1-6 所示。由于掺入的杂质原子可以形成空穴从而吸引价电子,故称为受主原子。P 型半导体中,空穴为多子,自由电子为少子,主要靠空穴导电。掺入杂质越多,多子(空穴)的浓度就越高,导电性能就越强。

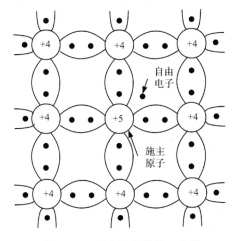

图 1-5　N 型半导体结构示意图

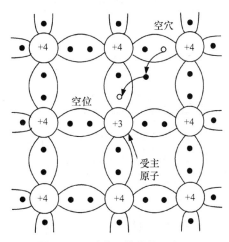

图 1-6　P 型半导体结构示意图

从以上分析可知,掺入杂质的浓度决定了多子的浓度,也就控制了杂质半导体的导电性能,因此多子受温度的影响很小;少子是本征激发形成的,尽管其浓度很低,但对温度非常敏感,这一特性既可以让我们用其制作光敏器件和热敏器件,又是造成半导体器件温度稳定性差的原因。

1.1.4　PN结

1. PN结的形成

对同一块半导体,两端分别掺入不同的杂质,使之分别形成P型半导体和N型半导体,这两种杂质半导体的接触面会形成一个PN结。

由于交界面两侧载流子(空穴和自由电子)的浓度差很大,因此载流子将从浓度较高的区域向浓度较低的区域运动,即形成多子的扩散运动。如图1-7所示,P区的多子空穴向N区扩散,而N区的多子自由电子向P区扩散。

当载流子通过两种半导体的交界面后,在交界面附近的区域里空穴与自由电子复合。这样,在P区一侧由于失去空穴,留下了不能移动的负离子层;在N区一侧由于失去自由电子,留下了不能移动的正离子层,从而形成空间电荷区。由此产生的电场称为内电场,方向由N区指向P区,如图1-8所示。空间电荷区越宽,内电场就越强。显然,内电场的存在阻挡多子的扩散运动而加强少子向对方区域的漂移,这样又形成少子的漂移运动。刚开始,扩散运动较强,漂移运动较弱,随着扩散运动的进行,空间电荷区加宽、内电场加强,阻碍扩散运动、增强漂移运动,最后扩散运动和漂移运动达到动态平衡,形成稳定的空间电荷区,即PN结。

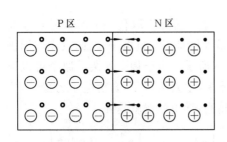

图1-7　多子的扩散运动

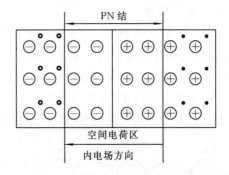

图1-8　PN结的形成

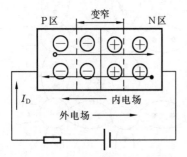

图1-9　加正向电压,PN结导通

2. PN结的单向导电特性

以上所讨论的PN结处于平衡状态,称为平衡PN结。在PN结两端外加不同方向的电压,就可以破坏原来的平衡,从而呈现出单向导电性。

1)外加正向电压

如图1-9所示,给PN结外加正向电压(电源的正极接P区,负极接N区),产生的电场称为外电场,其方向与内电场的相反,则内电场被削弱,空间电荷区变窄,有利于扩散运动,但削弱漂移运动。大量的多子通过 PN 结形成较大的正向电流,呈现低电阻特性,PN 结处于导通状态。这种情况称为 PN 结处于正向偏置。

2)外加反向电压

如图 1-10 所示,给 PN 结外加反向电压(电源的负极接 P 区,正极接 N 区),此时产生的外电场方向与内电场的一致,则空间电荷区变宽,内电场被加强,加强漂移运动,但阻碍扩散运动,随着外加电压的增大,漂移运动占优势,形成反向电流。由于少子浓度很低,反向电

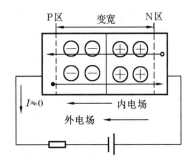

图 1-10　加反向电压,PN 结截止

流很小,并且少子在一定温度下浓度不变,因此此时即使增加外加电压的幅度,其电流也会保持不变,故称为反向饱和电流。此时呈现高电阻特性,PN 结处于反向截止状态。这种情况称为 PN 结处于反向偏置。

综上所述:PN 结加正向电压,处于导通状态;加反向电压,处于截止状态,即 PN 结具有单向导电特性。

3. PN 结的伏安特性

PN 结的伏安特性是指 PN 结两端的外加电压 u_D 与流过 PN 结的电流 i_D 之间的关系曲线。从理论上分析,PN 结的伏安特性可用下式表示:

$$i_D = I_S(e^{u_D/U_T} - 1)$$

式中:I_S 为反向饱和电流;$U_T = KT/q$ 称为温度电压当量,其中 K 为玻尔兹曼常数,T 为热力学温度,q 为电子的电荷量。

在室温($T = 300$ K)下,$U_T \approx 26$ mV。PN 结的伏安特性曲线如图 1-11 所示。

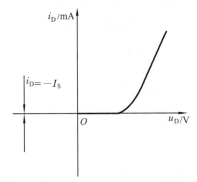

PN 结正向偏置时,外加电压 $u_D \gg U_T$,则 $u_D/U_T \gg 1$,PN 结的正向电流 i_D 随正向电压 u_D 按指数规律变化。PN 结的伏安特性表达式可以简化为

$$i_D \approx I_S e^{u_D/U_T}$$

PN 结反向偏置时,外加电压 $|u_D| \gg U_T$,则 $e^{u_D/U_T} \approx 0$,PN 结的伏安特性表达式可以简化为 $i_D \approx -I_S$。可见反向饱和电流 I_S 是个常数,不随外加反向电压的大小而变动。

4. PN 结的击穿特性

图 1-11　PN 结的伏安特性曲线

PN 结处于反向偏置时,在一定电压范围内,流过 PN 结的电流是很小的反向饱和电流。当反向电压超过某一数值(U_B)后,反向电流急剧增加,这种现象称为反向击穿。U_B 称为击穿电压。

PN 结的击穿分为雪崩击穿和齐纳击穿。

当反向电压足够高时,内电场很强,少数载流子在漂移过程中受更大的电场作用力产生加速运动,在运动中与共价键碰撞时可能将价电子"打"出共价键,形成新的电子-空穴对。这些新的电子-空穴对又可能"打"出更多的电子-空穴对,如此连锁反应,使反向电流急剧增大。这种击穿称为雪崩击穿。

当 PN 结两边掺入高浓度的杂质时,其空间电荷区宽度很小,即使不大的外加反向电压(一般为几伏)也可以产生很强的电场(可达 2×10^6 V/cm),将共价键的价电子直接拉出来,产生电子-空穴对参与导电,引起反向电流急剧增加,这种现象称为齐纳击穿。

对硅材料的 PN 结,击穿电压 U_B 大于 7 V 时通常是雪崩击穿,小于 4 V 时通常是齐纳击穿;U_B 在 4 V 和 7 V 之间时两种击穿均有。由于击穿破坏了 PN 结的单向导电特性,因而一般使用时应避免出现击穿现象。

需要指出的是,发生击穿并不一定意味着 PN 结被损坏。当 PN 结反向击穿时,只要注意控制反向电流的数值(一般通过串接电阻 R 实现),不使其过大产生过热而烧坏 PN 结,反向击穿和反向截止两种状态是可逆的。当反向电压(绝对值)降低时,PN 结的性能就可以恢复到反向截止的状态。稳压二极管正是利用了 PN 结的反向击穿特性来实现稳压的。

5. PN 结的电容特性

根据电容的定义,有

$$C = \frac{Q}{U} \quad 或 \quad C = \frac{dQ}{dU}$$

表明电压变化将引起电荷变化,从而反映出电容效应。而 PN 结两端加上电压,PN 结内就有电荷的变化,说明 PN 结具有电容效应。按产生的原因,PN 结的结电容包括势垒(barrier)电容 C_B 和扩散(diffusion)电容 C_D 两种。

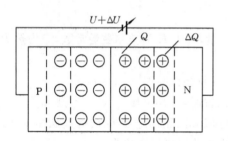

图 1-12 空间电荷区电量随外加
电压变化而变化

势垒电容 C_B 是由空间电荷区引起的。空间电荷区由不能移动的正、负离子组成,它们都有一定的电量,这种结构与平板电容器的很相似。如图1-12所示,当外加电压使空间电荷区变宽时,电荷量增加,相当于电容充电;当外加电压使空间电荷区变窄时,电荷量减小,相当于电容放电。

扩散电容 C_D 是由多数载流子在扩散过程中的积累引起的。当外加正向电压增加时,扩散区内积累的电荷量增加,反之,电荷量减少。

势垒电容 C_B 和扩散电容 C_D 都与 PN 结的结面积有关,所以它们都是非线性电容。PN 结的结电容 C_j 为势垒电容 C_B 和扩散电容 C_D 之和,即

$$C_j = C_B + C_D$$

PN 结正向偏置时,结电容一般以扩散电容为主;反向偏置时,则基本上等于势垒电容。结电容 C_j 一般很小,结面积小的为 1 pF 左右,结面积大的为几十至几百皮法。当工作频率很高时才考虑结电容的存在。

1.2 半导体二极管

1.2.1 半导体二极管的结构及类型

半导体二极管是以 PN 结为核心,在 PN 结的两端各引出一个电极并加管壳封装而成

的。PN 结的 P 型半导体一端引出的电极为阳极(或称为正极),PN 结的 N 型半导体一端引出的电极为阴极(或称为负极)。半导体二极管按使用的半导体材料,可分为硅管和锗管;按结构形式,又可分为点接触型、面接触型和平面型三类。

图 1-13(a)所示的点接触型二极管,其特点是 PN 结面积很小,只能通过较小的电流(几十毫安以下),结电容很小,适用于高频(可达 100 MHz 以上)电路。因此,点接触型二极管多用于高频检波以及小电流整流电路中。

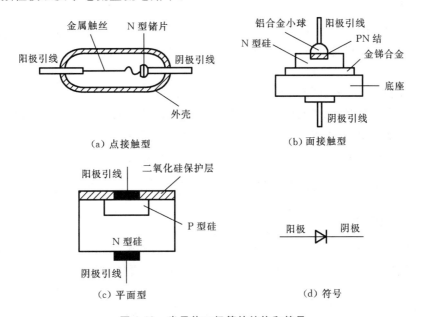

(a) 点接触型   (b) 面接触型

(c) 平面型   (d) 符号

图 1-13　半导体二极管的结构和符号

图 1-13(b)所示的面接触型二极管,其特点是 PN 结面积大,允许通过较大的电流(几百毫安至几安),结电容也大,只能用于低频整流电路中。

图 1-13(c)所示的平面型二极管,PN 结面积较小的常用在脉冲电路中作为开关管,结面积较大的常用于大功率整流电路中。

图 1-13(d)所示的是二极管的符号。

1.2.2　半导体二极管的伏安特性

伏安特性是用来描述电压与电流之间关系的。以硅二极管为例,半导体二极管的伏安特性曲线如图 1-14 所示。

1. 正向特性

当二极管加正向电压较小时,由于外电场还不足以克服内电场对多子扩散运动的阻碍作用,因此二极管的正向电流为零,这一区域称为死区。当正向电压大于一定数值后,内电场被削弱,正向电流明显增长,二极管进入导通状态,该电压值称为阈值电压,记作 U_{th}。在室温下,硅管 $U_{th} \approx 0.5$ V,锗管 $U_{th} \approx 0.1$ V。二极管正向导通时,硅管的管压降为

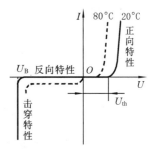

图 1-14　硅二极管的伏安特性曲线

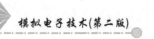

0.6～0.8 V,锗管的管压降为 0.1～0.3 V。

2. 反向特性

当二极管加反向电压时,PN 结反向偏置,电流很小,且反向电压在较大范围内变化时反向电流值基本不变,此时二极管处于截止状态。小功率硅管的反向电流一般小于 0.1 μA,而锗管的反向电流通常为几十微安。

3. 击穿特性

当二极管承受的反向电压大于击穿电压 U_B 时,二极管的反向电流急剧增大,此时二极管处于击穿状态。二极管的反向击穿电压一般在几十伏以上(高反压管的反向击穿电压可达几千伏)。

普通二极管一般工作在导通和截止状态。

在环境温度升高时,二极管的正向特性曲线将左移,反向特性曲线将下移,如图 1-14 中虚线所示。在室温附近,温度每升高1 ℃,正向压降减小 2～2.5 mV;温度每升高 10 ℃,反向电流约增大一倍。由此可见,二极管的特性对温度很敏感。

1.2.3 半导体二极管的主要电参数

1. 最大整流电流 I_F

最大整流电流 I_F 是二极管允许通过的最大正向平均电流。它主要取决于 PN 结的结面积大小,工作时应使平均工作电流小于 I_F,如超过 I_F,二极管将因过热而烧毁。

2. 反向击穿电压 U_B

反向击穿电压 U_B 是二极管反向击穿时的电压值。击穿时,二极管反向电流急剧增加,单向导电性被破坏,二极管甚至因过热而烧坏。

3. 最大反向工作电压 U_R

最大反向工作电压 U_R 是二极管允许的最大工作电压。当反向电压超过此值时,二极管可能被击穿。为了留有余地,通常取击穿电压的一半作为 U_R。

4. 反向电流 I_R

反向电流 I_R 是二极管未击穿时的反向电流值。此值越小,二极管的单向导电性越好。由于反向电流由少数载流子形成,因此 I_R 值受温度的影响很大。

5. 最高工作频率 f_M

最高工作频率 f_M 是保证二极管具有良好单向导电性的最高频率,主要取决于 PN 结的结电容大小,结电容越大,二极管允许的最高工作频率越低。此参数也称截止频率。

1.2.4 二极管应用电路举例

1. 二极管伏安特性的建模

二极管的伏安特性具有非线性,这给二极管应用电路的分析带来了一定的困难。在实际分析二极管应用电路时,常采用二极管模型分析法。

把二极管看作是理想二极管,其特点是:加正向电压时二极管导通,其两极之间视为短路,相当于开关闭合;加反向电压时二极管截止,其两极之间视为开路,相当于开关断开。二极管的开关(理想)模型如图 1-15 所示。

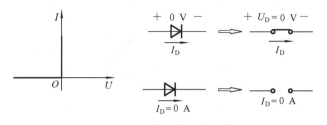

图 1-15 硅管的开关(理想)模型

若考虑二极管的导通压降,则可把二极管等效为恒压模型:当二极管导通时,其工作电压恒定,不随工作电流变化而变化,其导通电压值 U_D 为 0.7 V(锗管的 U_D 为 0.3 V);当工作电压小于该值时二极管截止,其两极之间视为开路。二极管的恒压模型如图 1-16 所示。

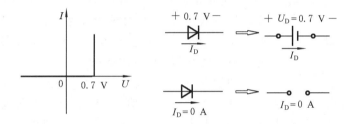

图 1-16 硅管的恒压模型

分析二极管电路的关键是判断二极管的导通或截止:可先将二极管从电路中移走,分别判断二极管阳极、阴极的对地电位。若阳极电位高于阴极电位,则二极管导通;反之,二极管截止。导通时,若采用理想模型分析,则 $U_D=0$ V;若采用恒压模型分析,则 $U_D=0.7$ V(硅管)或 $U_D=0.3$ V(锗管)。截止时,两种模型均视为开路。

2. 整流电路

所谓整流,就是利用二极管的单向导电性,将交流电压变成单向的直流电压。在分析整流电路时,通常把二极管看作理想二极管。

【例 1-1】 电路如图 1-17(a)所示,由电源变压器和一只理想二极管组成单相半波整流电路。设 $u_i = \sqrt{2}U_i\sin(\omega t)$,试分析输出波形。

解 当 u_i 信号为正半周时,二极管导通,$u_o = u_i$;当 u_i 信号为负半周时,二极管截止,$u_o = 0$。因此,输出电压 u_o 为半周的正弦脉冲电压,图 1-17(b)所示的是半波整流电路的波形。在后面还将详细介绍整流电路。

3. 开关电路

利用二极管单向导电性的开关作用,可以组成各种开关电路,实现相应的逻辑功能。

【例 1-2】 由理想二极管组成的电路如图 1-18 所示,u_{i1} 和 u_{i2} 分别可为 0 V 或 5 V,试确定电路在 u_{i1} 和 u_{i2} 的值为不同组合下的输出电压 u_o。

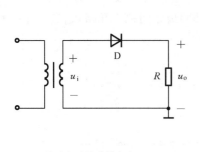

| (a) 半波整流电路 | (b) 波形图 |

图 1-17　例 1-1 的电路

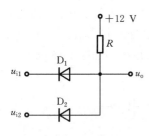

图 1-18　例 1-2 的电路

解　分析这类电路,应先判断二极管的工作状态,其方法是先将二极管断开,然后观察(或计算)阳、阴两极是正向电压还是反向电压。若是前者,则二极管导通,理想二极管用短路代替(实际导通压降,硅管 $U_D = 0.7$ V,锗管 $U_D = 0.2$ V);否则二极管截止,二极管可视为开路。若有两只以上二极管承受大小不相等的正向电压,则承受正向电压最大的优先导通,然后再判断其余二极管的状态。

假设 $u_{i1} = 0$ V, $u_{i2} = 5$ V,将二极管 D_1、D_2 断开,它们的阳、阴极电位差分别为:$U_{D1} = 12$ V,$U_{D2} = 7$ V,二极管 D_1 所承受的正向电压最大,优先导通,于是二极管阳极电位被钳位在 0 V,此时二极管 D_2 处于反偏而截止,所以输出电压 $u_o = 0$ V。以此类推,可得 u_{i1} 和 u_{i2} 在不同组合下的二极管工作状态和输出电压 u_o,如表 1-1 所示。

表 1-1　u_{i1} 和 u_{i2} 在不同组合下的二极管工作状态和输出电压 u_o

输　　入		二极管状态		输　　出
u_{i1}	u_{i2}	D_1	D_2	u_o
0 V(U_{IL})	0 V(U_{IL})	导通	导通	0 V(U_{OL})
0 V(U_{IL})	5 V(U_{IH})	导通	截止	0 V(U_{OL})
5 V(U_{IH})	0 V(U_{IL})	截止	导通	0 V(U_{OL})
5 V(U_{IH})	5 V(U_{IH})	导通	导通	5 V(U_{OH})

由表 1-1 可知,输入信号 u_{i1} 和 u_{i2} 中有一个为 0 V(低电平),则输出为 0 V(低电平),只有全为 5 V(高电平)时,其输出为 5 V(高电平)。这种逻辑关系为逻辑与,因此该开关电路称为与门。

4. 限幅电路

限幅电路的作用是将输出电压的幅度限制在一定的范围内。

【例 1-3】　二极管的双向限幅电路如图 1-19(a)所示。设 u_i 为幅值大于直流电源 U_1 和 U_2 值的正弦波,二极管为理想二极管。试画出 u_o 的波形。

解　将二极管 D_1 和 D_2 均断开,则它们阳、阴极的电压差分别为 $U_{D1} = u_i - U_1$,$U_{D2} =$

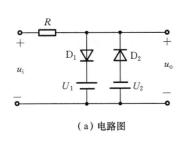
（a）电路图

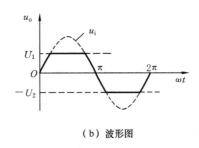
（b）波形图

图 1-19　例 1-3 的电路

$-u_i - U_2$。

当 u_i 为正半周时，若 $u_i < U_1$，二极管 D_1、D_2 均截止，输出电压 $u_o = u_i$；若 $u_i > U_1$，D_1 因正偏而导通，$u_o = U_1$，D_2 仍反偏截止。

当 u_i 为负半周时，若 $|u_i| < U_2$，二极管 D_1、D_2 均截止，输出电压 $u_o = u_i$；若 $|u_i| > U_2$，D_2 因正偏而导通，$u_o = U_2$，D_1 仍反偏截止。

综上所述，可画出 u_o 的波形如图 1-19（b）中实线所示。

1.2.5　特殊二极管

1. 稳压二极管

稳压二极管是一种硅材料制成的面接触型半导体二极管，简称稳压管。稳压管在反向击穿时，在一定的电流范围内，端电压几乎不变，表现出稳压特性，因而广泛用于稳压电源与限幅电路之中。

1）稳压管的伏安特性

稳压管的伏安特性和符号如图 1-20 所示。稳压管的正向伏安特性与普通硅二极管的完全相同，其反向伏安特性与普通硅二极管的相比有两个差别：一是反向击穿电压较低；二是击穿区的曲线很陡，表现出稳压特性。

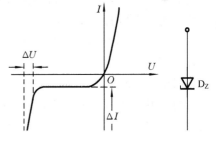
图 1-20　稳压管伏安特性和符号

使用稳压管组成稳压电路时，需要注意几个问题：首先，稳压管正常工作在反向击穿状态，即外加电源正极接管子的 N 区，负极接 P 区；其次，稳压管应与负载并联，由于稳压管两端电压变化量很小，因而输出电压比较稳定；最后，必须限制流过稳压管的电流，使其不超过规定值，以免因过热而烧毁管子，同时，还应保证流过稳压管的电流大于某一数值（稳定电流），以确保稳压管有良好的稳压特性。

2）稳压管的主要参数

（1）稳定电压 U_Z。

稳定电压 U_Z 是稳压管工作在反向击穿区时的稳定工作电压。由于稳定电压随着工作电流的不同而略有变化，因而测试 U_Z 时应使稳压管的电流为规定值。稳定电压 U_Z 是挑选稳压管的主要依据之一。不同型号的稳压管，其稳定电压值不同。同一型号的管子，由于制造工艺的分散性,各个管子的 U_Z 值也有差别。

(2) 稳定电流 I_Z。

稳定电流 I_Z 是指保证稳压管具有正常稳压性能的最小工作电流,可记作 I_{Zmin}。稳压管的工作电流低于此值时,稳压效果差;高于此值时,只要管子的功耗不超过额定功耗,稳压管都可以正常工作。

(3) 最大允许工作电流 I_{Zmax}。

最大允许工作电流 I_{Zmax} 即最大稳压电流。这是一个极限参数,使用时不应超过,否则会使管子从电击穿过渡到热击穿而损坏。

(4) 最大允许功率耗散 P_{Zmax}。

最大允许功率耗散 P_{Zmax} 也是一个极限参数,其大小近似等于 U_Z 与 I_{Zmax} 的乘积。

(5) 动态电阻 r_Z。

动态电阻 r_Z 是稳压管工作在稳压区时,两端电压变化量与电流变化量之比。r_Z 值越小,稳压性能越好。同一稳压管,工作电流越大,r_Z 值越小。通常手册上给出的 r_Z 值是在规定的稳定电流之下测得的。

(6) 电压温度系数 α。

电压温度系数 α 表示温度每变化 1 ℃稳压值的变化量。一般情况下,稳定电压 U_Z 低于 4 V(齐纳击穿)的稳压管具有负温度系数(即温度升高,U_Z 下降);高于 7 V(雪崩击穿)的稳压管具有正温度系数(即温度升高,U_Z 上升);而稳定电压在 4~7 V 时,其温度系数很小,稳定电压值受温度影响较小,性能比较稳定。

【例 1-4】 电路如图 1-21 所示,设稳压管 D_{Z1} 和 D_{Z2} 的稳定电压分别为 5 V 和 10 V,正向导通电压为 0.7 V,试求电路的输出电压 U_O,判断稳压管的工作状态。

解 先将稳压管 D_{Z1} 和 D_{Z2} 断开,则 D_{Z1} 和 D_{Z2} 同时加有反向电压。由于 U_{Z1}(5 V)<U_{Z2}(10 V),故 D_{Z1} 先被击穿,使输出电压 U_O 稳定在 5V,因而 D_{Z1} 处于击穿状态,D_{Z2} 处于截止状态。

利用稳压管通常可以组成稳压电路,如图 1-22 所示。该稳压电路由限流电阻 R 和稳压管 D_Z 组成,其输入为变化的直流电压 U_I,输出为稳压管的稳定电压 U_Z,因在输入电压和负载电阻一定的变化范围内输出电压(即负载电阻上的电压)基本不变,故称为稳压电路。

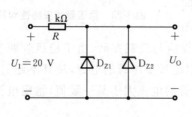

图 1-21　例 1-4 的电路

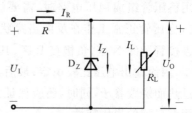

图 1-22　稳压管组成的稳压电路

【例 1-5】 电路如图 1-22 所示,已知输入电压 U_I=10~12 V,稳压管的稳定电压 U_Z= 6 V,最小稳定电流 I_{Zmin}=5 mA,最大稳定电流 I_{Zmax}=25 mA,负载电阻 R_L=600 Ω。求解限流电阻 R 的取值范围。

解 稳压管中电流 I_Z 等于 R 中电流 I_R 和负载电流之差 I_L,即 $I_Z = I_R - I_L$。其中 I_L=

$U_Z/R_L = 6/600 \text{ A} = 0.01 \text{ A} = 10 \text{ mA}$。由于 $U_I = 10 \sim 12 \text{ V}$，$U_Z = 6 \text{ V}$，则 $U_R = 4 \sim 6 \text{ V}$，其电流将随 R_L 的变化而变化。

当 $U_I = U_{Imin} = 10 \text{ V}$ 时，I_R 最小，I_Z 也最小，R 的取值应保证 $I_Z > I_{Zmin}$，即

$$\frac{U_{Imin} - U_Z}{R} - I_L > 5 \text{ mA}$$

由此可求得 R 的上限值为 $267 \text{ }\Omega$。

当 $U_I = U_{Imax} = 11 \text{ V}$ 时，I_R 最大，I_Z 也最大，R 的取值应保证 $I_Z < I_{Zmax}$，即

$$\frac{U_{Imax} - U_Z}{R} - I_L < 25 \text{ mA}$$

由此可求得 R 的下限值为 $171 \text{ }\Omega$。

因此，限流电阻 R 的取值范围为 $171 \sim 267 \text{ }\Omega$。

2. 肖特基二极管

肖特基二极管(schottky barrier diode，SBD)，也称为金属-半导体结二极管或表面势垒二极管，是利用金属(如铝、钼、镍和钛等)与 N 型半导体接触，在交界面形成势垒的二极管。肖特基二极管的符号如图 1-23 所示，阳极连金属，阴极连 N 型半导体。

图 1-23　肖特基二极管

肖特基二极管具有单向导电性，但由于制作原理不同，其正向导通阈值电压和正向导通压降都比 PN 结二极管的约低 0.2 V，且反向击穿电压比较低，反向漏电流比 PN 结二极管的大。肖特基二极管是一种多子导电器件，不存在少子在 PN 结附近积累和消散的过程，其电容效应非常小，工作速度非常快，特别适用于高频或开关电路。

3. 发光二极管

发光二极管简称 LED，它是一种将电能转换为光能的半导体器件，主要由化合物半导体

图 1-24　发光二极管的符号

(如砷化镓、磷化镓)制成，常见的发光颜色有红、绿、黄、橙等，其符号如图 1-24 所示。发光二极管也具有单向导电性。只有当外加的正向电压使得正向电流足够大的时候才发光，它的开启电压比普通二极管的大，红色的为 1.6 ~ 1.8 V，绿色的约为 2 V。正向电流愈大，发光愈强。

发光二极管常用作显示器件，如指示灯、七段显示器、矩阵显示器等。工作时加正向电压，并接入限流电阻，工作电流一般为几毫安至几十毫安。

【例 1-6】　节能灯是由很多个发光二极管组成的，其中单个发光二极管的电路如图1-25所示，已知发光二极管的导通电压 $U_D = 1.6 \text{ V}$，正向电流大于 5 mA 时才能发光，小于 20 mA 时才不至于损坏。试问：

(1) 开关处于何种位置时发光二极管可能发光？

(2) 为使发光二极管发光，电路中 R 的取值范围为多少？

解　(1) 当开关断开时发光二极管有可能发光。当开关闭合时发光二极管的端电压为零，因而不可能发光。

(2) 因为 $I_{Dmin} = 5 \text{ mA}$，$I_{Dmax} = 20 \text{ mA}$，所以

$$R_{max} = \frac{U - U_D}{I_{Dmin}} = \frac{6 - 1.6}{5} \text{ k}\Omega = 0.88 \text{ k}\Omega$$

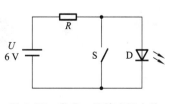

图 1-25　发光二极管应用电路

$$R_{\min} = \frac{U - U_D}{I_{D\max}} = \frac{6 - 1.6}{20} \text{ k}\Omega = 0.22 \text{ k}\Omega$$

R 的取值范围为 $220\ \Omega \sim 880\ \Omega$。

只有限流电阻 R 取值合适时发光二极管才能正常发光且不损坏。

4. 光电二极管

光电二极管是利用 PN 结的反向电流对光反应敏感的特性制作而成的,是将光能转换为电能的半导体器件,其符号如图 1-26 所示。光电二极管的特点是它的反向电流的大小与光照的强度成正比。

5. 光电耦合器件

将光电二极管和发光二极管组合起来可组成二极管型的光电耦合器,如图 1-27 所示。它以光为媒介可实现电信号的传递。在输入端加入电信号,则发光二极管的光随信号的变化而变化,它照在光电二极管上则在输出端产生了与信号变化一致的电信号。由于发光器件和光电器件分别接在输入、输出电路中,相互隔离,因而常用于信号的单方向传输,但需要电路间电隔离的场合。通常光电耦合器用在计算机控制系统的接口电路中。

6. 变容二极管

利用 PN 结的势垒电容随外加反向电压的变化特性可制成变容二极管,其符号如图 1-28所示。变容二极管主要用于高频电子线路,如电子调谐、频率调制等。

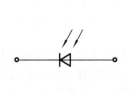

图 1-26　光电二极管的符号

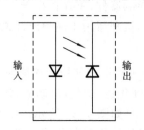

图 1-27　光电耦合器件

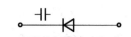

图 1-28　变容二极管的符号

1.3　半导体三极管

1.3.1　半导体三极管的结构及类型

半导体三极管又称晶体管,由于在三极管中的两种载流子都参与工作,故称为双极型晶体管,可用 BJT(bipolar junction transistor)来表示。常用的三极管,按半导体材料,可以分为硅管和锗管;按 PN 结组合方式,又可以分为 NPN 型和 PNP 型。常见的三极管外形如图 1-29所示。

三极管由发射区、基区、集电区三个部分组成,这三个区引出的三个电极分别为发射极 e、基极 b、集电极 c。发射区和基区之间形成的 PN 结称为发

图 1-29　三极管的外形图

射结,集电区和基区之间形成的 PN 结称为集电结。如图1-30和图 1-31 所示,分别是 NPN 型和 PNP 型三极管的结构和符号。符号中的箭头指向与它们工作于放大状态时发射极电流的实际流向一致。

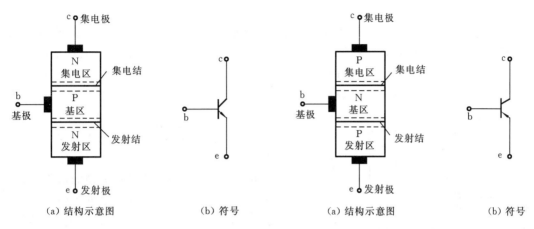

（a）结构示意图　　　　（b）符号　　　　　　　（a）结构示意图　　　　（b）符号

图 1-30　NPN 型三极管的结构和符号　　　　**图 1-31　PNP 型三极管的结构和符号**

NPN 型和 PNP 型三极管具有几乎等同的特性,只不过各电极的电压极性和电流流向不同而已。下面以 NPN 型硅管为例进行分析,其他类型管子的工作原理与此相似。

1.3.2　半导体三极管的电流放大作用

放大是对模拟信号最基本的处理。三极管是放大电路的核心元件,它能够控制能量的转换,将输入的任何微小变化不失真地放大输出。

为了使三极管能够起放大作用,在制作的时候应保证它的内部结构:发射区高掺杂,多子浓度应远远大于基区多子的浓度;基区做得很薄,而且掺杂少;集电结面积大,保证尽可能收集到发射区发射到基区并扩散到集电结附近的多子。

除此以外,使三极管工作在放大状态还应满足外部条件,即发射结正向偏置且集电结反向偏置。图 1-32 所示电路为基本共射极放大电路。输入信号接入基极-发射极回路,称为输入回路;放大后的信号在集电极-发射极回路,称为输出回路。由于发射极是两个回路的公共端,因此该电路称为共射极放大电路。电路中,输入回路加入基极电源 U_{BB},输出回路加入集电极电源 U_{CC},且 U_{CC} 应大于 U_{BB}。三极管的放大作用表现为小的基极电流可以控制大的集电极电流。接下来以图 1-32 所示电路为例,进一步分析三极管的电流放大作用。

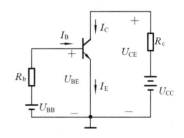

图 1-32　基本共射极放大电路

1. 载流子的运动

（1）发射结正偏,扩散运动形成发射极电流 I_E。

由于发射结处于正向偏置,且发射区杂质浓度高,因此大量自由电子因扩散运动不断通过发射结到达基区。与此同时,基区的多子空穴也会通过发射结扩散到发射区。两种载流子方向相反,形成电流的方向相同,共同形成发射极电流 I_E。由于基区的空穴浓度远低于发射区自由电子浓度,因此可以认为发射极电流主要是由发射区的多子自由电子形成的。

(2)扩散到基区的自由电子与空穴的复合运动形成基极电流 I_B。

自由电子的注入使基区靠近发射结处电子浓度很高,而集电结处电子浓度较低,这样浓度差使自由电子向集电区进行扩散运动。在扩散途中,自由电子在基区与空穴相遇产生复合而消失。同时,接于基极的电源 U_{BB} 的正极不断补充基区中被复合掉的空穴,从而形成基极电流 I_B。由于基区空穴浓度比较低,且基区做得很薄,因此,复合的自由电子是极少数,绝大多数自由电子均能扩散到集电结处。

(3)集电结反偏,漂移运动形成集电极电流 I_C。

由于集电结反向偏置且集电结的面积大,因此基区扩散到集电结边缘的自由电子(称非平衡少子)在电场力的作用下很容易通过集电结到达集电区,形成漂移电流。同时,集电区的少子空穴和基区的少子自由电子也参与漂移运动,形成反向饱和电流,但是该值较小,所以集电极电流 I_C 主要由非平衡少子的漂移运动形成。

三极管载流子的运动情况与电流的形成如图 1-33 所示。

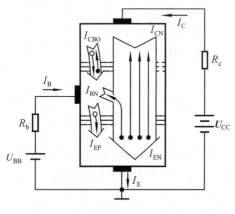

图 1-33 载流子的运动与电流的形成

2. 电流的分配与放大作用

通过对上述载流子运动情况的分析可知,集电结收集的电子流是发射结发射的总电流的一部分,其数值小于但接近于发射极电流,常用系数 $\bar{\alpha}$ 与发射极电流的乘积来表示,即

$$I_C = \bar{\alpha} I_E$$

式中:$\bar{\alpha}$ 称为共基极电流放大系数,其数值小于但接近于 1。

根据图 1-32 所示的电路,用基尔霍夫电流定律(KCL),三极管各极电流关系为

$$I_E = I_C + I_B$$

因此,可以用发射极电流来表示基极电流,即

$$I_B = (1 - \bar{\alpha}) I_E$$

由此推出集电极电流与基极电流的关系,即

$$\frac{I_C}{I_B} = \frac{\bar{\alpha}}{1 - \bar{\alpha}} = \bar{\beta}$$

式中:$\bar{\beta}$ 称为共发射极电流放大系数。

对于已经制成的三极管而言,I_C 和 I_B 的比值基本上是一定的。因此在调节电压 U_{BE} 使得基极电流 I_B 变化时,集电极电流 I_C 也将随之变化,它们的变化量分别用 ΔI_B 和 ΔI_C 表示。ΔI_B 与 ΔI_C 的比值称为共发射极交流电流放大系数,用 β 表示为

$$\beta = \frac{\Delta I_C}{\Delta I_B}$$

I_B 微小的变化会引起 I_C 较大的变化,这就是三极管的电流放大作用,三极管的 β 通常为几十到几百。因此,三极管是一种电流控制元件。所谓电流放大作用,就是用基极电流的微小变化去控制集电极电流较大的变化。

1.3.3 半导体三极管的特性曲线

三极管的特性曲线是指各极电压与电流间的关系曲线。它们能直接反映三极管的性能,也是分析放大电路的重要依据。这里以共射极的特性曲线为例进行讨论。

1. 输入特性曲线

共射极输入特性是以输出电压 u_{CE} 为参考量,表示三极管输入回路基极与发射极间电压 u_{BE} 和基极电流 i_B 之间的关系,即

$$i_B = f(u_{BE})\big|_{u_{CE}=常数}$$

共射极输入特性常用一簇曲线来表示,称为共射极输入特性曲线。图 1-34(a)所示的就是一个硅三极管的共射极输入特性曲线。

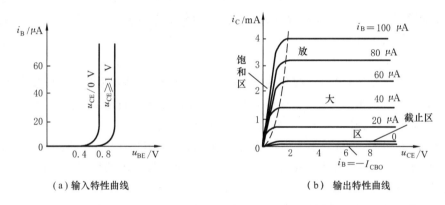

(a)输入特性曲线　　　　　　　　　　(b)输出特性曲线

图 1-34　NPN 型硅三极管的共射极接法特性曲线

$u_{CE}=0$ V 时,从三极管的输入回路看,相当于两个 PN 结(发射结和集电结)并联。当 b、e 间加上正电压时,三极管的输入特性就是两个正向二极管的伏安特性。

$u_{CE}\geqslant 1$ V 时,随着 u_{CE} 的增加,集电结上反向电压增加,则加强基区非平衡少子(来自发射区的自由电子)在集电区的收集,减少了在基区的复合,所以在相同的 u_{BE} 下基极电流 i_B 下降了。结果输入特性将右移。

在 $u_{CE}\geqslant 1$ V 后,由于集电结的反偏电压已足以将注入基区的电子基本上都收集到集电极,此时继续增大 u_{CE},i_B 变化不大,因此可用一条曲线表示。

2. 共发射极输出特性曲线

共发射极输出特性是以 i_B 为参考量,表示输出回路中的电流 i_C 与电压 u_{CE} 之间的关系曲线,即

$$i_C = f(u_{CE})\big|_{i_B=常数}$$

图 1-34(b)所示的是三极管的输出特性曲线。由图可见,曲线的起始部分很陡。当 u_{CE} 由零开始略有增加时,由于集电结收集载流子的能力大大增加,i_C 增加很快,但当 u_{CE} 增加到

一定数值(约 1 V)后,集电结反向电场已足够强,能将从发射区扩散到基区的非平衡少子绝大部分都吸引到集电区,致使当 u_{CE} 继续增加时,i_C 不再明显增加,曲线趋于平坦。当 i_B 增大时,相应的 i_C 也增加,曲线上移,形状相似。

3. 三极管的三个工作区

通常将三极管的输出特性曲线分为三个工作区:截止区、放大区(又称线性区)、饱和区。

1) 放大区

发射结正偏且集电结反偏,此时 i_C 几乎仅仅取决于 i_B,而与 u_{CE} 无关,表现出 i_B 对 i_C 的控制作用,其关系是 $I_C = \bar{\beta} I_B$,$\Delta i_C = \beta \Delta i_B$。由此可知,处在放大状态下的三极管的输出端可以等效为一个电流控制的电流源。

2) 饱和区

发射结正偏且集电结正偏,此时 i_C 不仅仅与 i_B 有关,而且明显随 u_{CE} 增大而增大,其关系是 $I_C < \bar{\beta} I_B$。实际电路中,若三极管的 u_{BE} 增大时,i_B 随之增大,但 i_C 基本不变,则说明三极管进入饱和区。一般认为,$u_{CE} = u_{BE}$,即 $u_{CB} = 0$ 时,三极管处于临界饱和状态。临界饱和时三极管的管压降 U_{CES} 约为 0.7 V;在深度饱和时,管压降通常为 0.1~0.3 V,此时集电极 c 和发射极 e 之间相当于开关合上。

3) 截止区

发射结反偏且集电结反偏,此时 $i_B = 0$,$i_C = 0$。集电极 c 和发射极 e 之间没有电流流过,相当于开关断开。一般认为,图 1-34(b)中 $i_B = 0$ 的曲线以下的区域称为截止区。实际上,此时 $i_C \leqslant I_{CEO}$(穿透电流),由于 I_{CEO} 极小,因此认为 i_C 近似为零。

从以上分析可知,三极管具有电流放大作用和开关作用。在模拟电路中,绝大多数情况下三极管用作放大元件,即使三极管处在放大状态;而在数字电路中,三极管多数用作开关元件,即使三极管工作在饱和状态和截止状态。

【例 1-7】 用 NPN 三极管为发光二极管设计一个三极管开关电路。已知发光二极管的正向电压 $U_F = 1$ V、工作电流 $I_V = 10$ mA,三极管开关电路的 $U_{CC} = 5$ V。控制三极管开关闭合的电压 $U_{in} = 5$ V。

解 三极管基本开关电路如图 1-35(a)所示。电源 U_{CC} 向负载 R_L 提供工作电源,电流($I_V = 10$ mA)流经负载 R_L、三极管 C-E 极。

当 $U_I = 5$ V 时,三极管饱和,即饱和压降 $U_{CE} = 0.2$ V,则负载 R_L 上电压为 5 V−0.2 V=4.8 V,远远大于发光二极管的正向电压 $U_F = 1$ V,若此时把负载 R_L 直接换成发光二极管,发光二极管有可能被烧毁。因此,这里需要用一个分压电阻和发光二极管串联之后代替负载 R_L,如图 1-35(b)所示。

当 $U_I = 5$ V 时,三极管饱和,$U_{CE} = 0.2$ V,则

$$I_C = I_V = 10 \text{ mA} = \frac{U_{CC} - U_F - U_{CE}}{R_C} = \frac{(5 - 1 - 0.2) \text{ V}}{R_C}$$

计算后可得分压电阻 $R_C = 380$ Ω。

若三极管选用 2N3904,查数据手册可知,其电流放大系数 $\bar{\beta} = 100$。基极电流要保证三极管工作在饱和区,此时 $I_C < \bar{\beta} I_B$,则可取 $I_C = 0.5 \bar{\beta} I_B$,即 $I_B = 200$ μA。

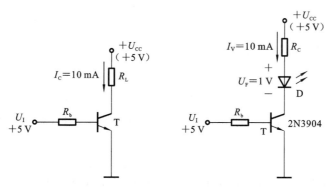

（a）三极管基本开关电路　　　（b）控制二极管的开关电路

图 1-35　三极管开关电路的设计

计算可得：$R_b = \dfrac{U_I - U_{BE}}{I_B} = \dfrac{(5-0.7)\ \text{V}}{200\ \mu\text{A}} = 22\ \text{k}\Omega$。

当 $U_I = 0$ V 时，三极管截止，相当于开关断开，$I_C = I_V = 0$，此时，发光二极管不发光。

1.3.4　半导体三极管的主要电参数

为了正确选择和使用三极管，必须了解它的各项主要参数。三极管的主要参数有以下几种。

1. 电流放大参数

1）共射极电流放大系数

当三极管连接成共发射极放大电路时，输出电流与输入电流之比称为共射极电流放大系数。

（1）共射极直流电流放大系数 $\bar{\beta}$：

$$\bar{\beta} = \frac{I_C}{I_B}$$

（2）共射极交流电流放大系数 β：

$$\beta = \frac{\Delta I_C}{\Delta I_B}$$

$\bar{\beta}$ 反映的是静态电流放大特性，β 反映的是动态电流放大特性，两者定义不同，但是，在放大区，两者数值相近，所以在一般估算时，可以认为 $\bar{\beta} \approx \beta$。

2）共基极电流放大系数

当三极管连接成共基极放大电路时，输出电流与输入电流之比称为共基极电流放大系数。

（1）共基极直流电流放大系数 $\bar{\alpha}$：

$$\bar{\alpha} = \frac{I_C}{I_E}$$

（2）共基极交流电流放大系数 α：

$$\alpha = \frac{\Delta I_{\mathrm{C}}}{\Delta I_{\mathrm{E}}}$$

$\bar{\alpha}$ 越接近于 1,电流传输效率越高。通常 $\bar{\alpha}$ 可达 0.98~0.99。同样,一般估算时,可以认为 $\bar{\alpha} \approx \alpha$。

2. 极间反向电流

(1) 集电极-基极间反向饱和电流 I_{CBO}。I_{CBO} 是指发射极开路时,集电极与基极间的反向饱和电流。

(2) 穿透电流 I_{CEO}。I_{CEO} 是指基极开路时,从集电极穿过基极到达发射极的电流。

这两个参数都是衡量三极管质量的重要参数,它们都随着温度增加而增加。因此,选用管子时,希望这两种电流尽量小一些,以减小温度对管子性能的影响。

3. 极限参数

极限参数是为了使三极管既能够得到充分利用,又可确保其安全而规定的参数。

1) 反向击穿电压

$U_{\mathrm{(BR)EBO}}$:集电极开路时,发射极-基极间的反向击穿电压。这是发射结所允许加的最高反向电压,一般只有几伏,超过此值,发射结将被反向击穿。

$U_{\mathrm{(BR)CBO}}$:发射极开路时,集电极-基极间的反向击穿电压。在一般情况下,管子的 $U_{\mathrm{(BR)CBO}}$ 为几十伏,高反压管的可达几百伏。

$U_{\mathrm{(BR)CEO}}$:基极开路时,集电极-发射极间的反向击穿电压。

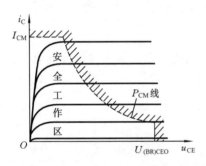

图 1-36 三极管的安全工作区

2) 集电极最大允许功率损耗 P_{CM}

P_{CM} 是指允许在集电极上消耗功率的最大值,超过此值,会使集电结发热、温度升高甚至烧毁。$P_{\mathrm{CM}} = I_{\mathrm{CM}} \cdot U_{\mathrm{CE}}$,可得一条曲线,如图 1-36 所示。曲线下方区域 $P_{\mathrm{C}} < P_{\mathrm{CM}}$,为安全区;上方区域 $P_{\mathrm{C}} > P_{\mathrm{CM}}$,为过耗区,易烧坏管子。

3) 集电极最大允许电流 I_{CM}

集电极电流超过一定值时,β 将明显下降,管子的放大能力变差。I_{CM} 就是使 β 明显下降的集电极电流值。

由上可见,三极管应工作在安全工作区,而安全工作区受 I_{CM}、P_{CM}、$U_{\mathrm{(BR)CEO}}$ 的限制。图1-36表示了三极管的安全工作区。

1.3.5 温度对三极管特性及参数的影响

由于半导体材料的热敏性,温度对三极管特性的影响是不容忽略的。

1. 温度对输入特性的影响

与二极管伏安特性相类似,当温度升高时,三极管的正向输入特性将左移。温度每升高 1 ℃,$|U_{\mathrm{BE}}|$ 下降 2~2.5 mV,即在 I_{B} 相同的条件下,$|U_{\mathrm{BE}}|$ 将减小。

2. 温度对输出特性的影响

当温度升高时,三极管的电流放大系数 β 将随之增大,其规律是温度每升高1 ℃,β 增大

0.5%～1%。β 值的增加使得输出特性曲线上曲线之间的距离增大。

3. 温度对 I_{CBO} 的影响

集电极反向饱和电流 I_{CBO} 是集电结反向电压下少子漂移运动形成的,所以,对温度反应敏感。当温度升高时,热运动加剧,使更多的价电子有足够的能量挣脱共价键的束缚,从而使少子浓度明显增大,即 I_{CBO} 增大。可以证明,温度每升高 10 ℃, I_{CBO} 增加约 1 倍。

1.4 场效应管

场效应管是利用输入回路的电场效应来控制输出回路电流的一种半导体器件,属于电压控制器件。它仅靠半导体中的多数载流子导电,又称单极性三极管。场效应管除了具有与双极型三极管相同的体积小、重量轻、寿命长等特点外,还具有输入阻抗高($10^7 \sim 10^{15}$ Ω)、噪声低、温度稳定性好、抗辐射能力强、工艺简单等优点,因而近年来发展较快,应用广泛,特别适用于制造大规模和超大规模集成电路。

场效应管按结构,可分为两大类:结型场效应管(JFET)和绝缘栅型场效应管(MOS FET)。

1.4.1 结型场效应管

1. 结构

结型场效应管有两种结构。

图 1-37(a)是 N 沟道结型场效应管的结构示意图。在 N 型半导体上制作两个高掺杂的 P 区(记作 P⁺ 区),并将它们连接在一起,所引出的电极称为栅极(g),N 型半导体的两端分别引出两个电极,称为源极(s)和漏极(d)。P⁺ 区和 N 区之间形成两个 P⁺N 结,在两个 P⁺N 结的中间地区是电子流通的通道,称为导电沟道,简称 N 沟道。图 1-37(b)是 N 沟道结型场效应管的符号。如果在 P 型半导体上制作两个高掺杂的 N 区,则可形成一个 P 沟道结型场效应管,其结构和符号如图 1-38 所示。电路符号中栅极的箭头方向可理解为两个 PN 结的正向导电方向。

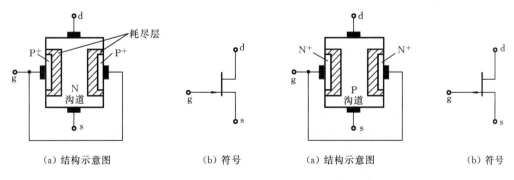

(a) 结构示意图　　　　(b) 符号　　　　(a) 结构示意图　　　　(b) 符号

图 1-37　N 沟道结型场效应管　　　　图 1-38　P 沟道结型场效应管

2. 工作原理

下面以 N 沟道结型场效应管为例讨论其工作原理。

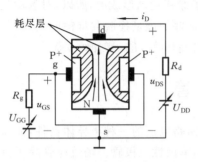

图 1-39 N 沟道结型场效应管
工作原理

N 沟道结型场效应管正常工作时,应在栅极与源极之间加反向电压 U_{GG},则栅极电流 $i_G \approx 0$,场效应管呈现很高的输入阻抗($10^7 \Omega$ 以上);而在漏极与源极之间加正向电压 U_{DD},使漏极电位高于源极电位,N 沟道中的多数载流子(自由电子)从源极流向漏极,在外电路中,形成漏极电流 i_D,如图 1-39 所示。

1) U_{GS} 对导电沟道的控制作用

为便于讨论,先假设 $U_{DS}=0$,$U_{GS}=0$,如图 1-40(a)所示。

当 U_{GS} 由零向负值增大时,PN 结的耗尽层加厚,N 沟道变窄,沟道电阻增大,如图 1-40(b)所示。

当 U_{GS} 增大到等于夹断电压 $U_{GS(off)}$ 时,两个 PN 结的耗尽层将合拢,沟道全部被夹断,此时 $i_D=0$,漏极与源极间的电阻趋向无穷大,如图 1-40(c)所示。

由上分析可知,改变栅源电压 U_{GS},就可以改变沟道的电阻值大小。如果在漏、源之间加上正向电压 U_{DS},使沟道内多子(自由电子)在电场的作用下由源极到漏极做定向移动,形成漏极电流 i_D,则改变 U_{GS} 就可改变 i_D,从而达到利用栅源电压 U_{GS} 产生的电场来控制导电沟道电流 i_D 的目的。

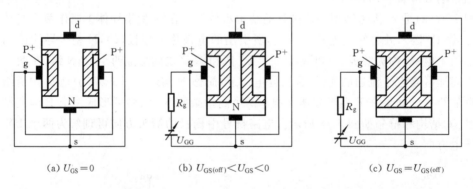

(a) $U_{GS}=0$ (b) $U_{GS(off)}<U_{GS}<0$ (c) $U_{GS}=U_{GS(off)}$

图 1-40 $U_{DS}=0$ 时,U_{GS} 对导电沟道的控制作用

2) U_{DS} 对导电沟道的影响

假设 $U_{GS(off)}<U_{GS}<0$,漏、源之间加上正向电压 U_{DS}。若 $U_{DS}=0$,则 $i_D=0$。当 U_{DS} 逐渐增加时,漏极电流 i_D 迅速增加,且此电流将沿着沟道的方向产生一个电压降,这样沟道上各点的电位就不同,因而沟道内各点与栅极之间的电位差也就不相等。漏极端与栅极之间的反向电压最高,沿着沟道向下逐渐降低,使源极端为最低,两个 PN 结的耗尽层将出现楔形,使得靠近源极端沟道较宽,而靠近漏极端的沟道较窄,如图 1-41(a)所示。

此时,若继续增大 U_{DS},使栅、漏间电压 U_{GD} 等于 $U_{GS(off)}$ 时,则在 A 点两个耗尽层将合拢,如图 1-41(b)所示,称为预夹断。如果继续增大 U_{DS},则一方面 i_D 随之增加,另一方面会使夹

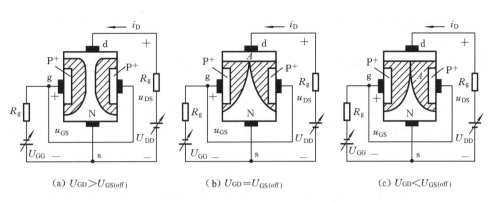

(a) $U_{GD} > U_{GS(off)}$　　　(b) $U_{GD} = U_{GS(off)}$　　　(c) $U_{GD} < U_{GS(off)}$

图 1-41　U_{GS} 一定时,U_{DS} 对导电沟道的影响

断区向源极端方向发展,沟道电阻增加,阻碍多子(自由电子)的定向移动。由于沟道电阻的增长速率与 U_{DS} 的增加速率基本相等,故这一期间 i_D 趋于一个恒定值,此时漏极电流 i_D 的大小仅取决于 U_{GS} 的大小,如图 1-41(c)所示。当 $|U_{GS}|$ 增加时,沟道电阻增加,i_D 减小;反之,i_D 增大。

综上所述,关于结型场效应管可以得到以下结论:

(1) 栅、源之间的 PN 结是反向偏置的,因此,$i_G \approx 0$,输入电阻很高;

(2) i_D 受 U_{GS} 控制,是电压控制电流的元件;

(3) 预夹断前,i_D 与 U_{DS} 呈近似线性关系;预夹断后,i_D 趋于饱和。

P 沟道结型场效应管的工作原理与 N 沟道结型场效应管的相对应,用于放大时,使用的电源电压极性与 N 沟道结型场效应管的正好相反。

3. 特性曲线

场效应管的主要特性曲线有输出特性曲线和转移特性曲线。

1) 场效应管的输出特性曲线

图 1-42 所示的为 N 沟道结型场效应管的输出特性曲线。以 u_{GS} 为参变量时,漏极电流 i_D 与漏源电压 u_{DS} 之间的关系,称为输出特性,即

$$i_D = f(u_{DS}) \big|_{u_{DS}=常数}$$

根据工作情况,输出特性曲线可分为三个工作区:

(1) 可变电阻区:图 1-42 中预夹断轨迹左边部分。它反映了管子处在预夹断前的 u_{DS} 与 i_D 间的关系。当 u_{DS} 增加时,i_D 随 u_{DS} 线性增加,但 u_{GS} 不同时,i_D 增加的斜率不同。在此区域内,场效应管的漏、源之间可以看作是一个由栅源电压 u_{GS} 控制的可变电阻 r_{DS}。

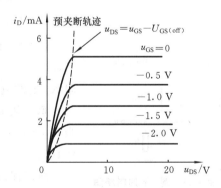

图 1-42　N 沟道结型场效应管的输出特性曲线

(2) 恒流区(饱和区):图 1-42 所示的近似水平部分的区域。它反映了管子预夹断后 u_{DS} 与 i_D 间的关系。i_D 几乎不随 u_{DS} 的变化而变化,只受 u_{GS} 的控制,输出特性曲线几乎成为水平的直线。场效应管作为放大器件时总是工作于这一区域,所以也称这一区域为线性放大区。

(3) 夹断区(截止区):图 1-42 中没有画出。当 $u_{GS} < U_{GS(off)}$ 时,管子处于沟道完全夹断的状态,$i_D \approx 0$。

值得提出的是,当场效应管的 u_{DS} 过大时,管子的 i_D 剧增,会出现管子被击穿的情况。

2) 转移特性曲线

在这里研究转移特性而不分析输入特性,是由于栅极输入端基本上没有电流,故讨论它的输入特性是没有意义的。所谓转移特性是在一定漏源电压 u_{DS} 下,栅源电压 u_{GS} 对漏极电流 i_D 的控制特性,即

$$i_D = f(u_{GS})\big|_{U_{DS}=常数}$$

转移特性曲线如图 1-43(a)所示,它可以直接从输出特性上作图获得。由于在恒流区,u_{DS} 对 i_D 的影响很小,因此不同的 u_{DS} 所对应的转移特性曲线基本上重合在一起。实验表明,在恒流区,i_D 随 u_{GS} 的增加近似按平方规律上升,可以近似地用下式表示:

$$i_D = I_{DSS}\left[1 - \frac{u_{GS}}{U_{GS(off)}}\right]^2$$

式中:I_{DSS} 为 $u_{GS}=0$、u_{DS} 增加到使场效应管产生预夹断时的饱和漏极电流。

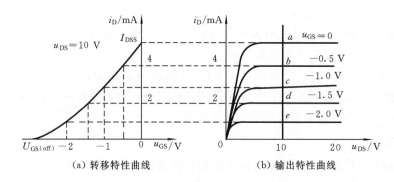

(a) 转移特性曲线　　　　　　　(b) 输出特性曲线

图 1-43　从输出特性曲线到转移特性曲线

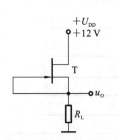

图 1-44　例 1-8 的电路图

【例 1-8】　电路如图 1-44 所示,场效应管的夹断电压 $U_{GS(off)} = -4$ V,饱和漏极电流 $I_{DSS} = 4$ mA。试问:为保证负载电阻 R_L 上的电流为恒流,R_L 的取值范围应为多少?

解　从电路图可知,$U_{GS} = 0$ V,因而 $I_D = I_{DSS} = 4$ mA。并且当 $U_{GS} = 0$ V 时的预夹断电压 $u_{DS} = U_{DD} - i_D R_L = [0-(-4)]$ V $= 4$ V。

所以保证 R_L 为恒流的最大输出电压 $U_{Omax} = (U_{DD}-4)$ V $= 8$ V。

输出电压范围为 0~8 V,负载电阻 R_L 的取值范围为 $R_L = \dfrac{u_O}{I_{DSS}} = 0 \sim 2$ kΩ。

1.4.2　绝缘栅型场效应管

与结型场效应管不同,绝缘栅型场效应管是一种利用半导体表面的电场效应来控制漏极电流的表面场效应器件。它的栅极处于绝缘状态,因而它的输入电阻可高达 10^{15} Ω。目

前绝缘栅场效应管最常用的是以二氧化硅（SiO_2）作为绝缘介质的金属-氧化物-半导体场效应管（简称 MOS 管）。绝缘栅型场效应管也可以分为 N 沟道和 P 沟道两类，而且每一类又可分为耗尽型和增强型两种。下面以 N 沟道增强型 MOS 管和耗尽型 MOS 管为例来讨论 MOS 场效应管的工作原理。

1. N 沟道增强型 MOS 管

所谓增强型，就是指 $u_{GS}=0$ 时，没有导电沟道，即 $i_D=0$。

1）结构

图 1-45 是 N 沟道增强型 MOS 场效应管的结构示意图和符号。把一块掺杂浓度较低的 P 型半导体作为衬底，然后在其表面上覆盖一层 SiO_2 绝缘层，再在 SiO_2 绝缘层上刻出两个窗口，通过扩散工艺形成两个高掺杂的 N 型区（用 N^+ 表示），并在 N^+ 区和 SiO_2 绝缘层的表面各喷上一层金属铝，分别引出源极、漏极和控制栅极。衬底上也接出一根引线，通常情况下将它和源极在内部相连。

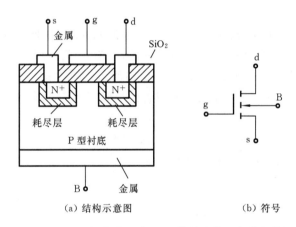

（a）结构示意图 　　　　　　（b）符号

图 1-45　N 沟道增强型 MOS 管的结构示意图和符号

2）工作原理

结型场效应管是通过改变 u_{GS} 来控制 PN 结耗尽层的宽窄，从而改变导电沟道的宽度，达到控制漏极电流 i_D 的目的。而 MOS 场效应管则是利用 u_{GS} 的大小来控制半导体表面感应电荷的多少，从而达到控制漏极电流 i_D 的目的。

对 N 沟道增强型 MOS 场效应管，漏极和源极的两个 N^+ 区之间是 P 型衬底，因此漏、源之间相当于两个背靠背的 PN 结。所以，当 $u_{GS}=0$ 时，无论漏、源之间加上何种极性的电压，总有一个 PN 结反向偏置，此时没有形成导电沟道，$i_D=0$。

当 $u_{DS}=0$，$u_{GS}>0$ 时，在 SiO_2 绝缘层中，产生一个垂直半导体表面、由栅极指向 P 型衬底的电场。这个电场排斥空穴吸引电子，在靠近栅极附近的 P 型衬底中留下不能移动的负离子区，形成耗尽层。当 u_{GS} 增大到某一个值（$U_{GS(th)}$）时，P 型衬底的自由电子被吸引到耗尽层与绝缘层之间，形成一个 N 型薄层，称之为反型层，如图 1-46（a）所示。这个反型层构成了漏、源之间的导电沟道，此时场效应管处于导通状态，若在漏、源之间加上正向电压 u_{DS}，则产生漏极电流 i_D。由此可见，$U_{GS(th)}$ 是使管子在 u_{DS} 作用下由截止变为导通的临界栅源电压，

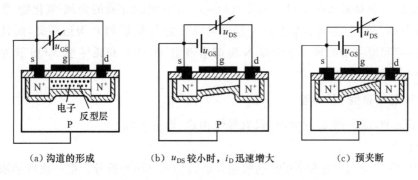

(a) 沟道的形成　　　　(b) u_{DS} 较小时,i_D 迅速增大　　　　(c) 预夹断

图 1-46　N 沟道增强型 MOS 管的工作原理示意图

称为开启电压。u_{GS} 越大,反型层越厚,导电沟道电阻越小,漏极电流 i_D 越大。因此,改变 u_{GS} 的大小(改变 u_{GS} 产生电场的强弱)就能有效控制漏极电流 i_D 的大小,这就是场效应管。这种 $u_{GS}=0$ 时漏极与源极间无导电沟道,只有当 u_{GS} 增加到一定值时才形成导电沟道的场效应管称为增强型场效应管。

当 $u_{GS} \geqslant U_{GS(th)}$ 时,u_{DS} 由零逐渐增大,漏极电流 i_D 将随 u_{DS} 上升而迅速增大。由于沟道存在电位梯度,故沟道在靠近源极端处厚、漏极端处薄,如图 1-46(b)所示。当 u_{DS} 增加到使 $u_{GD}=U_{GS(th)}$ 时,沟道在漏极处出现预夹断,如图 1-46(c)所示。随着 u_{DS} 继续增大,夹断区增长,但沟道电流基本不变。这种情况与结型场效应管的相似,在此不再赘述。

3) 特性曲线

对 N 沟道增强型场效应管,也可用输出特性、转移特性表示 i_D、u_{GS}、u_{DS} 之间的关系,图 1-47 所示的是 N 沟道增强型 MOS 管的特性曲线。

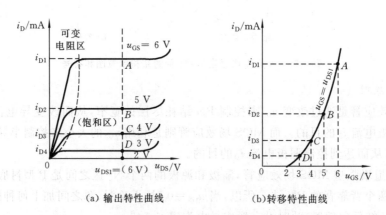

(a) 输出特性曲线　　　　　　　(b) 转移特性曲线

图 1-47　N 沟道增强型 MOS 管的特性曲线

MOS 管的输出特性同样可以划分为 3 个区:可变电阻区、恒流区和夹断区。在恒流区内电流方程为

$$i_D = I_{DO} \left[\frac{u_{GS}}{U_{GS(th)}} - 1 \right]^2$$

式中:I_{DO} 为 $u_{GS}=2U_{GS(th)}$ 时 i_D 的值。

2. N 沟道耗尽型 MOS 场效应管

所谓耗尽型,就是在 $u_{GS}=0$ 时,漏、源极间就有导电沟道存在。原因是在制造这种管子时,已将 SiO_2 绝缘层中掺入了大量的正离子,在这些正离子产生的电场作用下,漏、源极间的 P 型衬底表面也能出现反型层,形成导电沟道。这样,只要加上正电压 u_{DS},就能产生电流 i_D。

当 $u_{GS}>0$ 时,导电沟道增宽,i_D 增大;当 $u_{GS}<0$ 时,导电沟道变窄,i_D 减小。当 u_{GS} 负向增加到某一数值时,导电沟道消失,i_D 趋于零,管子截止,故称为耗尽型。沟道消失时的栅源电压称为夹断电压,用 $U_{GS(off)}$ 表示。N 沟道耗尽型 MOS 管的结构示意图和电路符号如图 1-48 所示。

由以上分析可知,N 沟道耗尽型 MOS 管在 $u_{GS}<0$、$u_{GS}=0$、$u_{GS}>0$ 的情况下都可能工作,这是 N 沟道耗尽型 MOS 管的一个重要特点。

3. P 沟道 MOS 管

P 沟道 MOS 管和 N 沟道 MOS 管的结构正好对偶,N 型衬底、P 沟道,使用时注意其各电源电压极性与 N 沟道 MOS 管的正好相反。P 沟道增强型 MOS 管的开启电压 $U_{GS(th)}$ 为负值,P 沟道耗尽型 MOS 管制作时在绝缘层掺入负离子,其夹断电压 $U_{GS(off)}$ 也为正值。P 沟道 MOS 管的符号如图 1-49 所示。

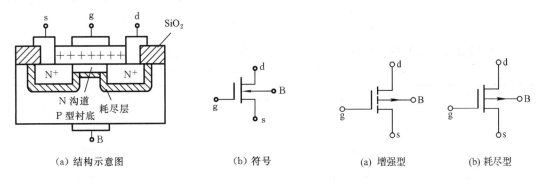

| (a) 结构示意图 | (b) 符号 | (a) 增强型 | (b) 耗尽型 |

图 1-48 N 沟道耗尽型 MOS 管的结构示意图和符号 　　**图 1-49 P 沟道 MOS 管电路符号**

【例 1-9】 已知某管子的输出特性曲线如图 1-50 所示。试分析该管是什么类型的场效应管(结型、绝缘栅型、N 沟道、P 沟道、增强型、耗尽型)。

解 从 i_D 的方向或 u_{DS}、u_{GS} 可知,该管为 N 沟道管;从输出特性曲线可知,开启电压 $U_{GS(th)}=4\ V>0\ V$,说明该管为增强型 MOS 管。所以,该管为 N 沟道增强型 MOS 管。

【例 1-10】 电路如图 1-51 所示,其中管子 T 的输出特性曲线如图 1-50 所示。试分析 u_i 为 0 V、8 V 和 10 V 三种情况下 u_o 分别为多少伏。

解 当 $u_{GS}=u_i=0\ V$ 时,管子处于夹断状态,因而 $i_D=0$。而 $u_o=u_{DS}=U_{DD}-i_D R_D=U_{DD}=15\ V$。

当 $u_{GS}=u_i=8\ V$ 时,从输出特性曲线可知,管子工作在恒流区时的 $i_D=1\ mA$,所以

$$u_o=u_{DS}=U_{DD}-i_D R_D=(15-1\times5)\ V=10\ V$$

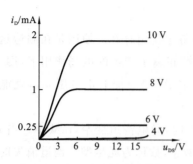

图 1-50 例 1-9 的输出特性曲线

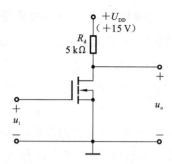

图 1-51 例 1-10 的电路图

当 $u_{GS}=u_i=10$ V 时,若认为管子工作在恒流区,则 i_D 约为 2.2 mA,因而 $u_o=(15-2.2 \times 5)$ V $=4$ V。

但是,$u_{GS}=10$ V 时的预夹断电压为

$$u_{DS}=u_{GS}-U_{GS(th)}=(10-4) \text{ V}=6 \text{ V}$$

漏-源之间的实际电压小于漏-源在 $U_{GS}=10$ V 时的预夹断电压,说明管子已不工作在恒流区,而是工作在可变电阻区。从输出特性曲线可得 $U_{GS}=10$ V 时漏-源间的等效电阻为

$$R_{ds}=u_{DS}/i_D \approx \left(\frac{3}{1 \times 10^{-3}}\right) \Omega=3 \text{ k}\Omega$$

所以

$$u_o=\frac{R_{ds}}{R_{ds}+R_L} \cdot U_{DD}=\left(\frac{3}{3+5} \times 15\right) \text{ V} \approx 5.6 \text{ V}$$

各种场效应管的转移特性曲线和输出特性曲线如表 1-2 所示。

表 1-2 各种场效应管的转移特性曲线和输出特性曲线

种　　类		符　　号	转移特性曲线	输出特性曲线
结型场效应管	N沟道			
	P沟道			

种　类		符　号	转移特性曲线	输出特性曲线
绝缘栅型场效应管	增强型	N沟道		
		P沟道		
	耗尽型	N沟道		
		P沟道		

1.4.3　场效应管的主要参数

场效应管的主要参数包括直流参数、交流参数、极限参数三部分。

1. 直流参数

（1）夹断电压 $U_{GS(off)}$：当 u_{DS} 一定时，使 i_D 减小到某一个微小电流（在技术指标中给出，一般为 5 μA）时所需的 u_{GS} 值。

（2）饱和漏极电流 I_{DSS}：在 $u_{GS}=0$ 的条件下，场效应管发生预夹断时的漏极电流。对结型场效应管来说，I_{DSS} 也是管子所能输出的最大电流。

（3）开启电压 $U_{GS(th)}$：当 u_{DS} 一定时，漏极电流 i_D 达到某一数值（如 5 μA）时所需的

u_{GS} 值。

（4）直流输入电阻 R_{GS}：场效应管栅极与源极之间的直流等效电阻值，等于 u_{GS} 与 i_G 比值的绝对值。JFET 的 R_{GS} 一般大于 10^7 Ω。

2. 交流参数

（1）低频跨导 g_m：用来体现栅源电压对漏极电流的控制能力，或者说表征场效应管的放大能力。g_m 是指 u_{DS} 为某一确定值时，漏极电流的微小变化量与引起它变化的栅源电压的微小变化量之比，也就是转移特性曲线的斜率，即

$$g_m = \frac{\Delta i_D}{\Delta u_{GS}} \bigg|_{u_{DS}=常数}$$

g_m 的单位是 S（西门子）或 mS。g_m 随管子的工作点不同而变化，i_D 越大，g_m 也越大。

（2）极间电容：C_{GS} 是栅、源极间存在的电容，C_{GD} 是栅、漏极间存在的电容。它们都是由 PN 结的势垒电容构成的，其大小一般为 1～3 pF。在低频情况下，极间电容的影响可以忽略，但在高频应用时，极间电容的影响必须考虑。

3. 极限参数

（1）漏极最大允许耗散功率 P_{DM}：决定管子的温升，其大小与环境温度有关。

（2）最大漏极电流 I_{DM}：管子正常工作时允许的最大漏极电流。

（3）栅源击穿电压 $U_{(BR)GS}$：栅、源极间的 PN 结发生反向击穿时的 u_{GS} 值，这时栅极电流由零急剧上升。

（4）漏源击穿电压 $U_{(BR)DS}$：管子沟道发生雪崩击穿引起 i_D 急剧上升时的 u_{DS} 值。对 N 沟道场效应管而言，u_{GS}（负值）越小，则 $U_{(BR)DS}$ 越小。

1.4.4　场效应管与三极管的比较

（1）场效应管是电压控制器件，而三极管是电流控制器件，即场效应管是通过 u_{GS} 来控制 i_D，而三极管是通过 I_B 来控制 I_C。

（2）场效应管输入端几乎没有电流，所以其直流输入电阻和交流输入电阻都非常高。而三极管的发射结始终处于正向偏置，总是存在输入电流，故基极、发射极间的输入电阻较小。

（3）场效应管具有较好的温度稳定性、抗辐射性和低噪声性能。在三极管中，参与导电的载流子既有多数载流子，也有少数载流子，而少数载流子数量受温度和辐射的影响较大，造成管子工作不稳定。在结型场效应管中只是多数载流子导电，所以工作稳定性较高。MOS 管的导电沟道（反型层）虽然是由衬底的少数载流子构成的，但其数量受到较强的表面电场控制，外界环境温度和辐射的影响相对于表面电场来说较小。

（4）场效应管的源极和漏极结构对称，使用时两极可以互换，增加了灵活性。在三极管中，由于发射区和集电区不但掺杂浓度相差悬殊，而且发射结的结面积也远小于集电结的，若将发射极与集电极互换使用，则其特性将相差甚远（例如，电流放大系数 β 将下降很多）。

（5）场效应管制造工艺简单，且占用芯片的面积小。例如，MOS 管所占芯片面积仅为双极型三极管的 15%。因此，场效应管适合于大规模集成。

（6）MOS 管的栅极是绝缘的，由外界静电感应所产生的电荷不易泄放，且 SiO_2 绝缘层

很薄,较小的感应电压将造成较高的电场强度,致使绝缘层击穿而损坏管子。因此,在存放 MOS 管时,应将各电极短接在一起。焊接时电烙铁应有良好的接地线,或断电焊接,并注意对交流电场的屏蔽。

(7) 场效应管的跨导较小,当组成放大电路时,在相同的负载电阻下,其电压放大倍数比三极管的低。

本 章 小 结

本章主要介绍半导体的基础知识,阐述了半导体二极管、三极管和场效应管的工作原理、特性曲线和主要参数。

1. 杂质半导体和 PN 结

半导体是导电能力介于导体和绝缘体之间的物质。它的导电能力随温度、光照或掺杂不同而发生显著变化。在本征半导体中掺入不同的杂质,可以得到 N 型半导体和 P 型半导体,控制掺入杂质的多少就可以有效地改变其导电性,从而实现导电性能的可控性。半导体中有两种载流子:自由电子和空穴。载流子有两种运动方式:因浓度差而产生的扩散运动,因电位差而产生的漂移运动。采用一定的工艺措施,使 P 型和 N 型半导体结合在一起,就形成 PN 结。PN 结具有单向导电性、伏安特性、击穿特性和电容特性。

2. 半导体二极管

半导体二极管是由一个 PN 结构成的。其特性可以用伏安特性和一系列电参数来描述。二极管加正向电压时,产生扩散电流,电流与电压成指数关系;加反向电压时,产生漂移电流,其数值很小。这体现出单向导电性。

稳压管是一种特殊的二极管。它利用 PN 结的击穿特性,在电路中起稳压作用。稳压二极管正常工作在反向击穿状态。在使用时,必须限制流过稳压管的电流,使其不超过规定值,以免因过热而烧毁管子。

3. 半导体三极管

当发射结正偏且集电结反偏时,三极管具有电流放大作用。此时,发射区多子的扩散运动形成 i_E,基区非平衡少子与多子的复合运动形成基极电流 i_B,集电结少子的漂移电流形成 i_C。i_B 对 i_C 有控制作用,$i_C = \beta i_B$。三极管的特性可用输入特性曲线和输出特性曲线来描述,其性能可以用 β、I_{CM} 等一系列电参数来表征。半导体三极管分为 NPN 型和 PNP 型两种。三极管有三个工作区:截止区、放大区和饱和区。

4. 场效应管

场效应管分为结型场效应管和绝缘栅型场效应管两大类,每种类型又可以分为 P 沟道和 N 沟道,同一种沟道的 MOS 管又分耗尽型和增强型。

场效应管工作在恒流区时,利用栅源电压就可以改变导电沟道的宽窄,从而控制漏极电流 i_D。场效应管的特性可用转移特性曲线和输出特性曲线来描述。其性能可以用 g_m、$U_{GS(off)}$、$U_{GS(th)}$ 等一系列参数来表征。和三极管类似,场效应管有夹断区、恒流区和可变电阻区三个工作区域。

习　　题

1.1　什么是本征半导体？什么是杂质半导体？各有什么特征？

1.2　什么是 PN 结的击穿现象？击穿有哪两种？击穿是否意味着 PN 结坏了？为什么？

1.3　N 型半导体是在本征半导体中掺入＿＿＿＿价元素,其多数载流子是＿＿＿＿,少数载流子是＿＿＿＿。P 型半导体是在本征半导体中掺入＿＿＿＿价元素,其多数载流子是＿＿＿＿,少数载流子是＿＿＿＿。

1.4　为了使三极管能有效地起放大作用,要求三极管的发射区掺杂浓度＿＿＿＿,基区宽度＿＿＿＿,集电结结面积比发射结结面积＿＿＿＿。其理由是什么？如果将三极管的集电极和发射极对调使用,能否起放大作用？

1.5　三极管工作在放大区时,发射结为（　　）,集电结为（　　）;工作在饱和区时,发射结为（　　）,集电结为（　　）;工作在截止区时,发射结为（　　）,集电结为（　　）。

A. 正向偏置　　　　　　　B. 反向偏置　　　　　　　C. 零偏置

1.6　工作在放大区的某三极管,当 I_B 从 20 μA 增大到 40 μA 时,I_C 从 1 mA 变成 2 mA。它的 β 约为（　　）。

A. 50　　　　　　　　　B. 100　　　　　　　　　C. 200

1.7　工作在放大状态的三极管,流过发射结的电流主要是（　　）,流过集电结的电流主要是（　　）。

A. 扩散电流　　　　　　　B. 漂移电流

1.8　半导体三极管通过基极电流来控制输出电流,所以属于＿＿＿＿控制器件,其输入电阻＿＿＿＿;场效应管通过控制栅极电压来控制输出电流,所以属于＿＿＿＿控制器件,其输入电阻＿＿＿＿。

1.9　试从下述几方面比较场效应管和三极管的异同。

(1) 场效应管又称单极性管,其导电机理为＿＿＿＿,而三极管又称双极性管,其导电机理为＿＿＿＿。比较两者受温度的影响：＿＿＿＿优于＿＿＿＿。

(2) 场效应管属于＿＿＿＿式器件,其 g、s 间的阻抗要＿＿＿＿三极管 b、e 间的阻抗,后者则应属于＿＿＿＿式器件。

(3) 三极管三种工作区域是＿＿＿＿,与此不同,场效应管常把工作区域分为＿＿＿＿三种。

(4) 场效应管的三个电极 g、d、s 类同于三极管的＿＿＿＿电极,而 N 沟道、P 沟道场效应管则分别类同于＿＿＿＿两种类型的三极管。

1.10　三极管能够放大的外部条件是（　　）。

A. 发射结正偏,集电结正偏　　　　　　　　　B. 发射结反偏,集电结反偏

C. 发射结正偏,集电结反偏

1.11　硅三极管的导通压降 $|U_{BE}|$ 约为（　　）。

A. 0.1 V　　　　　　　B. 0.3 V　　　　　　　C. 0.7 V

1.12 反向饱和电流越小，三极管的稳定性能（　　　）。

A. 越好　　　　　　　　　B. 越差　　　　　　　　　C. 无变化

1.13 对 PNP 型三极管来说，当其工作于放大状态时，（　　　）的电位最低。

A. 发射极　　　　　　　　B. 基极　　　　　　　　　C. 集电极

1.14 试判断题 1.14 图中的二极管是导通还是截止，并求出 AO 两端电压 U_{AO}。设二极管是理想的。

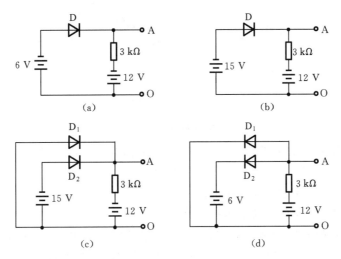

题 1.14 图

1.15 在题 1.15 图的各限幅电路中，设二极管是理想的，试画出当输入电压 u_i 为题 1.15 图(e)所示的正弦波信号时，各自的输出电压 u_o 波形。

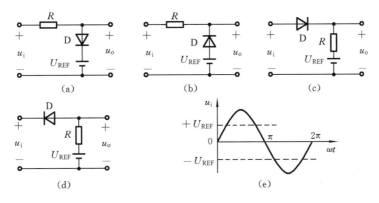

题 1.15 图

1.16 由理想二极管组成电路如题 1.16 图所示，$U_{CC}=+5$ V，U_A、U_B、U_C 为 0 或 5 V 时，求不同组合下，输出 U_O 的值。二极管均为理想二极管。

1.17 电路如题 1.17 图所示。题 1.17 图(a)中 $R_1=500$ Ω，$R_2=2$ kΩ，$U_{CC}=10$ V；题 1.17图(b)中 $R_1=3$ kΩ，$R_2=10$ kΩ，$R_3=2$ kΩ，$U_{CC}=10$ V。试分别估算两电路中流过二极管的电流和 A 点的电位 U_A，设二极管的正向压降 U_F 为 0.7 V。

1.18 稳压值为 7.5 V 和 8.5 V 的两个稳压管串联或并联使用时，可得到几种不同的稳压值？各为多少伏？设稳压管正向导通压降为 0.7 V。

1.19 电路如题 1.19 图所示，二极管导通电压为 $U_D = 0.7$ V。求出当 U_I 分别为 0 V、3 V、5 V、10 V 时 U_O 的对应值。

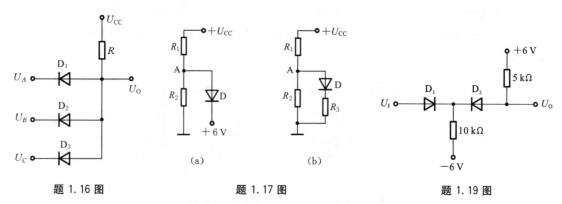

题 1.16 图   题 1.17 图   题 1.19 图

1.20 电路如题 1.20 图所示，输入电压 u_i 是峰值为 50 mV、周期为 10 kHz 的正弦波，二极管直流导通电压 U_D 为 0.7 V。回答下列问题：

(1) 计算输出电压中的直流电压值；

(2) 计算输出电压中的交流电压有效值。

1.21 电路如题 1.21 图所示，二极管正向导通电压 $U_D = 0$，稳压管 D_{Z1} 和 D_{Z2} 的稳压电压 U_Z 均为 6 V，稳定电流 $I_Z = 3$ mA，最大稳定电流 $I_{ZM} = 30$ mA。U_{I1}、U_{I2} 的电压值如题 1.21 表所示，试分析相应的二极管工作状态（导通或截止）及 U_O 的值，填入表中。

题 1.21 表

U_{I1}/V	U_{I2}/V	D_1	D_2	U_O/V
-15	-15			
-15	$+15$			
$+15$	-15			
$+15$	$+15$			

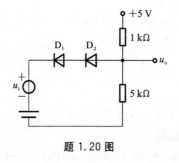

题 1.20 图

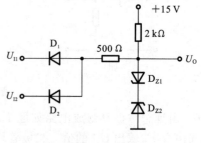

题 1.21 图

1.22 在题 1.22 图所示各电路中，已知晶体管发射结正向导通电压为 $U_{BE} = 0.7$ V，$\beta = 100$，$U_{BC} = 0$ V 时为临界放大（饱和）状态。分别判断各电路中晶体管的工作状态（放大、饱和或截止），并求解各电路中的电流 I_B 和 I_C。

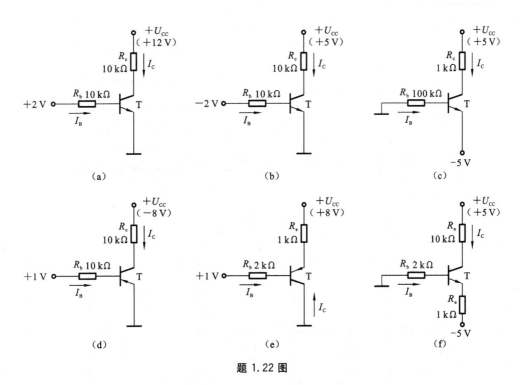

(a)   (b)   (c)

(d)   (e)   (f)

题 1.22 图

1.23 测得放大电路中六个三极管的直流电位如题 1.23 图所示。在圆圈中画出管子，并分别说明它们是硅管还是锗管。

1.24 电路如题 1.24 图所示，三极管导通时 $U_{BE} = 0.7$ V，$\beta = 50$。试分析 U_{BB} 为 0 V、1 V、3 V 三种情况下 T 的工作状态及输出电压 u_o 的值。

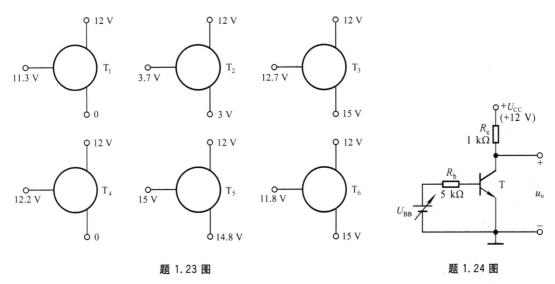

题 1.23 图   题 1.24 图

1.25 电路如题 1.25 图（a）所示，场效应管的输出特性如题 1.25 图（b）所示，分析当 $u_i = 4$ V、8 V、12 V 三种情况下场效应管分别工作在什么区域。

1.26 分别判断题 1.26 图所示各电路中的场效应管是否有可能工作在恒流区。

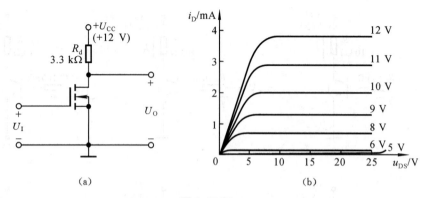

(a)   (b)

题 1.25 图

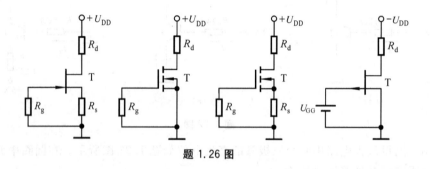

题 1.26 图

第2章　基本放大电路

【基本概念】
　　放大、放大电路的直流通路和交流通路、静态工作点、失真、微变等效电路、放大倍数、输入电阻与输出电阻、最大不失真输出电压、耦合。

【重点与难点】
　　(1) 对三极管共射极放大电路、共集电极放大电路、共基极放大电路的分析；
　　(2) 静态工作点的设置和稳定；
　　(3) 场效应管放大电路静态工作点的设置。

【基本分析方法】
　　(1) 三极管、场效应管三种接法时放大电路的识别方法。
　　(2) 如何估算静态工作点；如何估算动态性能指标。
　　(3) 如何判断输出波形的失真情况；如何估算最大不失真输出电压。

2.1　基本放大电路概述

2.1.1　放大的概念

　　放大电路是电子设备中不可缺少的组成部分。它的主要功能是放大电信号，即把微弱的输入信号(电流、电压或功率)通过电子器件的控制作用，将直流电源功率转换成一定强度的、随输入信号变化的输出信号。放大电路放大的本质是能量的控制和转换。能够控制能量的元件称为有源元件，如三极管和场效应管。

　　对放大电路的基本要求，除了将信号放大外，还要求放大后的电信号与原信号形状相同(在电子技术中称为不失真)。三极管和场效应管是放大电路的核心元件，只有它们工作在合适的区域(即三极管工作在放大区、场效应管工作在恒流区)，才能使输出量和输入量始终保持线性关系，即电路才不会产生失真。

2.1.2　放大电路的基本性能指标

　　图 2-1 所示的为放大电路的示意图，任何一个放大电路均可看成一个两端口网络。放大电路的性能指标通常是针对交流信号而言的，因此下面的表达式中采用交流分量表示。

1. 放大倍数 A

　　放大倍数 A 是衡量放大电路放大能力的一个性能指标，它等于放大电路的输出量(输出电压 u_o 或输出电流 i_o)与输入量(输入电压 u_i 或输入电流 i_i)的比值。

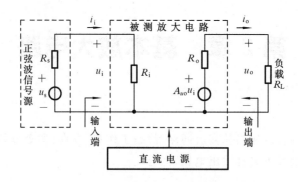

图 2-1　放大电路性能指标测量原理方框图

电压放大倍数 A_u：

$$A_u = \frac{u_o}{u_i}$$

电流放大倍数 A_i：

$$A_i = \frac{i_o}{i_i}$$

互阻放大倍数 A_r：

$$A_r = \frac{u_o}{i_i}$$

互导放大倍数 A_g：

$$A_g = \frac{i_o}{u_i}$$

2. 输入电阻 R_i

放大电路与信号源相连就成为信号源的负载,必然从信号源索取一定的电流,电流的大小表明放大电路对信号源的影响程度。这一负载作用常用放大电路的输入电阻 R_i 这一指标来表征,其定义为

$$R_i = \frac{u_i}{i_i}$$

R_i 越大,表明放大电路从信号源索取的电流就越小,即放大电路所得到的输入电压 u_i 越接近信号源电压 u_s。

3. 输出电阻 R_o

输出电阻即从输出端看进去的放大电路的等效电阻。求 R_o 的方法,一般是将输入信号源 u_s 短路(电流源开路),注意应保留信号源内阻 R_s,然后在输出端外接一个电压源 u,并计算出该电压源供给的电流 i,则输出电阻由下式算出

$$R_o = \frac{u}{i} \bigg|_{\substack{u_s=0 \\ R_L=\infty}}$$

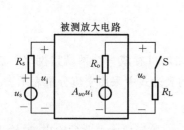

图 2-2　输出电阻实际测量图

放大电路对负载而言相当于一个电压源,该电压源的内阻就是输出电阻 R_o。因此,R_o 越小,表明带负载能力越强。

在实际测量中,还可以按图 2-2 所示连接,在保持信号源输出电压一定的条件下,测量出开关 S 断开(相当于让放大电路的负载电阻 R_L 开路)时,放大电路的开路输

出电压 $U_{o\infty}$，再测量出开关 S 接通（相当于让放大电路接上负载电阻 R_L）时，放大电路的输出电压 U_{oL}，则可由下式求得放大电路的 R_o：

$$R_o = \left(\frac{U_{o\infty}}{U_{oL}} - 1\right)R_L$$

4. 最大不失真输出电压

最大不失真输出电压是在不失真的前提下能够输出的最大电压，即当输入电压再增大就会使输出波形产生非线性失真时的输出电压，一般以幅值 U_{om} 表示。

5. 通频带

通频带用于衡量放大电路对不同频率信号的放大能力。由于放大电路中存在电抗元件（电容、电感及半导体器件结电容等），因此在输入信号频率较低或较高时，放大倍数的数值会下降并产生相移，此时的放大倍数用 $\dot{A}$ 表示。通常，作为放大电路性能指标的放大倍数 A 是指中频放大倍数。

2.2 放大电路的分析方法

三极管作为放大元件使用时将构成输入回路和输出回路两部分，而三极管的三个电极中任何一个都可以作为两个回路的公共端，从而形成三种不同的接法，即共射极、共集电极和共基极，如图 2-3 所示。

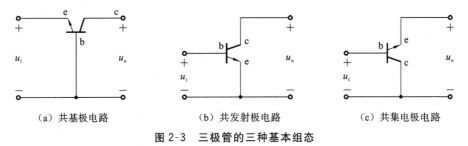

（a）共基极电路　　　　　　（b）共发射极电路　　　　　　（c）共集电极电路

图 2-3　三极管的三种基本组态

为了了解放大电路的组成与工作原理，掌握放大电路的分析方法，这里以基本的共射放大电路为例进行介绍。

2.2.1　基本共射极放大电路的工作原理

图 2-4 所示的是一个基本共射极放大电路。在图中，三极管 T 是整个电路的核心器件，起放大作用。

1. 电路组成原则

（1）保证工作在放大区，图 2-4 所示中 U_{CC} 保证三极管 T 的发射结正偏、集电结反偏。同时 U_{CC} 一方面通过 R_b（一般为几十千欧到几百千欧）提供一个合适的基极偏置电流 i_B，另一方面通过 R_c（一般为几千欧到几十千欧）将集电极电流的变化转换为电压的变化。

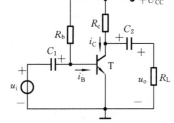

图 2-4　基本共射极放大电路

（2）保证交流信号的输入和输出。图 2-4 所示中 C_1、C_2 为耦合电容,电路利用电容的"隔直通交",一方面使交流信号顺利传送到负载,另一方面使放大电路及外电路与直流信号无联系。

2. 电路工作原理

输入端的交流电压 u_i 通过 C_1 加到三极管的发射结,从而引起基极电流 i_B 相应的变化。i_B 的变化使集电极电流 i_C 随之变化。i_C 的变化量在集电极电阻 R_c 上产生压降。集电极电压 $u_{CE}=U_{CC}-i_C R_c$,当 i_C 的瞬时值增加时,u_{CE} 就要减少,所以 u_{CE} 的变化与 i_C 的相反。u_{CE} 中的变化量经过 C_2 电容传送到输出端,成为输出电压 u_o。如果电路参数选择合适,u_o 的幅度将比 u_i 的大得多,从而达到放大的目的。

2.2.2 直流通路和交流通路

通常,在放大电路中既存在直流信号,又有交流信号的作用。当输入信号为零时,电路只有直流电流;当考虑信号的放大时,应考虑电路的交流通路。所以在分析、计算具体放大电路前,应分清放大电路的交、直流通路。由于放大电路中有电容、电感等电抗元件的存在,故直流通路和交流通路不完全相同。

直流通路是在直流电源作用下直流流经的通路,用于进行直流(静态)分析,计算放大电路的静态工作点,即基极直流电流 I_B、集电极直流电流 I_C、集电极与发射极之间的直流电压 U_{CE}。画直流通路时,电容视为开路,电感视为短路,信号源置零,但保留其内阻。

交流通路是在输入信号作用下交流流经的通路,用于进行交流(动态)分析,计算放大电路的电压放大倍数、输入电阻和输出电阻。画交流通路时,电容视为短路,电感视为开路,直流电源对地短路(内阻视为零)。

根据上述原则,图 2-4 所示电路的直流通路和交流通路如图 2-5 所示。

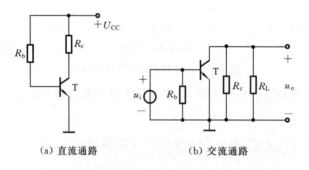

(a) 直流通路　　　　　(b) 交流通路

图 2-5　共射极放大电路直流通路和交流通路

2.2.3 静态工作点的设置

当输入信号为零、直流电源单独作用时,放大电路的基极电流 I_B、集电极电流 I_C、基极-发射极电压 U_{BE}、集电极-发射极电压 U_{CE} 称为静态工作点,简称 Q 点,4 个物理量记为 I_{BQ}、I_{CQ}、U_{BEQ}、U_{CEQ}。

1. Q 点的近似估算

在已知电流放大倍数 β 的条件下,可以根据放大电路的直流通路估算出 Q 点,步骤如下：

（1）画出放大电路的直流通路，以图 2-5(a) 所示直流通路为例；

（2）由基极回路求出静态时的基极电流 I_{BQ}：

$$I_{BQ} = \frac{U_{CC} - U_{BEQ}}{R_b}$$

近似估算中，通常认为 U_{BEQ} 为常数，一般，对硅管取 0.7 V，对锗管取 0.2 V。

（3）求集电极电流 I_{CQ}：

$$I_{CQ} = \beta I_{BQ}$$

（4）由集电极回路求 U_{CEQ}：

$$U_{CEQ} = U_{CC} - I_{CQ} R_c$$

【例 2-1】 共射极放大电路的直流通路如图 2-6 所示，在图 2-6(a) 所示中，已知 $\beta = 50$，$R_b = 475$ kΩ，$R_c = 3$ kΩ，$U_{CC} = +15$ V。在图 2-6(b) 所示中，$\beta = 100$，$R_b = 260$ kΩ，$R_c = 2$ kΩ，$R_e = 500$ Ω，$U_{CC} = +10$ V。设三极管的 $U_{BEQ} = 0.7$ V，估算电路的静态工作点。

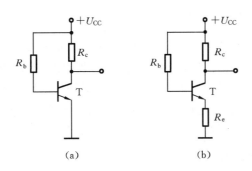

图 2-6 例 2-1 的电路

解 （1）图 2-6(a) 所示中有

静态基极电流 I_{BQ}：　　$I_{BQ} = \dfrac{U_{CC} - U_{BEQ}}{R_b} = \dfrac{15\ \text{V} - 0.7\ \text{V}}{475\ \text{kΩ}} = 30\ \mu\text{A}$

集电极电流 I_{CQ}：　　　$I_{CQ} = \beta I_{BQ} = 50 \times 30\ \mu\text{A} = 1.5\ \text{mA}$

三极管静态管压降 U_{CEQ}：　$U_{CEQ} = U_{CC} - I_{CQ} R_c = 15\ \text{V} - 1.5\ \text{mA} \times 3\ \text{kΩ} = 10.5\ \text{V}$

（2）图 2-6(b) 所示中，$I_{EQ} = (1+\beta) I_{BQ}$，则

静态基极电流 I_{BQ}：

$$I_{BQ} = \frac{U_{CC} - U_{BE}}{R_b + (1+\beta) R_e} = \frac{10 - 0.7}{260 + 101 \times 0.5}\ \text{mA} = 0.03\ \text{mA} = 30\ \mu\text{A}$$

集电极电流 I_{CQ}：　　$I_{CQ} = \beta I_{BQ} = 100 \times 30\ \mu\text{A} = 3\ \text{mA}$

三极管静态管压降 U_{CEQ}：

$$U_{CEQ} = U_{CC} - I_{CQ}(R_c + R_e) = [10 - 3 \times (2 + 0.5)]\ \text{V} = 2.5\ \text{V}$$

2. 设置 Q 点的必要性

既然放大电路要放大的对象是动态信号，为什么还要设置静态工作点呢？假设将基极电源去掉，则电路如图 2-7 所示。

静态时，将输入端 A 和 B 短路，则 $I_{BQ} = 0$、$I_{CQ} = 0$、$U_{CEQ} = U_{CC}$，因此三极管处于截止状

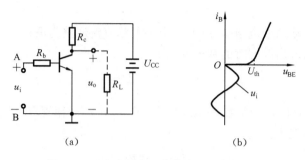

（a）　　　　　　　　　　（b）

图 2-7　没有设置合适的静态工作点的分析

态。当加入输入电压 u_i 时，$u_{AB}=u_i$，若其峰值小于 b-e 的开启电压 U_{th}，则在信号的整个周期内三极管始终工作在截止状态，所以 U_{CE} 毫无变化，输出电压为零；即使 u_i 的幅值足够大，三极管也只可能在信号正半周大于 U_{th} 的时间内导通，所以输出电压必然严重失真。

因此，设置合适的静态工作点，以保证放大电路不产生失真是非常必要的。

2.2.4　微变等效电路法

微变等效电路法是指，当输入信号变化的范围很小（微变）时，可以认为三极管电压、电流变化量之间的关系基本是线性的，即在一个很小的范围内，输入特性、输出特性均可近似地看作是一段直线。因此，就可给三极管建立一个小信号的线性模型。利用微变等效电路，可以将含有非线性元件（三极管）的放大电路转化成为熟悉的线性电路，然后，可利用电路分析课程中学习的有关方法来求解。

1. 三极管的 h 参数微变等效电路

三极管在共射极接法时，可表示为图 2-8 所示的双口网络。图中输入回路及输出回路电压、电流的关系可以表示为

$$u_{BE} = f_1(i_B, u_{CE})$$
$$i_C = f_2(i_B, u_{CE})$$

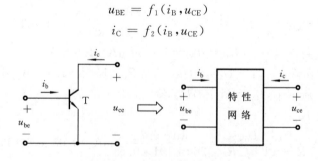

图 2-8　共射极的双口网络

假定三极管是在小信号下工作，考虑电压、电流之间的微变关系，对上式取全微分，得

$$\begin{cases} du_{BE} = h_{ie}di_B + h_{re}du_{CE} \\ di_C = h_{fe}di_B + h_{oe}du_{CE} \end{cases}$$

当电压、电流的变化没有超过特性曲线的线性范围时，无限小的信号增量就可以用电压、电流的交流分量来代替，这样以上两式可写成下列形式：

$$\begin{cases} u_{be} = h_{ie}i_b + h_{re}u_{ce} \\ i_c = h_{fe}i_b + h_{oe}u_{ce} \end{cases}$$

式中: h_{ie}、h_{re}、h_{fe}、h_{oe} 称为三极管在共射极接法下的 h 参数,其中:

$h_{ie} = \dfrac{\partial u_{BE}}{\partial i_B}\bigg|_{U_{CEQ}}$ 表示三极管输出端交流短路时的输入电阻,单位为欧姆(Ω),习惯用 r_{be} 表示;

$h_{fe} = \dfrac{\partial i_C}{\partial i_B}\bigg|_{U_{CEQ}}$ 表示三极管输出端交流短路时的正向电流传输比或电流放大系数(无量纲),习惯用 β 表示;

$h_{re} = \dfrac{\partial u_{BE}}{\partial u_{CE}}\bigg|_{I_{BQ}}$ 表示三极管输入端交流开路时的反向电压传输比(无量纲);

$h_{oe} = \dfrac{\partial i_C}{\partial u_{CE}}\bigg|_{I_{BQ}}$ 表示三极管输入端交流开路时的输出电导,单位为西门子(S)。

由上述方程组可得三极管 h 参数微变等效电路,如图 2-9(a)所示。这里的电压源和电流源不是独立电源,它们的数值和方向都受到电路中对应参数的控制,是受控电源。

一般情况下,共发射极接法时的 h 参数典型值为

$$h_{ie} \approx 1.4 \text{ k}\Omega, \quad h_{fe} \approx 50, \quad h_{re} \approx 5 \times 10^{-4}, \quad h_{oe} \approx 5 \times 10^{-5} \text{ S}$$

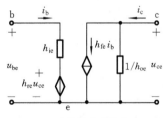 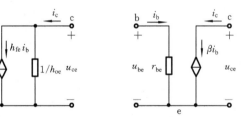

(a) h 参数微变等效电路　　　　(b) 简化的 h 参数微变等效电路

图 2-9　三极管 h 参数微变等效电路

可见,h_{oe} 和 h_{re} 相对很小,所以在微变等效电路中常常被忽略掉,这在工程计算上不会带来显著的误差,则可用 r_{be} 代替 h_{ie},用 β 代替 h_{fe},可将三极管的微变等效电路简化为图 2-9 (b)所示的形式。值得注意的是,这种等效只有管子工作于交流小信号时才能等效。

另外,在微变等效电路参数中,β 一般由三极管的数据手册直接给出来,而 r_{be} 则可表示为

$$r_{be} = r_{bb'} + (1+\beta)r_{b'e}$$

式中: $r_{bb'}$ 是基区体电阻,对于低频小功率管,$r_{bb'}$ 约为 200 Ω。$r_{b'e}$ 是发射结电阻。根据 PN 结的伏安特性表达式可以推导出常温下 $r_{b'e} = 26/I_{EQ}$,于是,r_{be} 可以写为

$$r_{be} \approx 200 + (1+\beta)\frac{26}{I_{EQ}}$$

2. 微变等效电路动态分析

当放大电路加入输入信号 u_i 后,电路引入了交流信号,其工作状态将来回变动,这时候的工作状态称为动态,此状态下对电路的分析称为动态分析。在小信号工作条件下,可以用

h 参数微变等效电路来代替放大电路交流通路中的三极管,从而完成电路的动态分析。由于动态分析研究的对象是交流通路,因此在等效电路中电流、电压采用交流分量表示。

动态分析的目标是求出放大电路的三个基本性能指标:电压放大倍数、输入电阻和输出电阻。现以图 2-10(a)所示电路为例,利用微变等效电路进行动态分析,具体步骤如下。

(1) 画出放大电路的微变等效电路。

先画出放大电路的交流通路,然后用三极管的微变等效电路代替三极管,即基极与发射极之间用电阻 r_{be} 代替,集电极与发射极之间用电流源 βi_b 代替,基极与集电极之间开路。图 2-10(a)所示的为共射极放大电路,其微变等效电路如图 2-10(b)所示。

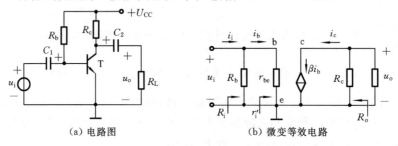

(a) 电路图　　　　　　　(b) 微变等效电路

图 2-10　共射极放大电路

(2) 计算 r_{be}。

$$r_{be} \approx 200 + (1+\beta)\frac{26}{I_{EQ}}$$

(3) 求电压增益 A_u。

$$A_u = \frac{u_o}{u_i} = \frac{-i_c R_L'}{i_b r_i'} = \frac{-\beta i_b(R_c \mathbin{/\mkern-5mu/} R_L)}{i_b r_{be}} = -\frac{\beta R_L'}{r_{be}}$$

式中:负号表示输出电压与输入电压相位相反;r_i' 是三极管输入端经发射极到地的等效电阻;R_L' 是输出端到地的等效电阻。

一般情况下,$R_L' \gg r_{be}$,所以共射极放大电路的电压放大倍数数值大于 1。

(4) 输入电阻 R_i。

$$R_i = \frac{u_i}{i_i} = \frac{u_i}{\dfrac{u_i}{R_b} + \dfrac{u_i}{r_{be}}} = R_b \mathbin{/\mkern-5mu/} r_{be}$$

一般情况下,$R_b \gg r_{be}$,故

$$R_i \approx r_{be}$$

(5) 输出电阻 R_o。

根据定义,将放大电路输入端的信号源短路(令 $u_i=0$),输出端负载电阻 R_L 开路,在输出端加一个测试电压 u,相应地产生一个测试电流 i,等效电路如图 2-11 所示,则求得输出电阻为

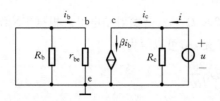

图 2-11　共射放大电路输出电阻的分析

$$R_o = \frac{u}{i}$$

当 $u_i=0$ 时有 $i_b=0$,受控电流源 $\beta i_b=0$,则 R_o 可以表示为

$$R_{o} = \frac{u}{i}\bigg|_{\substack{u_{i} = 0 \\ R_{L} = \infty}} = R_{c}$$

由以上分析可知,共射极放大电路的特点是:输出电压与输入电压相位相反,电压放大倍数数值大于1。因此,共射极放大电路又称反相电压放大电路。

微变等效电路法主要用于对放大电路动态特性的分析,它不仅适合共射极放大电路,也适合其他放大电路的动态分析。但是,它的应用有个前提,即必须是输入信号幅度较小或三极管基本工作在线性范围。如果输入信号幅度大,或者三极管的工作点延伸到非线性范围,则需要采用图解分析法。

2.2.5 图解法

利用三极管的特性曲线,直接用作图的方法对放大电路进行分析即为图解法。

1. 静态分析

(1)画出直流通路,如图 2-12(a)所示,由基极回路确定基极电流,即 $I_{BQ} = \dfrac{U_{CC} - U_{BEQ}}{R_{b}}$。

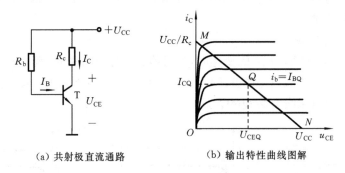

(a) 共射极直流通路　　　　　(b) 输出特性曲线图解

图 2-12　图解法求静态工作点

(2)根据输出回路方程 $U_{CC} = i_{C}R_{c} + u_{CE}$,在三极管输出特性曲线图中确定该直线:它与横轴的交点为 $(U_{CC},0)$,与纵轴的交点为 $(1,U_{CC}/R_{c})$,斜率为 $-1/R_{c}$。由于该直线是由直流通路所确定的,因此该直线称为直流负载线。

(3)找出 $i_{B} = I_{BQ}$ 这条输出特性曲线与直流负载线的交点即为 Q 点。Q 点坐标 (U_{CEQ}, I_{CQ}) 如图 2-12(b)所示。

【例 2-2】 电路如图 2-4 所示。设 $U_{CC} = 6$ V,$R_{b} = 270$ kΩ,$R_{c} = 3$ kΩ,三极管为硅管,其输出特性曲线如图 2-13 所示。用图解法求电路的静态工作点。

　解 (1)由基极回路计算 I_{BQ}:

$$I_{BQ} = \frac{U_{CC} - U_{BEQ}}{R_{b}} = (6 - 0.7)\ \text{V}/270\ \text{kΩ} = 20\ \mu\text{A}$$

(2)写出直流负载方程,并作出直流负载线:

$$u_{CE} = U_{CC} - i_{C}R_{c}$$

当 $i_{C} = 0$,$u_{CE} = 6$ V 时,得 A 点;当 $u_{CE} = 0$,$i_{C} = U_{CC}/R_{c} = 6/3$ mA $= 2$ mA 时,得 B 点。连接这两点,即得直流负载线。

(3)直流负载线与 $i_{B} = I_{BQ} = 20\ \mu$A 这一条输出特性曲线的交点即为 Q 点,从图上查出:

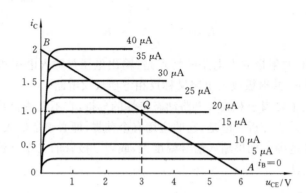

图 2-13　例 2-2 的电路输出特性曲线

$$I_{BQ} = 20 \ \mu A, \quad I_{CQ} = 1 \ mA, \quad U_{CEQ} = 3 \ V$$

2. 电路参数对 Q 点的影响 I_{BQ}

静态工作点的位置对电路的放大性能起着十分重要的作用,而静态工作点与电路参数有关。下面讨论电路参数基极偏置电阻 R_b、集电极电阻 R_c 和直流电源 U_{CC} 对静态工作点的影响,以方便电路调试。

1) R_b 对 Q 点的影响

当 R_c 和 U_{CC} 固定不变,只有 R_b 变化时,仅对静态工作点有影响,而对负载线无影响。如图 2-14(a)所示,若 R_b 增大,I_{BQ} 减小,则工作点沿直流负载线下移 $Q \rightarrow Q_1$;若 R_b 减小,I_{BQ} 增大,则工作点沿直流负载线上移 $Q \rightarrow Q_2$。

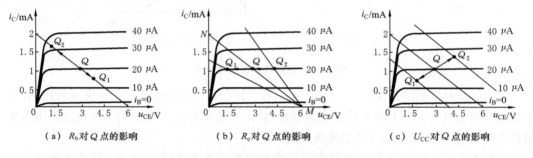

（a）R_b 对 Q 点的影响　　　（b）R_c 对 Q 点的影响　　　（c）U_{CC} 对 Q 点的影响

图 2-14　电路参数对 Q 点的影响

2) R_c 对 Q 点的影响

当只有 R_c 变化时,仅改变直流负载线与纵轴的交点(定义为 N 点),即仅改变直流负载线的斜率。如图 2-14(b)所示,若 R_c 增大,N 点下降,直流负载线变平坦,工作点沿 $i_B = I_{BQ}$ 这条特性曲线左移 $Q \rightarrow Q_1$;若 R_c 减小,N 点上升,直流负载线变陡,工作点沿 $i_B = I_{BQ}$ 这条特性曲线右移 $Q \rightarrow Q_2$。

3) U_{CC} 对 Q 点的影响

当 U_{CC} 变化时,不仅改变负载线与纵轴的交点,也改变负载线与横轴的交点,但斜率 $-1/R_c$ 不变,即负载线平移;同时,若 U_{CC} 还为基极回路提供电源(电路如图 2-4 所示),则当 U_{CC} 变化时,I_{BQ} 也会改变。如图 2-14(c)所示,若 U_{CC} 上升,I_{BQ} 增大,直流负载线向右平移,Q 点上移,即 $Q \rightarrow Q_2$;若 U_{CC} 下降,I_{BQ} 减小,直流负载线向左平移,Q 点下移,即 $Q \rightarrow Q_1$。

3. 动态分析

图解法动态分析,就是已知 Q 点,根据输入电压 u_i,通过三极管的输入、输出特性曲线来确定输出电压 u_o,从而得到 u_o 与 u_i 的相位关系和动态范围。

1)根据 u_i 在输入特性曲线上求 i_B

如图 2-15 所示,当正弦小信号 u_i 加到输入端时,u_{BE} 将在静态时的 U_{BEQ} 上叠加一个交流量 u_i;根据 u_{BE} 的变化规律,可以在输入特性曲线上得到 i_B 的波形。同样,i_B 也是在静态时的 I_{BQ} 基础上叠加一个交流分量。由图 2-15 可知,i_B 在 i_{B1} 和 i_{B5} 之间变动。

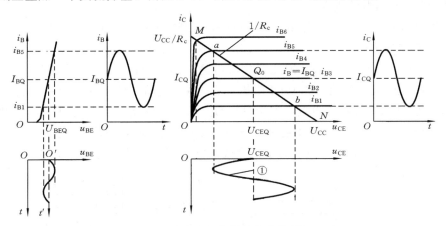

图 2-15 动态分析共射极电路的图解

2)根据 i_B 在输出特性曲线上求 i_C 和 u_{CE}

放大电路加入 u_i 后,i_B 的变动将引起工作点的移动。假设 $i_B=i_{B5}$ 和 $i_B=i_{B1}$ 两条输出特性曲线与负载线的交点是 a 和 b,直线段 ab 就是放大电路工作点移动的轨迹,称为动态工作范围。

由图 2-15 可见,在 u_i 的正半周,i_B 先由 I_{BQ} 增大到 i_{B5},放大电路的工作点将由 Q_0 点移到 a 点,相应的 i_C 由 I_{CQ} 增加到最大值,而 u_{CE} 由原来的 U_{CEQ} 减小到最小值;然后 i_B 由 i_{B5} 减小到 I_{BQ},放大电路的工作点将由 a 点回到 Q_0 点,相应的 i_C 也由最大值回到 I_{CQ},而 u_{CE} 则由最小值回到 U_{CEQ}。在 u_i 的负半周,其变化规律恰好相反,放大电路的工作点先由 Q_0 点移到 b 点,再由 b 点回到 Q_0 点。其中 u_{CE} 的波形如图 2-15 中的波形①所示。

综上分析,可总结得出如下几点。

(1)没有输入信号电压时,三极管各电极都是恒定的直流电流和电压(I_{BQ}、I_{CQ}、U_{CEQ}),当输入端加入输入信号电压后,i_B、i_C、u_{CE} 都在原来静态直流量的基础上叠加了一个交流量,它们的方向始终没变,数值为:$i_B=I_{BQ}+i_b$;$i_C=I_{CQ}+i_c$;$u_{CE}=U_{CC}+u_{ce}$。

(2)u_{CE} 中的交流分量 u_{ce}(即经 C_2 隔直后的交流输出电压 u_o)的幅度远比 u_i 的大,且同为正弦波电压,体现了放大作用。

(3)$u_o(u_{ce})$ 与 u_i 相位相反。这种现象称为放大电路的反相作用,因而共射极放大电路又称反相电压放大电路。

4. 非线性失真

1)交流负载线

放大电路加入 u_i 后,电路处在动态的工作状态,此时工作点移动所遵循的负载线称为交流负载线。交流负载线应具备两个特点:第一,当 $u_i = 0$ 时,电路的工作状态与静态下的相同,所以它必定通过 Q 点;第二,若接入负载电阻 R_L,由共射极放大电路的交流通路可得 $u_o = u_{ce} = -i_c(R_c // R_L) = -i_c R'_L$,因此,交流负载线的斜率为 $-1/R'_L$。因此,只要过 Q 点作一条斜率是 $-1/R'_L$ 的直线即是交流负载线。

由上可知,交流负载线的方程是 $u_{CE} = U'_{CC} - i_c R'_L$,其中 U'_{CC} 是交流负载线与横轴的交点,数值是 $U_{CEQ} + I_{CQ} R'_L$。

若 $R_L = \infty$,即负载开路时,$R'_L = R_c$,则交流负载线方程可转换为 $u_{CE} = U_{CC} - i_c R_c$,即交流负载线与直流负载线重合。

值得说明的是,以上分析是基于放大电路与负载阻容耦合的情况下得出的结论。

2) 非线性失真的分析

由于三极管是非线性元件,因此在放大电路中,如果输入信号过大或者工作点选择不当,都能引起输出电压失真,这种由于三极管非线性引起的失真称为非线性失真。

图 2-16 所示的为 Q 点设置不当所引起的失真。若 Q 点设置过低,如 Q_1 点,则在 u_i 负半周,三极管进入截止区,从而引起了 i_B、i_C 和 $u_o(u_{ce})$ 的失真,这种失真称为截止失真,输出电压 u_o 的波形在顶部出现失真。为了消除截止失真,应减小 R_b,使 Q 点上移。

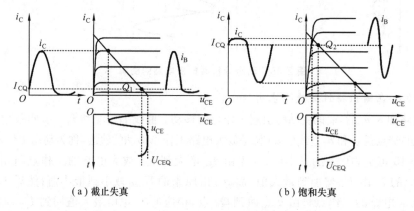

(a) 截止失真　　　　　　(b) 饱和失真

图 2-16　非线性失真

若 Q 点设置过高,如 Q_2 点,则在 u_i 正半周,三极管进入饱和区,虽然 i_B 不失真,但 i_C 不再随 i_B 的增大而线性增大,从而引起 i_C 和 $u_o(u_{ce})$ 的失真,这种失真称为饱和失真,输出电压 u_o 的波形在底部出现失真。为了消除饱和失真,可增大 R_b,使 Q 点下移。

3) 最大不失真输出电压

为了使输出电压不失真,应使放大电路工作在线性区(放大区),根据图解分析,可以画出最大不失真输出电压的波形,如图 2-17 所示。

图中曲线①即为 $R_L = \infty$ 时的最大不失真输出电压波形,此时最大不失真输出电压的幅值 $U_{om} = \min\{(U_{CEQ} - U_{CES}), (U_{CC} - U_{CEQ})\}$;图中曲线②为 $R_L \neq \infty$ 时的最大不失真输出电压波形,此时最大不失真输出电压的幅值 $U_{om} = \min\{(U_{CEQ} - U_{CES}), (U'_{CC} - U_{CEQ})\} = \min\{(U_{CEQ} - U_{CES}), I_{CQ} R'_L\}$。

为了使 U_{om} 尽可能大,应将 Q 点设置在放大区内负载线的中点,也就是,若 $R_L = \infty$,则使 $U_{CEQ} - U_{CES} = U_{CC} - U_{CEQ}$;若 $R_L \neq \infty$,则使 $U_{CEQ} - U_{CES} = I_{CQ} R'_L$。

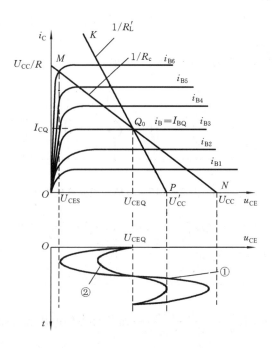

图 2-17　最大不失真输出电压分析

　　图解分析法可以直观地反映输入电压与输出电流、输出电压的关系,形象地反映工作点不适合引起的非线性失真。但是用图解法进行定量分析时误差也较大,且不适合动态分析。在实际应用中,图解法多用于分析 Q 点位置、最大不失真输出电压和失真情况等。

　　图解分析法和微变等效电路分析法是分析放大电路的两种基本方法。掌握了这两种方法,就为今后分析各种具体的放大电路打下了基础。

　　【例2-3】　单极共射极基本放大电路如图 2-18 所示,已知三极管的 $U_{BE}=0.7$ V,$\beta=50$,$R_b=377$ kΩ,$R_c=6$ kΩ,$R_s=100$ Ω,$R_L=3$ kΩ,$U_{CC}=+12$ V。试求:

　　(1) 电路的静态工作点 Q。

　　(2) 电压放大倍数 A_u、A_{us}。

　　(3) 输入电阻 R_i、输出电阻 R_o。

　　(4) 画出输出回路的直流负载线和交流负载线。

　　(5) 电路最大不失真输出电压幅值 U_{om}。

　　(6) 若 $u_s=27\sin(\omega t)$(单位:mV),电路能否正常放大此信号?试分析之。

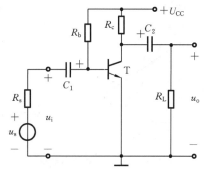

图 2-18　例 2-3 的电路

　　(7) 如何调整电路元件参数,使该电路有尽可能大的输出幅度,其值 U_{om} 为多大?

　　解　(1) 电路的静态工作点 Q。

　　根据电路的直流通道,静态基极偏置电流:

$$I_{BQ}=\frac{U_{CC}-U_{BEQ}}{R_b}=\frac{12-0.7}{377}\text{ mA}=30\ \mu A$$

　　集电极电流:

$$I_{CQ}=\beta I_{BQ}=50\times30\ \mu A=1.5\text{ mA}$$

三极管 c、e 间静态管压降：$\qquad U_{CEQ}=U_{CC}-I_{CQ}R_c=(12-1.5\times6)\ V=3\ V$

（2）电压放大倍数 A_u、A_{us}。

图 2-18 所示电路的微变等效电路如图 2-19 所示。

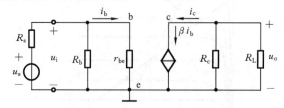

图 2-19　图 2-18 所示电路的微变等效电路

$$r_{be}=200+(1+\beta)\frac{26}{I_{EQ}}=\left[200+(1+50)\frac{26}{1.5}\right]\ \Omega\approx1\ k\Omega$$

因此电路的电压放大倍数 A_u 为

$$A_u=-\frac{\beta(R_c\ /\!/\ R_L)}{r_{be}}=-\frac{50(6\ /\!/\ 3)}{1}=-100$$

当考虑信号源内阻时，有 $\dfrac{u_i}{u_s}=\dfrac{R_b\ /\!/\ r_{be}}{R_s+R_b\ /\!/\ r_{be}}$，而信号源的电压放大倍数 A_{us} 为

$$A_{us}=\frac{u_o}{u_s}=\frac{u_o}{u_i}\frac{u_i}{u_s}=A_u\frac{u_i}{u_s}=-100\times\frac{377\ /\!/\ 1}{0.1+377\ /\!/\ 1}=-91$$

（3）输入电阻 R_i、输出电阻 R_o。

$$R_i=R_b\ /\!/\ r_{be}\approx1\ k\Omega$$

$$R_o=R_c=6\ k\Omega,\qquad R_o=R_c=6\ k\Omega$$

（4）直流负载线和交流负载线的作法。

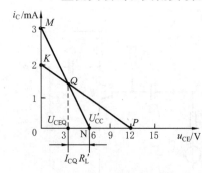

图 2-20　直流和交流负载线

直流负载线根据方程 $u_{CE}=U_{CC}-i_cR_c$ 求得，将横坐标定为 u_{CE}，纵坐标定为 i_c。当 $i_c=0$ 时，可求得 $u_{CE}=U_{CC}=12\ V$；当 $u_{CE}=0$ 时，可求得 $i_C=\dfrac{U_{CC}}{R_c}=\dfrac{12}{6}\ mA=2\ mA$。图 2-20 中直线 KP 即为所求作的直流负载线。

交流负载线根据方程 $u_{CE}=U'_{CC}-i_cR'_L$ 求得，其中 $U'_{CC}=U_{CEQ}+I_{CQ}R'_L$。可取两点：$Q(U_{CEQ},I_{CQ})$，$(U'_{CC},0)$。求得 $U'_{CC}=[3+1.5\times(6\ /\!/\ 3)]\ V=6\ V$。因此，交流负载线上两个点的坐标为 $(3,1.5)$，$(6,0)$。过这两点所作直线 MN 即为交流负载线，如图 2-20 所示。

（5）电路最大不失真输出电压幅值 U_{om}。

设放大电路中三极管的饱和压降 $U_{CES}=0.7\ V$，则

$$\begin{aligned}U_{om}&=\min\{(U_{CEQ}-U_{CES}),(U'_{CC}-U_{CEQ})\}\\&=\min\{(3\ V-0.7\ V),(6\ V-3\ V)\}=2.3\ V\end{aligned}$$

（6）电路失真分析。

本例已求得电压放大倍数 $A_{us}=-91$，当输入信号 $u_s=27\sin(\omega t)$（单位为 mV）时，如果电路能够正常放大，则输出信号的幅值 U'_{om} 应为

$$U'_{om} = U_{sm}|A_{us}| = 27\ \text{mV} \times 91 = 2.457\ \text{V}$$

由于此时电路的输出幅度 U'_{om} 超过了电路的最大输出幅度 U_{om}，因此输出波形会出现失真，并且失真是出现在靠近三极管饱和区域处，故失真为饱和失真。

（7）电路元件参数的调整。

为使电路获得最大不失真输出电压，可使 Q 点正好处在放大区内交流负载线的中部位置，即使 $U_{CEQ} - U_{CES} = I_{CQ}(R_c /\!/ R_L)$。

通常可改变电阻 R_b 的阻值来实现。上式可变为

$$U_{CC} - I_{CQ}R_c - U_{CES} = I_{CQ}(R_c /\!/ R_L)$$

求得集电极电流 I_{CQ} 为

$$I_{CQ} = \frac{U_{CC} - U_{CES}}{R_c + (R_c /\!/ R_L)} = \frac{(12 - 0.7)\ \text{V}}{[6 + (6 /\!/ 3)]\ \text{k}\Omega} = 1.41\ \text{mA}$$

电阻 R_b 的取值为

$$R_b = \frac{U_{CC} - U_{BE}}{I_{BQ}} = \frac{U_{CC} - U_{BE}}{I_{CQ}/\beta} = \frac{(12 - 0.7)\ \text{V}}{1.41\ \text{mA}/50} \approx 400\ \text{k}\Omega$$

只要将图 2-17 所示电路中的电阻 R_b 增至 $400\ \text{k}\Omega$，电路就可获得最大的输出幅度 U_{om}，其大小为

$$U_{om} = I_{CQ}(R_c /\!/ R_L) = 2.82\ \text{V}$$

2.3 放大电路静态工作点的稳定

2.3.1 射极偏置放大电路

从 2.2 节的讨论可以知道，静态工作点是否合理不但决定了电路是否会产生失真，而且直接影响放大电路的电压放大倍数、输入电阻、输出电阻等动态参数。也就是说，Q 点不稳定的放大电路，其性能也不稳定，所以必须研究放大电路的 Q 点是否稳定，是哪些因素使 Q 点不稳定，进而研究如何稳定 Q 点。

实际上，电源电压波动、三极管老化以及因温度变化所引起的三极管参数的变化，都会造成 Q 点的不稳定，从而使动态参数不稳定。其中最主要的因素是温度对三极管参数的影响。当温度升高时，它们变化的总结果是使集电极电流 I_C 增大，从而破坏静态工作点的稳定性。所以要稳定 Q 点，关键在于使集电极电流 I_C 不变。图 2-21 所示的就是基于这一设想的电路，称为射极偏置电路。

1. 稳定原理

与固定偏置共射极放大电路（见图 2-4）相比，电路中增加了发射极电阻 R_e、发射极旁路电容 C_E，同时基极有两个偏置电阻 R_{b1} 和 R_{b2}。为了达到稳定 Q 点的目的，电路应保证基极电位 U_B 恒定，与 I_{BQ} 无关。

由图 2-21 所示直流通路可得 $I = I_{b2} + I_{BQ}$，如果 $I \gg I_{BQ}$，就可近似认为 $I \approx I_{b2}$，则 R_{b2} 上的端电压可近似地看成由 R_{b1} 和 R_{b2} 的分压而得，即

$$U_B \approx \frac{R_{b2}}{R_{b1} + R_{b2}} U_{CC}$$

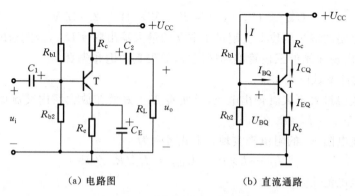

(a) 电路图　　　　　　　(b) 直流通路

图 2-21　射极偏置电路

上式说明,U_B 与三极管参数无关,即不随温度的变化而改变,因此,基极电位 U_B 是恒定的。

当温度上升时,稳定 Q 点可表示如下:

$$温度\ T \uparrow \longrightarrow I_C \uparrow \longrightarrow U_E \uparrow \xrightarrow{\ U_B 固定不变\ } U_{BE} \downarrow$$
$$I_C \downarrow \longleftarrow I_B \downarrow \longleftarrow$$

2. 静态分析

由于 $I \gg I_{BQ}$,因此有

$$U_{BQ} = \frac{R_{b2}}{R_{b1} + R_{b2}} U_{CC}$$

$$I_{CQ} \approx I_{EQ} = \frac{U_{BQ} - U_{BEQ}}{R_e}$$

$$I_{BQ} = \frac{I_{CQ}}{\beta}$$

$$U_{CEQ} = U_{CC} - I_{CQ}(R_c + R_e)$$

3. 动态分析

图 2-22 所示的是射极偏置电路的交流通路和微变等效电路,图中 $R_b = R_{b1} /\!/ R_{b2}$。

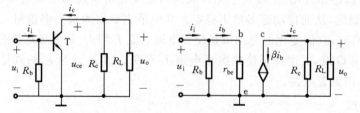

图 2-22　射极偏置电路的交流通路和微变等效电路

(1) 电压放大倍数:

$$A_u = \frac{u_o}{u_i} = \frac{-\beta i_b R'_L}{i_b r_{be}} = -\frac{\beta R'_L}{r_{be}} \quad (R'_L = R_c /\!/ R_L)$$

(2) 输入电阻:

$$R_i = \frac{u_i}{i_i} = \frac{u_i}{\dfrac{u_i}{R_b} + \dfrac{u_i}{r_{be}}} = R_b /\!/ r_{be}$$

由于在一般情况下,上式中 $R_b \gg r_{be}$,故

$$R_i \approx r_{be}$$

(3) 输出电阻:

$$R_o = \frac{u}{i} \bigg|_{\substack{u_i=0 \\ R_L=\infty}} = R_c$$

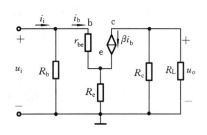

图 2-23　断开 C_E 后,电路的微变
等效电路

若对图 2-21 所示电路进行一点改动,断开射极旁路电容 C_E,则对应的直流通路没有改变,所以不影响静态工作点,但是对应的微变等效电路发生了变化,如图 2-23 所示。

由图可知

$$A_u = \frac{u_o}{u_i} = \frac{i_c R'_L}{i_b r_{be} + i_e R_e} = \frac{-\beta_b R'_L}{i_b [r_{be} + (1+\beta)R_e]} = \frac{-\beta R'_L}{r_{be} + (1+\beta)R_e}$$

由上式可知,在接入 R_e 而不并联 C_E 的情况下,虽然静态工作点也能得到稳定,但是损失了电压放大倍数。C_E 是用来消除 R_e 对交流分量的影响的,称为射极旁路电容。

根据定义,电路的输入电阻为

$$R_i = \frac{u_i}{i_i} = \frac{u_i}{\dfrac{u_i}{R_b} + \dfrac{u_i}{r_{be} + (1+\beta)R_e}} = R_b \mathbin{/\!/} [r_{be} + (1+\beta)R_e]$$

由上式可见,加入 R_e 后,输入电阻提高了,这是因为流过 R_e 的电流 i_e 是 i_b 的 $1+\beta$ 倍,把 R_e 折合到基极回路后,等效于一个阻值为 $(1+\beta)R_e$ 的电阻。

根据 R_o 的定义,令 $u_i=0$,移去 R_L,且在原来接 R_L 处接入电压源 u,其输出电流为 i。则放大电路的输出电阻可由图 2-23 求得。由于 $u_i=0$,且因 βi_b 为受控电流源,当 h_{oe} 可以忽略时,βi_b 为恒流源,等效内阻为"∞",故

$$R_o = \frac{u}{i} \bigg|_{\substack{u_i=0 \\ R_L=\infty}} = R_c$$

2.3.2　稳定静态工作点的措施

典型的静态工作点稳定电路中利用负反馈稳定 Q 点。对于上述分析的射极偏置电路,也可以用温度补偿的方法来稳定 Q 点。

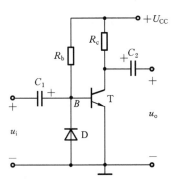

使用温度补偿方法稳定静态工作点时,必须在电路中采用对温度敏感的器件,如二极管、热敏电阻等。图 2-24 所示电路中,即是采用二极管进行温度补偿的。

图中,电源电压 U_{CC} 远大于三极管 b、e 间导通电压 U_{BEQ},因此 R_b 中静态电流

$$I_{R_b} = \frac{U_{CC} - U_{BEQ}}{R_b} \approx \frac{U_{CC}}{R_b}$$

则可以认为 I_{R_b} 是不随温度变化而变化的。

点 B 的电流方程为 $I_{R_b} = I_R + I_{BQ}$,式中 I_R 为二极管的反向电流,随着温度上升而增大。

图 2-24　采用二极管稳定静态工作点

当温度上升时,稳定 Q 点可表示如下:

$$温度\ T\uparrow \longrightarrow I_C\uparrow$$
$$\longrightarrow I_R\uparrow \longrightarrow I_B\downarrow \longrightarrow I_C\downarrow$$

2.4　共集电极放大电路和共基极放大电路

2.4.1　共集电极放大电路

图 2-25(a)所示的为共集电极放大电路的原理图,图 2-25(b)和(c)所示的分别为其直流通路和交流通路。由交流通路可见,三极管的集电极接地,输入信号接在基极与公共端"地"(即集电极)之间,输出信号又取自发射极与"地"(即集电极)之间,集电极是输入与输出的公共端,因此称之为共集电极电路。由于输出信号是从发射极送出的,所以也称之为射极输出器。

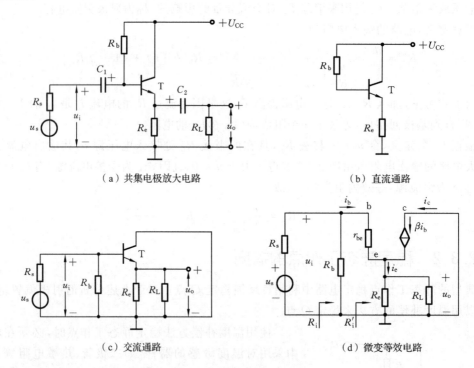

（a）共集电极放大电路　　　　　　　　　（b）直流通路

（c）交流通路　　　　　　　　　（d）微变等效电路

图 2-25　共集电极放大电路

1. 静态分析

根据如图 2-25(b)所示的直流通路,可得

$$I_{BQ} = \frac{U_{CC} - U_{BEQ}}{R_b + (1+\beta)R_e}$$

$$I_{CQ} = \beta I_{BQ}$$

$$U_{CEQ} = U_{CC} - I_{EQ} R_e$$

2. 动态分析

共集电极放大电路的微变等效电路如图 2-25(d) 所示。

1）电压放大倍数

$$A_u = \frac{u_o}{u_i} = \frac{i_e R'_L}{i_b r_{be} + i_e R'_L} = \frac{i_b(1+\beta)R'_L}{i_b[r_{be} + (1+\beta)R'_L]} \approx \frac{\beta R'_L}{r_{be} + \beta R'_L} \approx 1$$

式中：$R'_L = R_e \mathbin{/\mkern-5mu/} R_L$。

由上式可见，共集电极放大电路的电压增益略小于但接近于 1，即输出信号的电压和输入信号的电压数值近似相等，且两者同相，故又称这种电路为射极跟随器，通常作为放大电路的中间级或缓冲级。

2）电流放大倍数

共集电极放大电路虽然没有电压放大能力，但是它有电流放大能力和功率放大能力。就电流放大能力而论，由微变等效电路可得

$$A_i = \frac{i_o}{i_i} = \frac{\dfrac{R_e}{R_e + R_L} i_e}{\dfrac{R_b}{R'_i + R_b} i_b} = \frac{R_e}{R_e + R_L} \cdot \frac{R_b}{R'_i + R_b} \cdot (1+\beta)$$

式中：R'_i 为不计 R_b 时的输入电阻，即 $R'_i = \dfrac{u_i}{i_b} = \dfrac{i_b r_{be} + (1+\beta)i_b R'_L}{i_b} = r_{be} + (1+\beta)R'_L$。通常 R_e、R_b、R_L 与 R'_i 同为一个数量级，而 $\beta \gg 1$，故 A_i 往往也远大于 1，电路有电流放大能力。

3）输入电阻

$$R_i = \frac{u_i}{i_i} = R_b \mathbin{/\mkern-5mu/} R'_i = R_b \mathbin{/\mkern-5mu/} [r_{be} + (1+\beta)R'_L] \approx R_b \mathbin{/\mkern-5mu/} \beta R'_L$$

上式说明，射极输出器有较高的输入电阻，可减小放大电路对信号源（或前级电路）索取的信号电流。

4）输出电阻

根据 R_o 的定义，可画出如图 2-26 所示的等效电路。

由图 2-26 可知

$$i = \frac{u}{R_e} + (-i_e) = \frac{u}{R_e} - (1+\beta)i_b,$$

$$i_b = -\frac{u}{r_{be} + R_b \mathbin{/\mkern-5mu/} R_s}$$

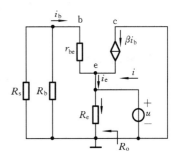

图 2-26　共集放大电路输出电阻的分析

所以

$$i = \frac{u}{R_e} + \frac{u}{\dfrac{r_{be} + R_b \mathbin{/\mkern-5mu/} R_s}{1+\beta}}$$

则

$$R_o = \frac{u}{i} = \frac{1}{\dfrac{1}{R_e} + \dfrac{1}{\dfrac{r_{be} + R_b \mathbin{/\mkern-5mu/} R_s}{1+\beta}}} = R_e \mathbin{/\mkern-5mu/} \frac{r_{be} + R_b \mathbin{/\mkern-5mu/} R_s}{1+\beta}$$

由上式可见，共集电极电路的输出电阻很小，说明带负载能力较强。

2.4.2 共基极放大电路

图 2-27(a)所示的为共基极放大电路的原理图,R_c 为集电极电阻,R_{b1} 和 R_{b2} 为基极偏置电阻,用来保证三极管有合适的 Q 点。图 2-27(b)和(c)所示的分别为其直流通路和交流通路。由交流通路可见,三极管的基极接地,输入信号接在发射极与公共端"地"(即基极)之间,输出信号又取自集电极与"地"(即基极)之间,基极是输入与输出的公共端,因此称之为共基极放大电路。

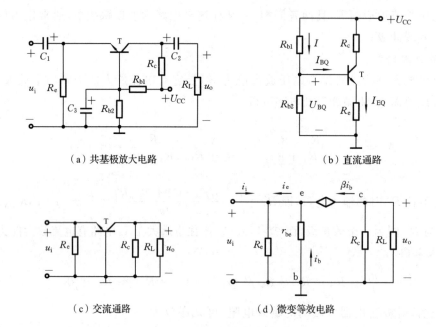

(a) 共基极放大电路　　　　　　　　　　(b) 直流通路

(c) 交流通路　　　　　　　　　(d) 微变等效电路

图 2-27　共基极放大电路

1. 静态分析

由如图 2-27(a)所示的直流通路,可得

$$U_{BQ} = \frac{R_{b2}}{R_{b1} + R_{b2}} U_{CC}$$

$$I_{CQ} \approx I_{EQ} = \frac{U_{BQ} - U_{BEQ}}{R_e}$$

$$I_{BQ} = \frac{I_{CQ}}{\beta}$$

$$U_{CEQ} = U_{CC} - I_{CQ}(R_c + R_e)$$

2. 动态分析

共基极放大电路的微变等效电路如图 2-27(d)所示。

1) 电压放大倍数

$$A_u = \frac{u_o}{u_i} = \frac{-\beta i_b(R_c \mathbin{/\mkern-5mu/} R_L)}{-i_b r_{be}} = \frac{\beta R'_L}{r_{be}}$$

式中:$R'_L = R_c \mathbin{/\mkern-5mu/} R_L$。

由 A_u 可知,共基极放大电路也具有电压放大作用,而且输出电压和输入电压同相位。

2)输入电阻

又因 $i_e = (1+\beta)i_b = -(1+\beta)\dfrac{u_i}{r_{be}}$,$i_i = \dfrac{u_i}{R_e} - i_e = \dfrac{u_i}{R_e} + (1+\beta)\dfrac{u_i}{r_{be}}$,故有

$$R_i = \frac{u_i}{i_i} = \frac{u_i}{\dfrac{u_i}{R_e} + (1+\beta)\dfrac{u_i}{r_{be}}} = R_e \mathbin{/\mkern-5mu/} \frac{r_{be}}{1+\beta}$$

由上式可知,共基极放大电路的输入电阻低。

3)输出电阻

根据定义,求 R_o 的等效电路如图 2-28 所示。

当 $u_i = 0$ 时,$i_b = 0$,$\beta i_b = 0$,故有

$$R_o = \frac{u}{i}\bigg|_{\substack{u_i = 0 \\ R_L = \infty}} = R_c$$

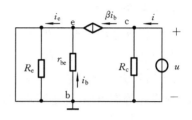

图 2-28 共基极放大电路输出电阻的分析

2.4.3 三极管基本放大电路三种接法的比较

共射极放大电路既具有电压放大能力,又具有电流放大能力,输入电阻居三种电路之间,但输出电阻很大,常作为低频电压放大电路的单元电路。

共集电极放大电路只能放大电流不能放大电压,是三种接法中输入电阻最大、输出电阻最小的电路,并具有电压跟随的特点,常用于电压放大电路的输入级和输出级,在功率放大电路中也常采用射极输出的形式。

共基极放大电路只能放大电压不能放大电流,输入电阻小,电压放大倍数和输出电阻与共射极电路的相当,是三种接法中高频特性最好的电路,常作为宽频带放大电路。

2.5 场效应管放大电路

2.5.1 场效应管放大电路的三种接法

场效应管的源极、栅极和漏极与三极管的发射极、基极和集电极相对应,因此在组成放大电路时也有三种接法,即共源极放大电路、共漏极放大电路和共栅极放大电路。以 N 沟道结型场效应管为例,三种接法的交流通路分别如图 2-29 所示,这里主要以共源极放大电路为例进行分析。

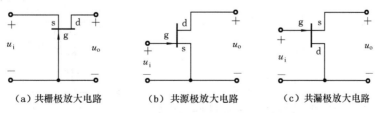

（a）共栅极放大电路　　　（b）共源极放大电路　　　（c）共漏极放大电路

图 2-29 场效应管的三种接法

2.5.2 场效应管的静态分析

根据放大电路的组成原则,应给场效应管设置偏压,保证放大电路具有合适的静态工作点。下面以 N 沟道场效应管共源放大电路为例,介绍常用的直流偏置电路,即自给偏压电路和分压式自偏压电路。

1. 自给偏压电路

自给偏压电路如图 2-30 所示。场效应管的栅极通过 R_g 接地,源极通过 R 接地。考虑到结型场效应管只能工作在 $U_{GS}<0$ 的区域,则需要为电路栅、源间提供一个负偏压。静态时,由于场效应管栅极电流为零,因此 R_g 上没有电压降,栅极电位 $U_G=0$,而源极电位 $U_S = I_D R$,所以在静态时栅、源之间将有负栅压 $U_{GS} = -I_D R$,即电路自行提供栅极偏压,故该电路名为自给偏压电路。

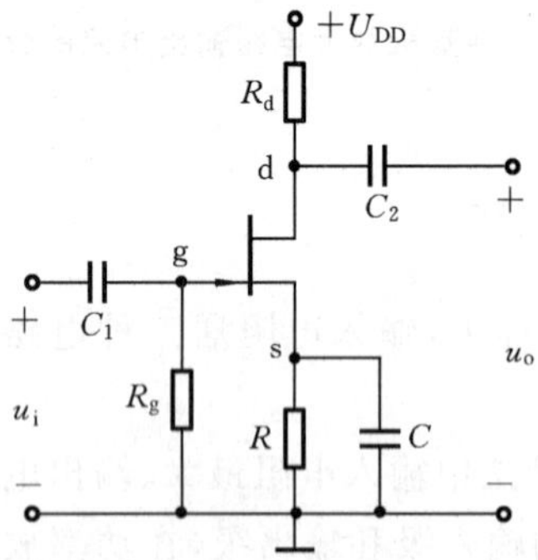

在场效应管放大电路中,计算 Q 点包括求 U_{GSQ}、I_{DQ}、U_{DSQ}。

由第 1 章可知场效应管的电流方程为

$$I_{DQ} = I_{DSS} \left[1 - \frac{U_{GSQ}}{U_{GS(off)}} \right]^2$$

在图 2-30 所示的电路中,可得

$$U_{GSQ} = -I_{DQ} R$$

求得 U_{GSQ} 和 I_{DQ} 后,可得

$$U_{DSQ} = U_{DD} - I_{DQ}(R_d + R)$$

图 2-30 场效应管的自偏压电路

要注意的是,自给偏压电路适用于结型场效应管或耗尽型场效应管,但不能用于由增强型场效应管组成的放大电路,因为增强型场效应管只有当栅源电压大于开启电压时才有漏极电流。

2. 分压式自偏压电路

场效应管的分压式自偏压电路如图 2-31 所示。它是在自偏压电路的基础上加接 R_{g1}、R_{g2} 分压电路后构成的。静态时,漏极电流 I_D 在源极电阻 R 上也产生源极电位 $U_S = I_D R$。由于栅极电流为零,R_{g3} 上没有电压降,因此栅极电位由电源电压 U_{DD} 经 R_{g1} 和 R_{g2} 分压后通过 R_{g3} 得到,即 $U_G = R_{g2} U_{DD}/(R_{g1}+R_{g2})$。

分压式自偏压电路 Q 点的求法和上面的类似,有

$$I_{DQ} = I_{DSS} \left[1 - \frac{U_{GSQ}}{U_{GS(off)}} \right]^2$$

$$U_{GSQ} = \frac{R_{g2} U_{DD}}{R_{g1}+R_{g2}} - I_{DQ} R$$

$$U_{DSQ} = U_{DD} - I_{DQ}(R_d + R)$$

由上面几个式子就可以得到分压式自偏压电路的 Q 点值。

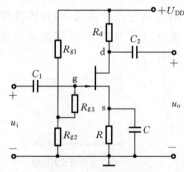

图 2-31 场效应管的分压式自偏压电路

2.5.3 场效应管放大电路的动态分析

1. 场效应管的微变等效电路

与三极管一样,可以将场效应管看作是一个双口网络,如图 2-32(a)所示。因为 $i_G = 0$,其输入回路(即栅、源极间)都有极高的输入电阻,因此场效应管的输入回路可视为开路($r_{gs} = \infty$)。输出回路中,漏极电流 i_D 是 u_{GS} 和 u_{DS} 的函数,即

$$i_D = f(u_{GS}, u_{DS})$$

对上式取全微分,得

$$\mathrm{d}i_D = \left.\frac{\partial i_D}{\partial u_{GS}}\right|_{u_{DS}} \cdot \mathrm{d}u_{GS} + \left.\frac{\partial i_D}{\partial u_{DS}}\right|_{u_{GS}} \cdot \mathrm{d}u_{DS}$$

令

$$\left.\frac{\partial i_D}{\partial u_{GS}}\right|_{u_{DS}} = g_m, \qquad \left.\frac{\partial i_D}{\partial u_{DS}}\right|_{u_{GS}} = \frac{1}{r_d}$$

式中:g_m 为低频跨导;r_d 为场效应管的输出电阻。

另外,微变量用交流分量代替,于是上式可写成

$$i_D = g_m u_{gs} + \frac{1}{r_d} u_{ds}$$

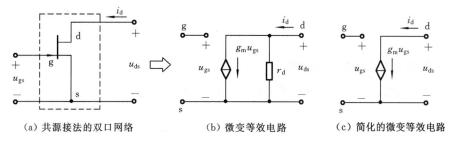

（a）共源接法的双口网络　　　（b）微变等效电路　　　（c）简化的微变等效电路

图 2-32　场效应管的微变等效电路

由此可见,场效应管的输出回路可用一个电流源 $g_m u_{gs}$ 和输出电阻 r_d 的并联网络等效。电流源是受 u_{gs} 控制的,电流源的方向由 u_{gs} 的极性决定。于是,在低频小信号条件下,可画出场效应管的微变等效电路如图 2-32(b)所示。由于 r_d 一般比负载电阻大很多,因此在放大电路的微变等效电路中被视为开路,简化的微变等效电路如图 2-32(c)所示。

g_m 是动态参数,它的大小与静态工作点有关,一般可以通过下式求得:

$$g_m = -\frac{2I_{DSS}\left[1 - \dfrac{U_{GS}}{U_{GS(off)}}\right]}{U_{GS(off)}}$$

2. 共源极放大电路的动态分析

共源极放大电路如图 2-33 所示。其分析步骤与分析三极管放大电路的相同:用场效应管的简化模型代替场效应管,电路的其余部分按交流通路画出。这样,就可得到共源极放大电路的微变等效电路,如图 2-34 所示。

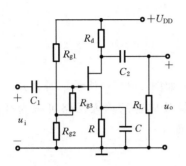

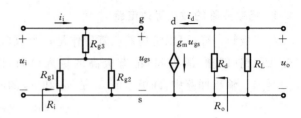

图 2-33　场效应管的共源极放大电路　　　　　图 2-34　共源极电路的微变等效电路

根据微变等效电路,可得

(1) 电压放大倍数:

$$u_o = -g_m u_{gs}(R_d \mathbin{/\!/} R_L)$$

$$u_i = u_{gs}$$

$$A_u = \frac{u_o}{u_i} = -g_m(R_d \mathbin{/\!/} R_L)$$

式中:负号表示共源极放大电路的输出电压与输入电压反相。

(2) 输入电阻:

$$R_i = R_{g3} + (R_{g1} \mathbin{/\!/} R_{g2})$$

(3) 输出电阻:

$$R_o = R_d$$

3. 共漏极放大电路的动态分析

共漏极放大电路也称源极输出器,如图 2-35 所示,其微变等效电路如图 2-36 所示。

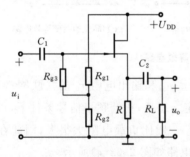

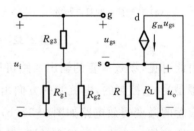

图 2-35　共漏极放大电路　　　　　　　图 2-36　共漏极放大电路的微变等效电路

由微变等效电路,可得

(1) 电压放大倍数。

$$u_o = g_m u_{gs}(R \mathbin{/\!/} R_L)$$

$$u_i = u_{gs} + u_o = u_{gs}[1 + g_m(R \mathbin{/\!/} R_L)]$$

$$A_u = \frac{u_o}{u_i} = \frac{g_m(R \mathbin{/\!/} R_L)}{1 + g_m(R \mathbin{/\!/} R_L)}$$

由上式可知,共漏极放大电路的增益小于 1,但接近 1,且输入电压和输出电压同相,所以共漏极放大电路属电压跟随器。

（2）输入电阻。

$$R_i = R_{g3} + (R_{g1} /\!\!/ R_{g2})$$

（3）输出电阻。

根据定义，令 $u_i = 0$，将负载电阻 R_L 开路，并在
输出端加一个信号 u，如图 2-37 所示。

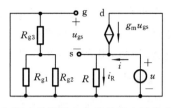

图 2-37　共漏放大电路输出电阻的分析

由图可得 $i = i_R - g_m u_{gs} = \dfrac{u}{R} - g_m u_{gs}$，而 $u_{gs} = -u$，所以有 $i = u\left(\dfrac{1}{R} + g_m\right)$，则

$$R_o = \frac{u}{i} = R /\!\!/ \left(\frac{1}{g_m}\right)$$

2.6　多级放大电路

单级放大电路，其电压放大倍数一般只有几十，且其他各项性能指标之间也存在着矛盾。为了获得足够高的增益，可以把几级基本放大单元连接起来，组成多级放大电路。

2.6.1　多级放大电路的耦合方式

多级放大电路各级间的连接方式称为耦合方式。多级放大电路常见的耦合方式有阻容耦合、直接耦合、变压器耦合等多种形式。不管采用何种耦合方式，多级放大电路首先必须保证各级都有合适的静态工作点，其次是前级的输出信号能顺利传递到后一级的输入端。

1. 阻容耦合

阻容耦合就是前面介绍的以隔直电容作为耦合元件的电路，如图 2-38 所示。它是两级阻容耦合放大电路。电容 C_1 与信号源相连，电容 C_2 连接第一级和第二级，电容 C_3 连接至负载 R_L，考虑输入电阻，则每一个电容都与电阻相连，故这种连接称为阻容耦合。

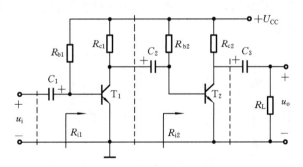

图 2-38　两级阻容耦合放大电路

阻容耦合的优点：由于前、后级是通过电容相连的，因此各级静态工作点是相互独立的，不互相影响，而且只要将电容选得足够大，就可使得前级输出信号在一定频率范围内，几乎不衰减地传送到下一级。所以阻容耦合方式在分立元件组成的放大电路中得到广泛的应用。

但它也存在不足之处。首先,它不适用于传送缓慢变化的信号,因为电容的容抗很大,使信号衰减很大。至于直流信号的变化,则根本不能传送。其次,大容量电容在集成电路中难以制造,所以,阻容耦合在线性集成电路中无法被采用。

2. 直接耦合

直接耦合是将前后级直接相连的一种耦合方式,图 2-39 所示为两级直接耦合放大电

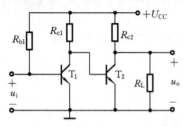

图 2-39　两级直接耦合放大电路

路。它的优点是:放大电路中没有电抗元件,频率响应好,低频端可以延伸到直流;适用于线性集成电路;体积小,重量轻,使用元件少。它的缺点:级与级之间是在阻抗严重失配的状态下工作,不能获得最大的功率增益;由于 T_1 级的集电极电位就是 T_2 级的基极电位,T_1 级的静态集电极电位的变化必将引起 T_2 级的静态基极电位的变化,因而级与级之间的

静态工作点彼此不是独立的,设计和调整比较麻烦。另外,在直接耦合的多级放大电路中,会存在零点漂移的现象。零点漂移及克服零点漂移现象的差动放大电路,将在本书的第 3 章中讲述。

3. 变压器耦合

变压器耦合是以变压器作为耦合元件的电路。变压器通过磁路的耦合,把初级的交流信号传送到次级,而直流电流、电压通不过变压器,如图 2-40 所示。这种耦合方式的优点是:通过变压器的阻抗变换作用,使级与级之间达到阻抗匹配,以获得最大的功率增益;因此要求一定的功率增益时,可以使用较少的级数;各级的静态工作点彼此是独立的,设计和调整比较方便。但是,由于变压器具有励磁电感 L 和漏感 L_s 等电抗分量,所以它的频带比较窄;此外,其体积大,笨重,价格也比较贵。随着三极管电路日益向宽频带、小型化和集成化方向发展,变压器耦合远不能适应这种要求。因此,在小信号多级放大电路中一般不采用这种耦合方式。但是在输出负载阻抗需要变换并且尽可能提高输出功率的功率放大电路中,通常都采用变压器耦合电路。

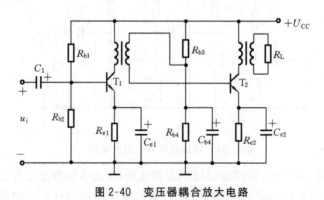

图 2-40　变压器耦合放大电路

4. 光电耦合

光电耦合是以光信号为媒介来实现电信号的耦合和传递的,其抗干扰能力很强,所以得

到越来越广泛的应用。

　　光电耦合器是实现光电耦合的基本器件,俗称光耦,它将发光元件(发光二极管)与光敏元件(光电三极管)相互绝缘地组合在一起,如图 2-41(a)所示。发光元件为输入回路,它将电能转换成光能;光敏元件为输出回路,它将光能再转换成电能,实现了两部分电路的电气隔离,从而可有效抑制电干扰。

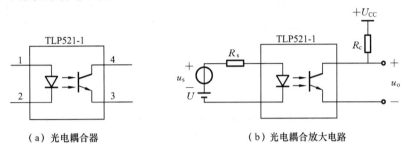

（a）光电耦合器　　　　　　　　（b）光电耦合放大电路

图 2-41　光电耦合放大电路

　　图 2-41(b)所示为光电耦合放大电路,若信号源部分(前级电路)与输出回路部分采用独立电源且分别接不同的"地",则即使是远距离信号传输,也可以较好地避免受到各种电干扰。

2.6.2　多级放大电路的动态分析

　　多级放大电路的动态性能指标与单级放大电路的相同,即有电压增益、输入电阻和输出电阻。分析交流性能时,各级间是互相联系的,第一级的输出电压是第二级的输入电压,而第二级的输入电阻又是第一级的负载电阻。所以,在计算电压增益(如三级)时,可以得到

$$A_u = \frac{u_o}{u_i} = \frac{u_{o1}}{u_i} \cdot \frac{u_{o2}}{u_{o1}} \cdot \frac{u_{o3}}{u_{o2}} = A_{u1} \cdot A_{u2} \cdot A_{u3}$$

可以推广到 n 级放大电路,有

$$A_u = A_{u1} \cdot A_{u2} \cdot A_{u3} \cdot \cdots \cdot A_{un}$$

　　另外,多级放大电路的输入电阻就是第一级放大电路的输入电阻。多级放大电路的输出电阻就是最后一级放大电路的输出电阻。

　　图 2-42(a)所示为两级阻容耦合放大电路,图 2-42(b)所示为其微变等效电路,下面分析它的动态性能指标。

　　(1) 电压放大倍数。

　　第一级的电压增益为

$$A_{u1} = \frac{u_{o1}}{u_i} = -\frac{\beta_1 i_{b1}(R_3 /\!/ R_{i2})}{i_{b1} r_{be1}} = \frac{-\beta_1 (R_3 /\!/ R_{i2})}{r_{be1}}$$

$$R_{i2} = R_5 /\!/ [r_{be2} + (1+\beta_2)(R_6 /\!/ R_L)]$$

　　第二级是共集电极放大电路,其电压增益应接近 1,根据电路可得

$$A_{u2} = \frac{u_o}{u_{i2}} = \frac{(1+\beta_2)(R_6 /\!/ R_L)}{r_{be2} + (1+\beta_2)(R_6 /\!/ R_L)}$$

总电压增益
$$A_u = A_{u1} \cdot A_{u2}$$

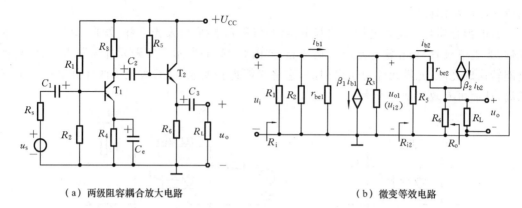

（a）两级阻容耦合放大电路 　　　　　　　（b）微变等效电路

图 2-42　两级阻容耦合电路的动态分析

（2）输入电阻。

$$R_i = R_{i1} = R_1 \mathbin{/\mkern-5mu/} R_2 \mathbin{/\mkern-5mu/} r_{be1}$$

（3）输出电阻。

$$R_o = R_{o2} = R_6 \mathbin{/\mkern-5mu/} \frac{r_{be2} + (R_3 \mathbin{/\mkern-5mu/} R_5)}{1 + \beta_2}$$

2.6.3　多级放大电路的构成

在实际应用中,可以根据对输入电阻、输出电阻、放大倍数、频带等方面的要求,选择几个基本放大电路,并把它们合理地连接在一起组成多级放大电路。例如,在构成电压放大电路时,应根据信号源内阻 R_s 的大小,选择输入电阻比 R_s 大得多的电路作为输入级,以便在信号源电压 u_s 一定时获得尽可能大的输入电压 u_i;应选择输出电压小的电路作为输出级,以提高电路带负载能力;选择放大能力强的电路作为中间级,以获得足够大的电压放大倍数。又如,当输入信号为近似电流源时,应选用输入电阻小的电路作为输入级,以获得尽可能大的输入电流。当负载需要电流源驱动时,应选用输出电阻大的电路作为输出级。

【例 2-4】　现有基本放大电路如下:

A. 共射电路　　　　 B. 共集电路　　　　 C. 共基电路　　　　 D. 共源电路
按下列要求分别组成两级放大电路。

（1）电压放大倍数的数值大于 100,输入电阻大于 1 kΩ,输出电阻小于 100 Ω,第一级应选用（　　　）,第二级应选用（　　　）。

（2）电压放大倍数的数值大于 5000,输入电阻大于 1 kΩ,第一级应选用（　　　）,第二级应选用（　　　）。

（3）电压放大倍数大于 400,输入电阻大于 2 MΩ,第一级应选用（　　　）,第二级应选用（　　　）。

解　（1）A,B。

只有共集电路的输出电阻可能小于 100 Ω,故第二级选用共集电路（B）。要求输入电阻大于 1 kΩ,就排除了共基电路作第一级;要求电压放大倍数数值大于 100,就排除了共源电路作第一级;故只有共射电路满足要求,选其作为第一级。

（2）A，A。

共集、共源电路的电压放大能力差，故不能选用。共基电路的输入电阻小，作第一级时将使输入电阻达不到要求；作第二级时将使第一级电压放大倍数的数值很小，也达不到对电压放大倍数的要求，故不能选用。所以两级均应选共射电路。

（3）D，A。

只有共源电路的输入电阻可能大于 2 MΩ，故第一级选用共源电路。为了满足电压放大倍数大于 400，第二级选用共射电路。

本 章 小 结

本章是学习后面各章的基础，也是学习的重点章节。主要内容有：

1. 放大的概念

放大的本质是在输入信号的作用下，通过有源元件（三极管或场效应管）对直流电源的能量进行控制和转换，使负载从电源中获得的输出信号能量比信号源向放大电路提供的能量大得多。放大信号的前提是信号不失真。

2. 放大电路的组成

（1）放大电路的核心元件：三极管或场效应管。

（2）参数的选择：使三极管工作在放大区、场效应管工作在恒流区，即建立合适的静态工作点，保证电路不失真。

3. 放大电路的主要性能指标

（1）放大倍数 A：输出变化量幅值与输入变化量幅值之比，或两者的正弦交流量之比，用来衡量电路的放大能力。

（2）输入电阻 R_i：从输入端看进去的等效电阻，反映放大电路从信号源索取电流的大小。输入电阻越大，向信号源索取的电流越小。

（3）输出电阻 R_o：从输出端看进去的等效信号源的内阻，说明放大电路的带负载能力。输出电阻越小，带负载能力越强。

（4）最大不失真输出电压 U_{om}：未产生截止失真和饱和失真时，最大输出电压信号的幅值（或峰-峰值）。

4. 放大电路的分析方法

（1）静态分析：求解静态工作点 Q。输入信号为零时，三极管（或场效应管）各电极间的电流与电压就是 Q 点。可以直接由直流通路估算，也可以用图解法求解。

（2）动态分析：求解各动态参数和分析输出波形。一般，用 h 参数微变等效电路计算小信号作用时的 A_u、R_i 和 R_o，利用图解法分析 U_{om} 和失真情况。

分析放大电路时，一般应遵循"先静态后动态"的原则。只有静态工作点合适，动态分析才有意义；Q 点不但影响电路输出是否失真，而且与动态参数密切相关，所以稳定 Q 点是非常必要的,一般可以用分压式射极偏置电路来稳定 Q 点。

5. 三极管和场效应管基本放大电路

(1) 三极管基本放大电路有共射极、共集电极、共基极三种接法。共射极放大电路既具有电压放大能力,又具有电流放大能力,输入电阻居三种电路之间,但输出电阻很大,适用于一般的放大单元电路。共集电极放大电路只能放大电流,不能放大电压,因输入电阻大而作为多级放大电路的输入级,因输出电阻最小而作为多级放大电路的输出级,并具有电压跟随的特点。共基极放大电路只能放大电压,不能放大电流,输入电阻小,高频特性好,常作为宽频带放大电路。

(2) 场效应管基本放大电路有共源极、共漏极、共栅极三种接法,相比三极管放大电路,具有输入电阻高、抗干扰能力强等特点,适用于作为电压放大电路的输入级。

6. 多级放大电路

多级放大电路常见的耦合方式有阻容耦合、直接耦合、变压器耦合和光电耦合等多种形式。多级放大电路的电压放大倍数等于组成它的各级电路电压放大倍数的乘积,其输入电阻就是第一级放大电路的输入电阻,输出电阻就是最后一级放大电路的输出电阻。

习　　题

2.1　直流通路是指在_____作用下_____流经的通路,交流通路是指在_____作用下_____流经的通路。画直流通路时_____可视为开路、_____可视为短路;画交流通路时_____和_____可视为短路。

2.2　共射放大电路的特点是_____较大,共集放大电路的特点是_____较大,共基放大电路的特点是_____较宽。

2.3　设放大电路加入了中频正弦信号,用示波器观察共射放大电路的输入和输出波形,二者应为(　　);观察共集放大电路的输入和输出波形,二者应为(　　);若观察共基放大电路的输入和输出波形,二者应为(　　)。

A. 同相　　　　　　　　B. 反相

2.4　对于 NPN 型晶体管组成的基本共射放大电路,若产生饱和失真,则输出电压(　　)失真;若产生截止失真,则输出电压(　　)失真。

A. 顶部　　　　　　　　B. 底部

2.5　在单级共射极放大电路中,若输入电压为正弦波形,则输出与输入电压的相位(　　)。

A.同相　　　　　　　B.反相　　　　　　　C. 相差 90 度

2.6　既能放大电压,也能放大电流的是(　　)放大电路。

A. 共射极　　　　　　B. 共集电极　　　　　C. 共基极

2.7　对于电压放大电路来说,(　　)越小,电路的带负载能力越强。

A. 输入电阻　　　　　B. 输出电阻　　　　　C. 电压放大倍数

2.8 与空载相比,接上负载后,放大电路的动态范围一定( )。

A. 不变   B. 变大   C. 变小

2.9 放大电路的两种失真分别为( )失真。

A. 线性和非线性   B. 饱和和截止   C. 幅度和相位

2.10 在多级放大电路中,既能放大直流信号,又能放大交流信号的是( )多级放大电路。

A. 阻容耦合   B. 变压器耦合   C. 直接耦合

2.11 在多级放大电路中,不能抑制零点漂移的是( )多级放大电路。

A. 阻容耦合   B. 变压器耦合   C. 直接耦合

2.12 试根据放大电路的组成原则,判断题 2.12 图所示各电路是否具备放大条件,并说明原因。

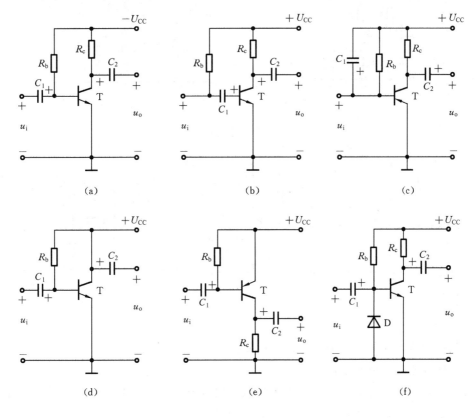

题 2.12 图

2.13 什么是静态工作点?如何设置静态工作点?如静态工作点设置不当会出现什么问题?

2.14 分别画出题 2.14 图中各电路的直流通路和交流通路。

2.15 NPN 管组成题 2.15 图所示的共射极、共集电极、共基极三种电路。试写出各电路的静态工作点的表达式。

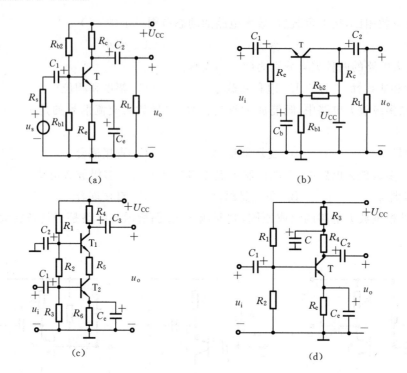

题 2.14 图

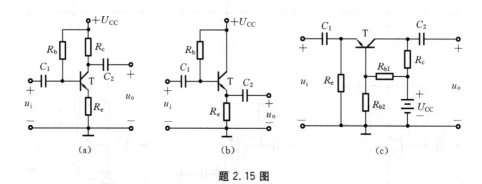

题 2.15 图

2.16　放大电路如题 2.16 图(a)、(b)所示。

(1)画出电路的交流通道。

(2)比较两电路的输入电阻 R_i 和电压放大倍数 A_u 有何不同。已知三极管 b、e 间的动态电阻为 r_{be},写出输入电阻 R_i 和电压放大倍数 A_u 的表达式。

2.17　放大电路如题 2.17 图(a)所示,三极管的输出特性和交、直流负载线如题 2.17 图(b)所示。已知 $U_{BE}=0.6$ V,$r_{bb}=300$ Ω。试求:

(1)电路参数 R_b、R_c、R_L 的数值。

(2)在输出电压不产生失真的条件下,最大输入电压的峰值。

(3)若增大输入信号的幅值,电路将首先出现什么性质的失真? 输出波形的顶部还是底部失真?

（4）若要使电路输出信号的幅值尽可能大而又不失真，电阻 R_b 的值大约应取多少？

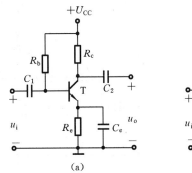

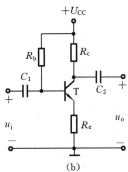

题 2.16 图

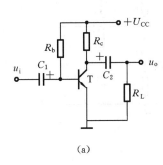

（a）

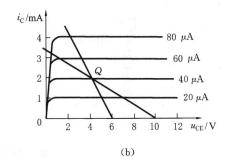

（b）

题 2.17 图

2.18 电路如题 2.18 图（a）所示，已知三极管的 $U_{BE}=0.7$ V，$u_{BC}=0$ 时为临界饱和状态，电路输出特性如题 2.18 图（b）所示。

（1）用图解法在题 2.18 图（b）中确定静态工作点 U_{CEQ} 和 I_{CQ}。

（2）在题 2.18 图（b）中画出交流负载线，确定最大不失真输出电压幅值 U_{om}。

（3）当输入信号不断增大时，输出电压首先出现何种失真？

（4）分别说明 R_b 减小、R_c 增大、R_L 增大三种情况下 Q 点在题 2.18 图（b）中的变化和 U_{om} 的变化。

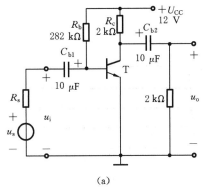

（a）

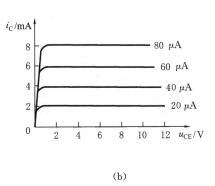

（b）

题 2.18 图

2.19 画出题 2.19 图所示电路的小信号等效电路,设电路中各电容容抗均可忽略,并注意标出电压、电流的正方向。

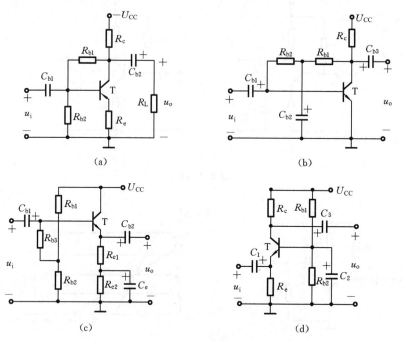

题 2.19 图

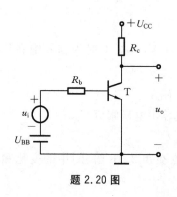

题 2.20 图

2.20 电路如题 2.20 图所示,已知 $\beta=100$, $R_b=24$ kΩ, $R_c=5.1$ kΩ, $r_{bb'}=100$ Ω, $U_{CC}=+12$ V, $U_{BB}=+1$ V, $U_{BEQ}=0.7$ V。

(1) 求 Q 点。

(2) 求 A_u、R_i、R_o。

2.21 电路如题 2.21 图(a)所示,题 2.21 图(b)所示的是三极管的输出特性,静态时 $U_{BEQ}=0.7$ V。利用图解法分别求出 $R_L=\infty$ 和 $R_L=3$ kΩ 时的静态工作点和最大不

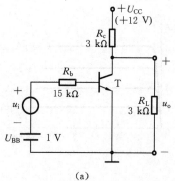

(a)

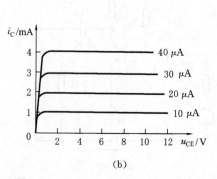

(b)

题 2.21 图

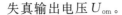

失真输出电压 U_{om}。

2.22 电路如题 2.22 图所示,三极管的 $\beta=60$,$r_{bb'}=100\ \Omega$。

(1) 求解 Q 点。

(2) 画出微变等效电路,求 A_u、R_i 和 R_o。

(3) 设信号源的电压最大值 $U_{sm}=10\ mV$,问输出电压最大值是多少?

(4) 若 C_3 开路,画出微变等效电路,问电路的电压放大倍数、输入电阻、输出电阻有什么影响?

2.23 在题 2.23 图中,$\beta=50$,忽略 U_{BEQ}。

(1) 估算 Q 点;

(2) 画出微变等效电路;

(3) 求三极管的 r_{be};

(4) 如果输出端接 $R_L=4\ k\Omega$ 的负载,计算 $A_u=\dfrac{u_o}{u_i}$ 及 $A_{us}=\dfrac{u_o}{u_s}$。

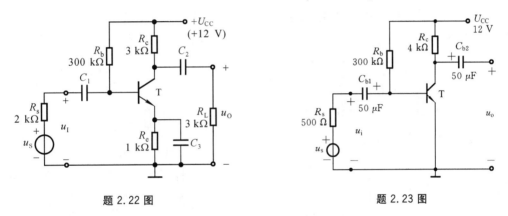

题 2.22 图　　　　　　　　　　题 2.23 图

2.24 在题 2.24 图所示电路中,设电容 C_1、C_2、C_3 对交流信号可视为短路。

(1) 写出静态电流 I_{CQ} 及电压 U_{CEQ} 的表达式;

(2) 写出电压增益 A_u、输入电阻 R_i 和输出电阻 R_o 的表达式;

(3) 若将电容 C_3 开路,对电路将会产生什么影响?

2.25 共射极电路如题 2.25 图所示。已知 $U_{BEQ}=0.7\ V$,$\beta=100$,$r_{bb'}=300\ \Omega$,$U_{CES}=0.7\ V$。试计算:

(1) 电位器 R_w 处在什么位置时,电压增益 $|A_u|$ 最大?

(2) $R_b(490\ k\Omega+R_w)$ 取什么值时,电路可得到最大的输出幅度,此时 $U_{omax}=$?

(3) 当 $R_b=715\ k\Omega$ 时,要保证输出 u_o 的信号不失真,则输入正弦信号 u_s 的最大幅值应为多少?

2.26 射极偏置电路如题 2.26 图所示,已知 $\beta=60$。求:

(1) Q 点;

(2) r_{be};

(3) $|A_u|$;

(4) 其他参数不变,如果要使 $U_{CEQ}=4\ V$,问 R_{b1} 应取多大?

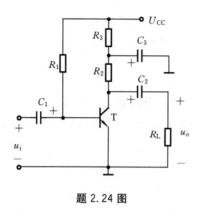

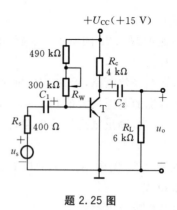

题 2.24 图　　　　　　　题 2.25 图

2.27　射极跟随器电路如题 2.27 图所示。已知 $U_{BEQ}=0.7$ V，$\beta=100$，$r_{bb'}=100$ Ω。求：

(1) Q 点；

(2) 画微变等效电路图，并求 R_i 和 R_o；

(3) A_u 和 A_{us}。

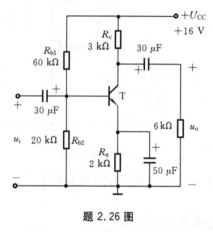

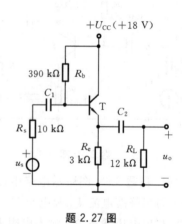

题 2.26 图　　　　　　　题 2.27 图

2.28　电路如题 2.28 图所示，已知三极管的 $U_{BE}=0.7$ V，$\beta=200$，$r_{bb'}=200$ Ω。

(1) 求解静态工作点 I_{BQ}、I_{CQ} 和 U_{CEQ}；

(2) 求解 A_u、R_i、R_o。

2.29　共基极电路如题 2.29 图所示。射极电路里接入一恒流源，设 $\beta=100$，$R_s=0$，$R_L=\infty$。试确定电路的电压增益、输入电阻和输出电阻。

2.30　电路如题 2.30 图所示所示，已知晶体管的 $U_{BE}=0.7$ V，$\beta=300$，$r_{bb'}=200$ Ω。

(1) 当开关 S 位于 1 位置时，求解静态工作点 I_{BQ}、I_{CQ} 和 U_{CEQ}；

(2) 分别求解开关 S 位于 1、2、3 位置时的电压放大倍数 A_u，比较这三个电压放大倍数，并说明发射极电阻是如何影响电压放大倍数的。

2.31　电磁辐射检测仪用于对空间中某个位置的辐射水平进行监测，如把检测仪的传感器放到手机旁边，就可以读出手机的电磁辐射强度。由于电磁波能力比较低，因此传感器将电磁波转换成的电信号非常微弱。为了保证电信号的有效传输(最大电压传输)，往往需要

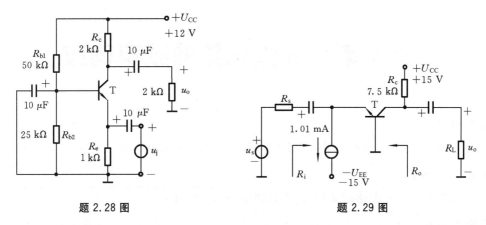

题 2.28 图　　　　　　　　　题 2.29 图

用输入电阻很高的场效应管组成放大电路,如题 2.31 图所示。已知 $R_g = 10\ \mathrm{M\Omega}, R_d = 3.3$
$\mathrm{k\Omega}, R = 910\ \Omega, R_L = 10\ \mathrm{k\Omega}, U_{DD} = 12\ \mathrm{V}, g_m = 3.25\ \mathrm{mS}$。求电压放大倍数、输入电阻、输出
电阻。

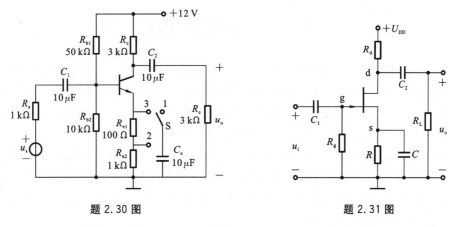

题 2.30 图　　　　　　　　　题 2.31 图

2.32　两个电路结构和参数一样的共射放大电路形成的两级放大电路如题 2.32 所示。
求:(1) 电路的静态工作点;(2) 电路的电压放大倍数;(3) 为什么两级放大电路各自的电压
放大倍数不一样?

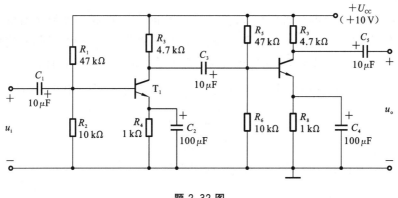

题 2.32 图

第3章　放大电路的频率响应

频率响应、上限频率和下限频率、通频带、波特图（幅频特性、相频特性）、高频等效模型。

【重点与难点】
单级共射极放大电路的通频带、上限频率、下限频率的求解。

【基本分析方法】
（1）从波特图分析 A_{um}、f_L、f_H 以及 A_u 的表达式；
（2）根据电压增益表达式绘出完整的频率特性曲线（波特图）。

3.1　频率响应概述

在放大电路中，晶体管本身具有电容效应（存在极间电容），以及其他电抗元件（如耦合电容、旁路电容等）的存在，当输入信号的频率过低或过高时，不但放大倍数的数值会变小，而且还将产生超前或滞后的相移，说明放大电路的放大倍数数值和相角都是输入信号频率的函数，这种函数关系称为放大电路的频率响应或频率特性。

在前面的交流通路分析中，将耦合电容和旁路电容做短路处理，并且未考虑晶体管极间电容的作用，因此它们只适用于对中频信号的分析。在实际设计电路时，必须考虑各种电容对不同信号频率的影响，所以应首先了解电路输入信号的频率范围，并设计电路，使其具有适应于该信号频率范围的通频带。

3.1.1　无源 RC 电路的频率响应

1. 高通电路

在放大电路中，耦合电容的存在，对信号构成了高通电路，即对于频率足够高的信号电容相当于短路，信号几乎毫无损失地通过；而当信号频率低到一定程度时，电容的容抗不可忽略，信号将在其上产生压降，从而导致放大倍数的数值减小且产生相移。

在图 3-1(a)所示高通电路中，设输出电压 $\dot{U}_o$ 与输入电压 $\dot{U}_i$ 之比为 $\dot{A}_u$，则

$$\dot{A}_u = \frac{\dot{U}_o}{\dot{U}_i} = \frac{R}{R + \dfrac{1}{\mathrm{j}\omega C}} = \frac{1}{1 + \dfrac{1}{\mathrm{j}\omega RC}}$$

式中：ω 为输入信号的角频率；RC 为回路的时间常数 τ。

令 $\omega_L = \dfrac{1}{RC} = \dfrac{1}{\tau}$，则

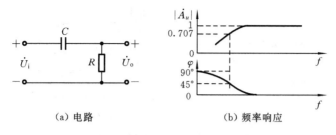

(a) 电路　　　　　　　　　(b) 频率响应

图 3-1　高通电路及其频率响应

$$f_{\text{L}} = \frac{\omega_{\text{L}}}{2\pi} = \frac{1}{2\pi\tau} = \frac{1}{2\pi RC}$$

因此

$$\dot{A}_u = \frac{1}{1+\dfrac{\omega_{\text{L}}}{\text{j}\omega}} = \frac{1}{1-\text{j}\dfrac{f_{\text{L}}}{f}}$$

将 $\dot{A}_u$ 用其幅值与相角表示,得出

$$|\dot{A}_u| = \frac{1}{\sqrt{1+\left(\dfrac{f_{\text{L}}}{f}\right)^2}}, \quad \varphi = \arctan\frac{f_{\text{L}}}{f}$$

因 $|\dot{A}_u|$ 的表达式表明 $\dot{A}_u$ 的幅值与频率的函数关系,故称之为 $\dot{A}_u$ 的幅频特性;φ 的表达式表明 $\dot{A}_u$ 的相位与频率的函数关系,故称之为 $\dot{A}_u$ 的相频特性。

由 $|\dot{A}_u|$ 和 φ 的表达式可知,当 $f \gg f_{\text{L}}$ 时,$|\dot{A}_u| \approx 1$,$\varphi \approx 0°$;当 $f = f_{\text{L}}$ 时,$|\dot{A}_u| = \dfrac{1}{\sqrt{2}}$,$\varphi = 45°$;当 $f \ll f_{\text{L}}$ 时,$\dfrac{f}{f_{\text{L}}} \ll 1$,$|\dot{A}_u| \approx \dfrac{f}{f_{\text{L}}}$,表明 f 每下降为原来的 $1/10$,$|\dot{A}_u|$ 也下降为原来的 $1/10$;当 f 趋于 0 时,$|\dot{A}_u|$ 也趋于 0,φ 趋于 $+90°$。由此可见,对于高通电路,频率愈低,衰减愈大,相移愈大;只有当信号频率远高于 f_{L} 时,U_o 才约为 U_i。定义 f_{L} 为下限截止频率,当信号处在 f_{L} 时,$\dot{A}_u$ 的幅值下降为原来的 0.707,相移为超前 $45°$。图 3-1(a)所示电路的幅频特性曲线和相频特性曲线如图 3-1(b)所示。

2. 低通电路

晶体管极间电容的存在,对信号构成了低通电路,即对于频率足够低的信号相当于开路,对电路不产生影响;而当信号频率高到一定程度时,极间电容将分流,从而导致放大倍数的数值减小且产生相移。

图 3-2(a)所示的为低通电路,输出电压 $\dot{U}_o$ 与输入电压 $\dot{U}_i$ 之比

$$\dot{A}_u = \frac{\dot{U}_o}{\dot{U}_i} = \frac{\dfrac{1}{\text{j}\omega C}}{R+\dfrac{1}{\text{j}\omega C}} = \frac{1}{1+\text{j}\omega RC}$$

回路的时间常数 $\tau = RC$,令 $\omega_{\text{H}} = \dfrac{1}{\tau}$,则

$$f_{\text{H}} = \frac{\omega_{\text{H}}}{2\pi} = \frac{1}{2\pi\tau} = \frac{1}{2\pi RC}$$

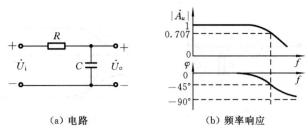

(a) 电路　　　　　　　　　　(b) 频率响应

图 3-2　低通电路及其频率响应

因此,可得

$$\dot{A}_u = \frac{1}{1 + \mathrm{j}\frac{\omega}{\omega_\mathrm{H}}} = \frac{1}{1 + \mathrm{j}\frac{f}{f_\mathrm{H}}}$$

将 $\dot{A}_u$ 用其幅值及相角表示,得出

$$|\dot{A}_u| = \frac{1}{\sqrt{1 + \left(\frac{f}{f_\mathrm{H}}\right)^2}}, \quad \varphi = -\arctan\frac{f}{f_\mathrm{H}}$$

$|\dot{A}_u|$ 是 $\dot{A}_u$ 的幅频特性,φ 是 $\dot{A}_u$ 的相频特性。

由 $|\dot{A}_u|$ 和 φ 的表达式可知,当 $f \ll f_\mathrm{H}$ 时,$|\dot{A}_u| \approx 1$,$\varphi \approx 0°$;当 $f = f_\mathrm{H}$ 时,$|\dot{A}_u| = \frac{1}{\sqrt{2}}$,$\varphi = -45°$;当 $f \gg f_\mathrm{H}$ 时,$\frac{f}{f_\mathrm{H}} \gg 1$,$|\dot{A}_u| \approx \frac{f_\mathrm{H}}{f}$,表明 f 每升高 10 倍,$|\dot{A}_u|$ 降低为原来的 1/10;当 f 趋于无穷时,$|\dot{A}_u|$ 趋于零,φ 趋于 $-90°$。由此可见,对于低通电路,频率愈高,衰减愈大,相移愈大;只有当频率远低于 f_H 时,U_o 才约为 U_i。定义 f_H 为上限截止频率,信号处在 f_H 时,$|\dot{A}_u|$ 下降到原来的 0.707,相移滞后 45°。幅频特性曲线与相频特性曲线如图 3-2(b) 所示。

对于放大电路,它的上限频率 f_H 与下限频率 f_L 之差就是它的通频带,即

$$f_\mathrm{BW} = f_\mathrm{H} - f_\mathrm{L}$$

3.1.2　波特图

在研究放大电路的频率响应时,输入信号(即加在放大电路输入端的测试信号)的频率范围常常设置在几赫兹到上百兆赫兹,甚至更宽,而放大电路的放大倍数可从几倍到上百万倍,为了在同一坐标系中表示如此宽的变化范围,在画频率特性曲线时常采用对数坐标,称为波特图。

波特图由对数幅频特性和对数相频特性两部分组成,它们的横轴采用对数刻度 $\lg f$,幅频特性的纵轴采用 $20\lg|\dot{A}_u|$ 表示,单位是分贝(dB),相频特性的纵轴仍用 φ 表示。这样不但开阔了视野,而且将放大倍数的乘除运算转换成加减运算。

1. 高通电路的波特图

根据 $|\dot{A}_u| = \dfrac{1}{\sqrt{1 + \left(\dfrac{f_\mathrm{L}}{f}\right)^2}}$,高通电路的对数幅频特性为

$$20\lg|\dot{A}_u| = -20\lg\sqrt{1+\left(\frac{f_L}{f}\right)^2}$$

与 $\varphi = \arctan\dfrac{f_L}{f}$ 联立可知：当 $f \gg f_L$ 时，$20\lg|\dot{A}_u| \approx 0$ dB，则 $U_o \approx U_i$，无附加相移；当 $f = f_L$ 时，$20\lg|\dot{A}_u| \approx -3$ dB，U_o 幅值下降了 3 dB，附加相移超前 45°；当 $f \ll f_L$ 时，$20\lg|\dot{A}_u| \approx$ $20\lg\dfrac{f}{f_L}$，表明 f 每下降为原来的 1/10，增益下降 20 dB，即对数幅频特性在此区间可等效成斜率为（20 dB/十倍频程）的直线，而附加相移超前 90°。

在电路的近似分析中，为简单起见，常将波特图的曲线折线化，以截止频率 f_L（或 f_H）为拐点，由两段直线近似曲线。高通电路的幅频特性中，当 $f > f_L$ 时，以 $20\lg|\dot{A}_u| = 0$ dB 的直线近似；当 $f < f_L$ 时，以斜率为（20 dB/十倍频程）的直线近似。在对数相频特性中，用三段直线取代近似：以 $10f_L$ 和 $0.1f_L$ 为两个拐点，当 $f > 10f_L$ 时，用 $\varphi = 0°$ 的直线近似，即认为 $f = 10f_L$ 时 $\dot{A}_u$ 开始产生相移（误差为 +5.71°）；当 $f < 0.1f_L$ 时，用 $\varphi = 90°$ 的直线近似，即认为 $f = 0.1f_L$ 时已产生 +90° 相移（误差为 −5.71°）；在 $0.1f_L < f < 10f_L$ 一段，φ 随 f 线性下降，因此当 $f = f_L$ 时 $\varphi = +45°$。图 3-1(a) 所示高通电路的波特图如图 3-3(a) 所示。

2. 低通电路的波特图

根据 $|\dot{A}_u| = \dfrac{1}{\sqrt{1+\left(\dfrac{f}{f_H}\right)^2}}$，低通电路的对数幅频特性为

$$20\lg|\dot{A}_u| = -20\lg\sqrt{1+\left(\frac{f}{f_H}\right)^2}$$

与 $\varphi = -\arctan\dfrac{f}{f_H}$ 联立可知，当 $f \ll f_H$ 时，$20\lg|\dot{A}_u| \approx 0$ dB，则 $U_o \approx U_i$，无附加相移；当 $f = f_H$ 时，$20\lg|\dot{A}_u| \approx -3$ dB，U_o 幅值下降了 3 dB，附加相移滞后 45°；当 $f \gg f_H$ 时，$20\lg|\dot{A}_u| \approx$ $-20\lg\dfrac{f}{f_H}$，表明 f 每上升 10 倍，增益下降 20 dB，即对数幅频特性在此区间可等效成斜率为（−20 dB/十倍频程）的直线，而附加相移滞后 90°。

画低通电路的波特图时，与高通电路波特图的画法一样，将对数幅频特性以 f_H 为拐点用两段直线近似，对数相频特性以 $f = 0.1f_H$ 和 $f = 10f_H$ 为拐点用三段直线近似，图 3-2(a) 所示低通电路的波特图如图 3-3(b) 所示。

由上述分析，可得出如下结论：

（1）电路的截止频率取决于电容所在回路的时间常数 τ，图 3-1(a) 所示电路的 $f_L = \dfrac{\omega_L}{2\pi}$ $= \dfrac{1}{2\pi\tau} = \dfrac{1}{2\pi RC}$，而图 3-2(a) 所示电路的 $f_H = \dfrac{\omega_H}{2\pi} = \dfrac{1}{2\pi\tau} = \dfrac{1}{2\pi RC}$。

（2）当信号频率等于下限频率 f_L 或上限频率 f_H 时，放大电路的增益下降 3 dB，且产生 +45° 或 −45° 相移。

（3）近似分析中，可以用折线化的近似波特图表示放大电路的频率特性。

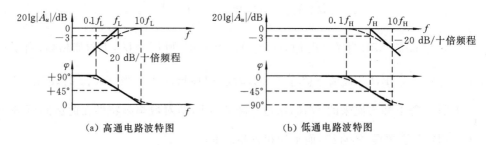

（a）高通电路波特图　　　　　　（b）低通电路波特图

图 3-3　高通电路与低通电路的波特图

3.2　三极管基本放大电路的频率响应

3.2.1　三极管的高频等效模型

1. 三极管的混合 π 型等效电路

第 2 章介绍了放大电路的 h 参数微变等效电路。在高频输入信号作用下，h 参数将是随频率而变化的复数，主要是因为此时三极管的极间电容不可忽略。为了建立一个既实用又方便的高频信号作用下的物理模型，在此引出高频微变等效电路，这就是混合 π 型模型。低频时，三极管的 h 参数模型与混合 π 型模型的作用是一致的。所以可通过 h 参数计算混合 π 型模型中的某些参数，并用于高频信号作用下的电路分析。

1）三极管的混合 π 型模型

图 3-4(a)所示的是三极管的结构示意图。图中 $r_{bb'}$ 表示基区体电阻，不同类型的三极管 $r_{bb'}$ 的值不同，一般数据手册会给出这个值，为 $100 \sim 300\ \Omega$。$r_{b'e}$ 和 C_π 分别为发射结的结电阻和结电容。$r_{b'c}$ 和 C_μ 分别为集电结的结电阻和结电容，由于集电结工作时处于反向偏置，因此 $r_{b'c}$ 的值很大，一般在 $100\ k\Omega \sim 10\ M\Omega$。受控电流源用 $g_m \dot{U}_{b'e}$ 表示，而不用 $\beta \dot{I}_b$ 表示，其原因是 $\dot{I}_b$ 不仅包含流过 $r_{b'e}$ 的电流，还包含了流过结电容的电流，因此受控电流已不再与 $\dot{I}_b$ 成正比。这里的 g_m 称为跨导，表示 $\dot{U}_{b'e}$ 变化 1 V 时，集电极电流的变化量。根据三极管的结构示意图，可以得到完整的电路模型，即混合 π 型等效电路，如图 3-4 (b) 所示。

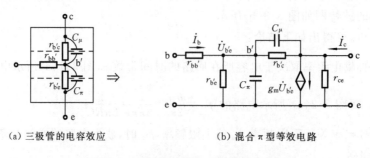

（a）三极管的电容效应　　　　　　（b）混合 π 型等效电路

图 3-4　三极管的混合 π 型等效电路

2）简化的混合 π 型模型

由上分析可知，$r_{b'c}$ 很大，可以视为开路，而 r_{ce} 通常与放大电路中的集电极负载电阻 R_c 并联，且数值比 R_c 大得多，因此 r_{ce} 也可忽略。这样就得到了三极管的混合 π 型简化电路，如图 3-5（a）所示。

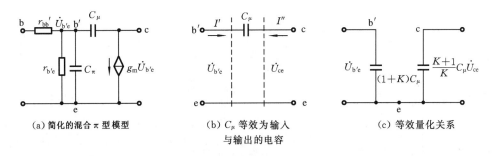

（a）简化的混合 π 型模型 （b）C_μ 等效为输入 （c）等效量化关系
与输出的电容

图 3-5　C_μ 的等效过程

由于 C_μ 跨接在基极与集电极之间，分析计算时列出的电路方程较复杂，解起来十分麻烦。为此，可以利用密勒定理，将 C_μ 分别等效为输入端的电容和输出端的电容。C_μ 等效关系如图 3-5（b）、（c）所示。

图 3-5（b）所示电路中，从 b′、e 两端向右看，流入 C_μ 的电流为

$$I' = \frac{\dot{U}_{b'e} - \dot{U}_{ce}}{\dfrac{1}{j\omega C_\mu}} = \frac{\dot{U}_{b'e}\left(1 - \dfrac{\dot{U}_{ce}}{\dot{U}_{b'e}}\right)}{\dfrac{1}{j\omega C_\mu}}$$

令 $\dfrac{\dot{U}_{ce}}{\dot{U}_{b'e}} = -K$，则

$$I' = \frac{\dot{U}_{b'e}(1+K)}{\dfrac{1}{j\omega C_\mu}} = \frac{\dot{U}_{b'e}}{\dfrac{1}{j\omega(1+K)C_\mu}}$$

此式表明，从 b′、e 两端看进去，跨接在 b′、c 之间的电容 C_μ，与一个并联在 b′、e 两端，其电容值为 $C'_\mu = (1+K)C_\mu$ 的电容等效，这就是密勒定理，如图 3-5（c）所示。

根据同样的道理，从 c、e 向左看，流入 C_μ 的电流为

$$I'' = \frac{\dot{U}_{ce} - \dot{U}_{b'e}}{\dfrac{1}{j\omega C_\mu}} = \frac{\dot{U}_{ce}\left(1 + \dfrac{1}{K}\right)}{\dfrac{1}{j\omega C_\mu}} = \frac{\dot{U}_{ce}}{\dfrac{1}{j\omega\left(\dfrac{1+K}{K}\right)C_\mu}}$$

此式表明，从 c、e 看进去，C_μ 的作用和一个并联在 c、e 两端，电容值为 $C''_\mu = \left(\dfrac{1+K}{K}\right)C_\mu$ 的电容等效。这样，图 3-5（b）所示电路即可用图 3-5（c）等效。

实际上，$\left(\dfrac{1+K}{K}\right)C_\mu$ 的容抗远大于负载，其电流可忽略不计，因此简化的混合 π 型模型如图 3-6 所示，其中 $C'_\pi = C_\pi + (1+K)C_\mu$。

2. 高频微变等效电路参数

当输入信号处在中频区时,则忽略 C_π 和 C_μ 的作用,这样图 3-5(a)就成为熟悉的简化 h 参数等效电路形式,如图 3-7(a)所示。将第 2 章中三极管简化的 h 参数等效电路重画,如图 3-7(b)所示。对比图 3-7(a)和图 3-7(b),就可建立中频时混合 π 型参数和 h 参数之间的关系。

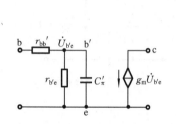

图 3-6 忽略 C''_μ 的混合 π 型模型

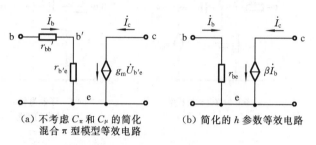

(a) 不考虑 C_π 和 C_μ 的简化
混合 π 型模型等效电路

(b) 简化的 h 参数等效电路

图 3-7 中频时混合 π 型模型参数和 h 参数之间的关系

因为
$$r_{bb'}+r_{b'e}=r_{be}=r_{bb'}+(1+\beta)\frac{26}{I_{EQ}}$$

所以
$$r_{b'e}=(1+\beta)\frac{26}{I_{EQ}}\approx\frac{26\beta}{I_{CQ}}$$

又
$$g_m\dot{U}_{b'e}=g_m\dot{I}_b r_{b'e}=\beta\dot{I}_b$$

故
$$g_m=\frac{\beta}{r_{b'e}}=\frac{\beta}{\frac{26\beta}{I_{CQ}}}=\frac{I_{CQ}}{26}$$

从上面分析可以看出,$r_{b'e}$ 和 g_m 等参数和静态工作点的电流有关。对于一般的小功率三极管,$r_{bb'}$ 为几十欧至几百欧,$r_{b'e}$ 为 1 kΩ 左右,g_m 为几十毫安/伏,C_μ 值可从手册中查到,C_π 值一般手册未给,但 f_T 值可以从手册中查到,因此 C_π 值可按如下公式计算:

$$f_T\approx\frac{g_m}{2\pi C_\pi}$$

3. 电流放大系数 β 的频率响应

通常认为,中频时三极管的共射极放大电路的电流放大系数 β 是常数。实际上,当频率升高时,由于管子内部的电容效应,其放大作用下降。所以电流放大系数是频率的函数,可表示为

$$\dot{\beta}=\frac{\beta_0}{1+j\frac{f}{f_\beta}}$$

式中:β_0 为三极管中频时的共射极电流放大系数。

上式也可用 $\dot{\beta}$ 的模和相角来表示如下:

$$|\dot{\beta}|=\frac{\beta_0}{\sqrt{1+\left(\frac{f}{f_\beta}\right)^2}}$$

$$\varphi_\beta = -\arctan\frac{f}{f_\beta}$$

根据上式可以画出 $\dot\beta$ 的幅频特性,如图 3-8 所示。

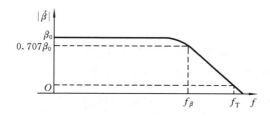

图 3-8 β **的幅频特性**

1)共射极截止频率 f_β

将 $|\dot\beta|$ 值下降到 β_0 的 0.707 时的频率 $\dot\beta$ 定义为 β 的截止频率。按 $|\dot\beta|$ 的表达式可计算出,当 $f = f_\beta$ 时,$|\dot\beta| = (1/\sqrt{2})\beta_0 \approx 0.707\beta_0$。

2)特征频率 f_T

定义 $|\dot\beta|$ 值降为 1 时的频率 f_T 为三极管的特征频率。将 $f = f_T$ 和 $|\dot\beta| = 1$ 代入 $|\dot\beta|$ 的表达式,则得

$$1 = \frac{\beta_0}{\sqrt{1 + \left(\dfrac{f_T}{f_\beta}\right)^2}}$$

由于通常 $f_T/f_\beta \gg 1$,因此上式可简化为

$$f_T \approx \beta_0 f_\beta$$

上式表示了 f_T 和 f_β 的关系。

3)共基极截止频率 f_α

由前述 $\dot\alpha$ 与 $\dot\beta$ 的关系,得

$$\dot\alpha = \frac{\dot\beta}{1 + \dot\beta}$$

显然,考虑三极管的电容效应,$\dot\alpha$ 也是频率的函数,表示为

$$\dot\alpha = \frac{\alpha_0}{1 + \mathrm{j}\dfrac{f}{f_\alpha}}$$

定义当 $|\dot\alpha|$ 下降为中频 α_0 的 0.707 时的频率 f_α 为 α 的截止频率。

为了得到 f_α、f_β、f_T 三者之间的关系,将 $\dot\beta = \dfrac{\beta_0}{1 + \mathrm{j}\dfrac{f}{f_\beta}}$ 代入 $\dot\alpha = \dfrac{\dot\beta}{1 + \dot\beta}$ 得

$$\dot\alpha = \frac{\dfrac{\beta_0}{1 + \mathrm{j}f/f_\beta}}{1 + \dfrac{\beta_0}{1 + \mathrm{j}f/f_\beta}} = \frac{\dfrac{\beta_0}{1 + \beta_0}}{1 + \mathrm{j}\dfrac{f}{(1 + \beta_0)f_\beta}}$$

将上式与 $\dot{\alpha}=\dfrac{\alpha_0}{1+\mathrm{j}\dfrac{f}{f_\alpha}}$ 比较,可得

$$f_\alpha=(1+\beta_0)f_\beta$$

一般 $\beta_0\gg1$,所以

$$f_\alpha\approx\beta_0 f_\beta=f_\mathrm{T}$$

由上式可知,共基极截止频率是共射极截止频率的 $1+\beta_0$ 倍。由此说明共基极放大电路的频率特性要比共射极放大电路的频率特性好得多。

3.2.2 单管共发射极放大电路的频率响应

图 3-9(a)所示电路为共射极放大电路,将 C_2 和 R_L 视为下一级的输入耦合电容和输入电阻,所以画本级的混合 π 型等效电路时,不把它们包含在内,如图 3-9 (b)所示。

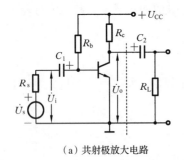

（a）共射极放大电路　　　　　　　　（b）共射极混合 π 型等效电路

图 3-9　共射极放大电路及其混合 π 型等效模型

研究频率响应,关键是要知道外部电容和内部电容在不同频段的等效。

1) 中频等效电路

全部电容均不考虑,耦合电容和旁路电容视为短路,极间电容视为开路。中频等效电路中没有电容。

2) 低频等效电路

耦合电容和旁路电容的容抗不能忽略,而极间电容视为开路。

3) 高频等效电路

耦合电容和旁路电容视为短路,而极间电容的容抗不能忽略。

这样求得三个频段的频率响应,然后再进行综合。这样做的优点是,可使分析过程简单明了,且有助于从物理概念上来理解各个参数对频率特性的影响。

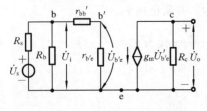

图 3-10　中频段等效电路图

1. 中频放大倍数 A_{usm}

中频段等效电路如图 3-10 所示。

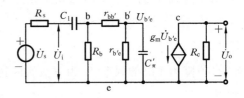

$$\dot{U}_\mathrm{o}=-g_\mathrm{m}\dot{U}_\mathrm{b'e}R_\mathrm{c}$$

式中: $\dot{U}_\mathrm{b'e}=\dfrac{r_\mathrm{b'e}}{r_\mathrm{bb'}+r_\mathrm{b'e}}\dot{U}_\mathrm{i}=p\dot{U}_\mathrm{i}$,　　$p=\dfrac{r_\mathrm{b'e}}{r_\mathrm{bb'}+r_\mathrm{b'e}}$

$$\dot{U}_i = \frac{r_i}{R_s + r_i}\dot{U}_s$$

式中：
$$r_i = R_b \mathbin{/\mkern-5mu/} (r_{bb'} + r_{b'e})$$

将上述关系代入 U_o 的表达式中，得

$$\dot{U}_o = \frac{-r_i}{R_s + r_i} \cdot \frac{r_{b'e}}{r_{bb'} + r_{b'e}} g_m R_c \dot{U}_s = -\frac{r_i}{R_s + r_i} p g_m R_c \dot{U}_s$$

$$A_{usm} = \frac{\dot{U}_o}{\dot{U}_s} = -\frac{r_i}{R_s + r_i} p g_m R_c = -\frac{r_i}{R_s + r_i}\frac{\beta R_c}{r_{be}}$$

2. 低频放大倍数 $\dot{A}_{usl}$ 及波特图

低频段的等效电路如图 3-11 所示。

由图可得

$$\dot{U}_o = -g_m \dot{U}_{b'e} R_c$$

$$\dot{U}_{b'e} = \frac{r_{b'e}}{r_{bb'} + r_{b'e}}\dot{U}_i = p\dot{U}_i$$

$$\dot{U}_i = \frac{r_i}{R_s + r_i + \dfrac{1}{j\omega C_1}}\dot{U}_s$$

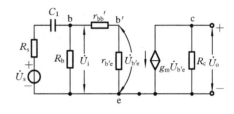

图 3-11　低频段的等效电路

式中：p、r_i 同中频段的定义。

将 $\dot{U}_{b'e}$、$\dot{U}_i$ 代入式 $\dot{U}_o = -g_m \dot{U}_{b'e} R_c$，得

$$\dot{U}_o = \frac{r_i}{R_s + r_i + \dfrac{1}{j\omega C_1}} p g_m R_c \dot{U}_s$$

找出 $\dot{A}_{usl}$ 与中频区放大倍数 A_{usm} 的关系，便可以推导出低频段电压放大倍数的频率特性方程，从而求得下限频率。现将上述公式进行变换如下：

$$\dot{U}_o = \frac{r_i}{R_s + r_i} p g_m R_c \frac{1}{1 + \dfrac{1}{j\omega(R_s + r_i)C_1}}\dot{U}_s$$

$$\dot{A}_{usl} = \frac{\dot{U}_o}{\dot{U}_s} = \frac{r_i}{R_s + r_i} p g_m R_c \frac{1}{1 + \dfrac{1}{j\omega(R_s + r_i)C_1}}$$

令
$$\tau_L = (R_s + r_i)C_1$$

$$f_L = \frac{1}{2\pi\tau_L} = \frac{1}{2\pi(R_s + r_i)C_1}$$

则
$$\dot{A}_{usl} = A_{usm}\frac{1}{1 + \dfrac{1}{j\omega\tau_L}} = A_{usm}\frac{1}{1 - j\dfrac{f_L}{f}}$$

当 $f = f_L$ 时，$|\dot{A}_{usl}| = \dfrac{1}{\sqrt{2}}A_{usm}$，$f_L$ 为下限频率。由 $f_L = \dfrac{1}{2\pi(R_s + r_i)C_1}$ 可以看出，下限频率 f_L 由电容 C_1 所在回路的时间常数 τ_1 决定。

根据 $|\dot{A}_{usl}|$ 的表达式可知单管共射极放大电路低频段的对数幅频特性和相频特性，实

际上是在中频段的基础上叠加一个高通电路,其表达式为

$$G_u = 20\lg|\dot{A}_{usl}| = 20\lg|A_{usm}| - 20\lg\sqrt{1+\left(\frac{f_L}{f}\right)^2}$$

$$\varphi = -180° + \arctan\frac{f_L}{f}$$

低频段对数频率特性如图 3-12 所示。

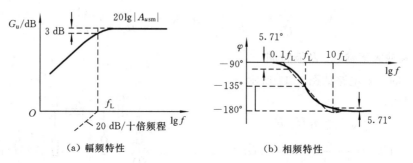

(a) 幅频特性   (b) 相频特性

图 3-12   低频段对数频率特性

3. 高频放大倍数 A_{ush} 及波特图

在高频段,由于容抗变小,则电容 C_1 可忽略不计,视为短路,但并联的极间电容影响应予以考虑,其等效电路如图 3-13 所示。在分析简化的混合 π 型模型时,已知道,$C'_\pi = C_\pi + (1+K)C_\mu$,$\dfrac{\dot{U}_{ce}}{\dot{U}_{b'e}} = -K$。

由等效电路可求得

$$\dot{U}_o = -g_m\dot{U}_{b'e}R_c$$

为求出 $\dot{U}_{b'e}$ 与 $\dot{U}_s$ 的关系,利用戴维南定理将图 3-13 所示电路进行简化,如图 3-14 所示,其中

$$\dot{U}'_s = \dot{U}_s\frac{r_i}{R_s+r_i}\cdot\frac{r_{b'e}}{r_{bb'}+r_{b'e}} = \frac{r_i}{R_s+r_i}p\dot{U}_s$$

$$R = r_{b'e} /\!/ [r_{bb'} + (R_s /\!/ R_b)]$$

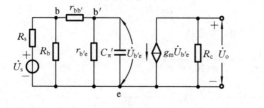

图 3-13   高频等效电路

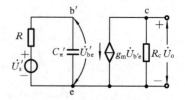

图 3-14   简化等效电路

由图 3-14 可得

$$\dot{U}_{b'e} = \frac{\dfrac{1}{j\omega C'_\pi}}{R+\dfrac{1}{j\omega C'_\pi}}U'_s = \frac{1}{1+j\omega RC'_\pi}\dot{U}'_s$$

$$= \frac{1}{1+\mathrm{j}\omega RC'_\pi} \cdot \frac{r_i}{R_s+r_i} p\dot{U}_s$$

将上式代入 $\dot{U}_o = -g_m \dot{U}_{b'e} R_c$，得

$$\dot{U}_o = -g_m R_c \frac{1}{1+\mathrm{j}\omega RC'_\pi} \cdot \frac{r_i}{R_s+r_i} p\dot{U}_s$$

$$\dot{A}_{ush} = \frac{\dot{U}_o}{\dot{U}_s} = A_{usm} \frac{1}{1+\mathrm{j}\omega RC'_\pi}$$

令

$$\tau_H = RC'_\pi$$

上限频率为

$$f_H = \frac{1}{2\pi\tau_H} = \frac{1}{2\pi RC'_\pi}$$

则

$$\dot{A}_{ush} = A_{usm} \frac{1}{1+\mathrm{j}\omega\tau_H} = A_{usm} \frac{1}{1+\mathrm{j}\dfrac{f}{f_H}}$$

由式 $f_H = \dfrac{1}{2\pi\tau_H} = \dfrac{1}{2\pi RC'_\pi}$ 可看出，上限频率 f_H 主要由 C'_π 所在回路的时间常数 τ_H 决定。

根据 $|\dot{A}_{ush}|$ 的表达式可知单管共射极放大电路高频段的对数幅频特性和相频特性，实际上是在中频段的基础上叠加一个低通电路，其表达式为

$$G_u = 20\lg|\dot{A}_{ush}| = 20\lg|A_{usm}| - 20\lg\sqrt{1+\left(\frac{f}{f_H}\right)^2}$$

$$\varphi = -180° - \arctan\frac{f}{f_H}$$

高频段的对数频率特性如图 3-15 所示。

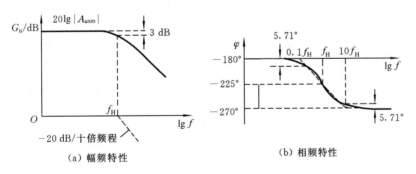

（a）幅频特性　　　　　　　　　　（b）相频特性

图 3-15　高频段对数频率特性

4. 完整的频率特性曲线

将上述中频、低频和高频时求出的放大倍数综合起来，可得单管共射极放大电路在全部频率范围内放大倍数的表达式

$$\dot{A}_{us} = \frac{A_{usm}}{\left(1-\mathrm{j}\dfrac{f_L}{f}\right)\left(1+\mathrm{j}\dfrac{f}{f_H}\right)}$$

同时,将三频段的频率特性曲线综合起来,即得全频段的频率特性,完整的波特图如图 3-16 所示。

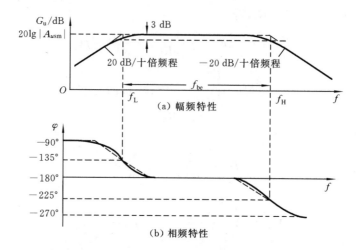

图 3-16　共射极放大电路的幅频和相频特性曲线

最后,将单管共射极放大电路分段折线化的对数频率特性的作图(即波特图)步骤归纳如下。

(1) 根据前面介绍的公式求出中频电压放大倍数 A_{usm}、下限频率 f_L 和上限频率 f_H。

(2) 在幅频特性的横坐标上找到对应的 f_L 和 f_H 两个点。在 f_L 和 f_H 间的中频区,作一条 $G_u = 20 \lg |A_{usm}|$ 的水平线;从 $f = f_L$ 点开始,在低频区作一条斜率为 20 dB/十倍频程的直线折向左下方;从 $f = f_H$ 点开始,在高频区作一条斜率为 −20 dB/十倍频程的直线折向右下方,即构成放大电路的幅频特性,如图 3-16(a) 所示。

(3) 在相频特性图上,$10 f_L$ 至 $0.1 f_H$ 之间的中频区,$\varphi = -180°$;$f < 0.1 f_L$ 时,$\varphi = -90°$;$f > 10 f_H$ 时,$\varphi = -270°$;在 $0.1 f_L$ 至 $10 f_L$ 之间,以及 $0.1 f_H$ 至 $10 f_H$ 之间,相频特性分别为两条斜率为 $-45°$/十倍频程的直线。$f = f_L$ 时,$\varphi = -135°$;$f = f_H$ 时,$\varphi = -225°$。以上就构成放大电路的相频特性,如图 3-16(b) 所示。

为使频带展宽,要求 f_H 尽可能地高,应选取 $r_{bb'}$ 小的管子,且也要求减小 C'_π 和 $r_{b'e}$,而 $C'_\pi = C_\pi + (1 + g_m R_c) C_\mu$,故还应选 C_π, C_μ 小的管子,且要减小 $g_m R_c$,即减小中频区电压放大倍数。所以,提高带宽与提高放大倍数是矛盾的。因此,常用增益带宽积表示放大电路性能的优劣,结果如下:

$$|A_{usm} \cdot f_H| \approx \frac{1}{2\pi (R_s + r_{bb'}) C_\mu}$$

虽然这个公式是很不严格的,但由它可得一个趋势:选定了管子以后,放大倍数与带宽的乘积基本就是定值,即放大倍数要提高,那么带宽就变窄。

【例 3-1】　某放大电路的电压放大倍数的复数表达式为

$$\dot{A}_u = \frac{0.5 f^2}{(1 + jf/2)(1 + jf/100)(1 + jf/10^5)} \quad (f \text{ 的单位为 Hz})$$

(1) 其下限频率 f_L 为多少?

（2）中频电压放大倍数 A_{usm} 为多少？

解　把电压放大倍数的复数表达式进行变换，将分母提取（jf/2）（jf/100），即有

$$\dot{A}_u = \frac{0.5f^2}{(\mathrm{j}f/2)(\mathrm{j}f/100)(1-\mathrm{j}2/f)(1-\mathrm{j}100/f)(1+\mathrm{j}f/10^5)}$$

$$\dot{A}_u = \frac{-100}{(1-\mathrm{j}2/f)(1-\mathrm{j}100/f)(1+\mathrm{j}f/10^5)}$$

根据上面的放大倍数表达式可画出对数幅频响应曲线，如图 3-17 所示。

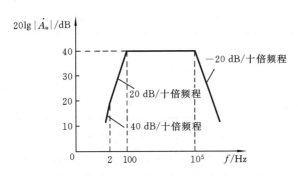

图 3-17　例 3-1 的对数幅频响应曲线

由对数幅频响应曲线可直接得到，其下限频率 $f_L = 100$ Hz；由放大倍数表达式得到，其中频电压放大倍数 $A_{usm} = -100$。

本例题应首先将表达式进行变换得到标准式，然后绘制 $\dot{A}_u$ 的幅频特性曲线。绘制幅频特性曲线时要注意抓住以下几个关键。

（1）确定转折频率。幅频特性的转折频率是使 $\dot{A}_u$ 表达式中各因式实部与虚部系数相等时的频率值。对本例而言，其转折频率有三个：$f_1 = 2$ Hz，$f_2 = 100$ Hz，$f_3 = 10^5$ Hz。

（2）确定中频段。本例中频段的范围是 100 Hz $< f < 10^5$ Hz。

（3）计算各段的斜率。对本例，$f < 2$ Hz 时的线段斜率为 40 dB/十倍频程，主要由 f^2 因子决定；2 Hz $< f < 100$ Hz 的线段斜率为 20 dB/十倍频程，主要是 $\dot{A}_u$ 分母中第一项因子使曲线斜率在原来 40 dB/十倍频程的基础上减小了 20 dB/十倍频程；同理，$\dot{A}_u$ 分母的第二项、第三项因子又相继引入了 -20 dB/十倍频程的斜率增量，从而使 100 Hz $< f < 10^5$ Hz 和 $f > 10^5$ Hz 两个线段的斜率分别变为 0 和 -20 dB/十倍频程。

画出幅频特性曲线后，便可由幅频特性图直接读出 f_L。绘制相频特性曲线时要注意以下几点。

（1）确定转折频率。$\dot{A}_u$ 的相角 φ 是 $\dot{A}_u$ 表达式中各因式相角的代数和。与幅频特性不同，相频特性的转折频率是使 $\dot{A}_u$ 表达式中各因式的实部与虚部系数相差 10 倍时的 f 值。

（2）确定中频段。在 100 Hz $< f < 10^5$ Hz 范围内，由 $\dot{A}_u$ 的表达式可知，相频特性可近似为 $\varphi = -180°$ 的直线段。

（3）计算其余各段的斜率。

3.3 场效应管基本放大电路的频率响应

3.3.1 场效应管的高频等效电路

由于场效应管各极之间存在极间电容,因而其高频响应与三极管的相似,大多数场效应管的参数如表 3-1 所示。

表 3-1 场效应管的主要参数

参数 管子类型	g_m/ms	r_{ds}/Ω	r_{gs}/Ω	C_{gs}/pF	C_{gd}/pF	C_{ds}/pF
结型	$0.1\sim10$	10^5	$>10^7$	$1\sim10$	$1\sim10$	$0.1\sim1$
绝缘栅型	$0.1\sim20$	10^4	$>10^9$	$1\sim10$	$1\sim10$	$0.1\sim1$

根据场效应管的结构,可得出图 3-18(a)所示的高频等效模型。由于一般情况下 r_{gs} 和 r_{ds} 比外接电阻大得多,因而,在近似分析时,可认为它们是开路的。对于跨接在栅-漏之间的电容 C_{gd},可将其进行等效变换,即将其折合到输入回路和输出回路,使电路单向化。这样,栅-源间的等效电容为

$$C'_{gs}=C_{gs}+(1-\dot{K})C_{gd}, \quad 其中 \dot{K}=-g_mR'_L$$

漏-源间的等效电容为

$$C'_{ds}=C_{ds}+\frac{\dot{K}-1}{\dot{K}}C_{gd}$$

由于输出回路的时间常数通常比输入回路的小得多,故分析频率特性时可忽略 C'_{ds} 的影响。这样就得到场效应管简化、单向化的高频等效模型,如图 3-18(b)所示。

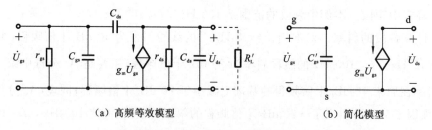

(a) 高频等效模型　　　　　　　　(b) 简化模型

图 3-18 场效应管的高频等效

3.3.2 场效应管基本放大电路的频率响应

与三极管基本放大电路相同,将场效应管的高频等效电路取代放大电路交流通路中的场效应管,就得到放大电路的高频等效电路,求解 C'_{gs} 所在回路的时间常数,即可求出上限频率。

图 3-19(a)所示电路为由 N 沟道结型场效应管组成的基本共源放大电路,其高频等效电路如图 3-19(b)所示,因而上限频率为

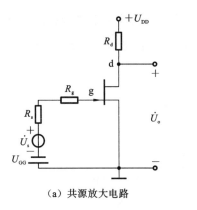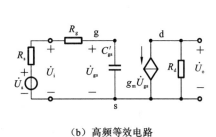

（a）共源放大电路　　　　　　　（b）高频等效电路

图 3-19　共源放大电路及其高频等效

$$f_H = \frac{1}{2\pi\tau} = \frac{1}{2\pi(R_s + R_g)C'_{gs}}$$

中频电压放大倍数为

$$\dot{A}_{usm} = -g_m R_d$$

频率从 0 至无穷大的电压放大倍数为

$$\dot{A}_{us} = \dot{A}_{usm} \cdot \frac{1}{\left(1 + j\dfrac{f}{f_H}\right)}$$

若放大电路与信号源或者放大电路与负载电阻采用阻容耦合方式连接,则可通过求耦合电容所在回路时间常数的方法求解下限频率,这里不再赘述。

3.4　多级放大电路的频率响应

在多级放大电路中将有多个放大管(即有多个 C'_π 或 C'_{gs})影响电路的高频特性,在阻容耦合多级放大电路中还有多个耦合电容或旁路电容影响电路的低频特性,每一个电容都构成一个 RC 回路。本节将讨论多级放大电路的截止频率与电路中每个电容回路的时间常数的关系。

3.4.1　多级放大电路频率响应的分析

为简单起见,假设有一个两级放大电路,且 $A_{usm1} = A_{usm2}$, $f_{L1} = f_{L2}$, $f_{H1} = f_{H2}$,即电路由两个通带电压增益相同、频率响应相同的单级放大电路构成。单级和两级放大电路的频率响应如图 3-20 所示。

设每级电路的中频电压放大倍数为 $A_{usm} = A_{usm1} = A_{usm2}$,则每级的上限频率 $f_{H1} = f_{H2}$ 和下限频率 $f_{L1} = f_{L2}$ 对应的电压放大倍数为 $0.707A_{usm}$。由第二章已知,两级放大电路的电压放大倍数为 $\dot{A}_u = \dot{A}_{u1} \cdot \dot{A}_{u2}$,则中频区电压放大倍数为 $A_{um} = A_{usm1} \cdot A_{usm2} = A_{usm}^2$,这时候和 $f_{L1} = f_{L2}$ 处对应的电压放大倍数为 $\dot{A}_u = \dot{A}_{ush1} \cdot \dot{A}_{ush2} = 0.5A_{usm}^2$,并且各级放大电路均产生 $45°$ 的附加相移,故该两级放大电路产生 $90°$ 的附加相移。同理, $f_{H1} = f_{H2}$ 处对应的电压放

倍数为 $\dot{A}_u = 0.5A_{usm}^2$，并且电路产生 $-90°$ 的附加相移。根据放大电路频带的定义，两级放大电路的上限频率 f_H 和下限频率 f_L 对应的电压放大倍数为 $\dot{A}_{usl} = \dot{A}_{ush} = A_{um}^2 = 0.707A_{usm}^2$。由此可知，$f_H < f_{H1} = f_{H2}$；$f_L > f_{L1} = f_{L2}$。

总的频带为

$$f_{BW} = f_H - f_L < f_{H1} - f_{L1} = f_{H2} - f_{L2}$$

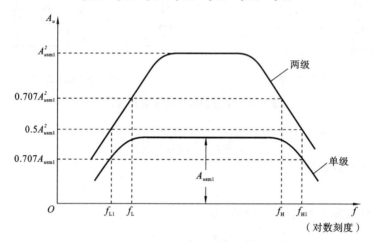

图 3-20　单级和两级放大电路的幅频特性

推广到多级放大电路，其总的电压放大倍数是各级放大倍数的乘积为

$$\dot{A}_u = \dot{A}_{u1} \cdot \dot{A}_{u2} \cdots \dot{A}_{un}$$

分析表明，多级放大电路的频带窄于单级放大电路的频带；多级放大电路的上限频率小于单级放大电路的上限频率；多级放大电路的下限频率大于单级的下限频率。也就是说，虽然多级放大电路的总电压增益提高了，但是通频带变窄了。

3.4.2　截止频率的估算

由前可知，多级放大电路的电压放大倍数为

$$\dot{A}_u = \dot{A}_{u1} \cdot \dot{A}_{u2} \cdots \dot{A}_{un}$$

用各级放大电路的低频电压放大倍数表达式代入上式，可得出多级放大电路低频段的电压放大倍数 A_{ul} 为

$$|\dot{A}_{u1}| = \prod_{k=1}^{N} \frac{|\dot{A}_{umk}|}{\sqrt{1 + \left(\dfrac{f_{Lk}}{f}\right)^2}}$$

根据截止频率 f_L 的定义，当 $f = f_L$ 时，电压放大倍数下降到中频区的 $1/\sqrt{2}$，则

$$|\dot{A}_{u1}| = \frac{\prod_{k=1}^{N} |\dot{A}_{umk}|}{\sqrt{2}}$$

即

$$\prod_{k=1}^{N} \sqrt{1 + \left(\frac{f_{Lk}}{f_L}\right)^2} = \sqrt{2}$$

计算可得

$$f_L \approx 1.1 \sqrt{\sum_{k=1}^{N} f_{Lk}^2}$$

同理,用各级放大电路的高频电压放大倍数表达式代入进去,可得出多级放大电路高频段的电压放大倍数 A_{uh} 为

$$|\dot{A}_{uh}| = \prod_{k=1}^{N} \frac{|\dot{A}_{umk}|}{\sqrt{1 + \left(\dfrac{f}{f_{Hk}}\right)^2}}$$

当 $f = f_H$ 时,电压放大倍数下降到中频区的 $1/\sqrt{2}$,则

$$\frac{1}{f_H} \approx 1.1 \sqrt{\sum_{k=1}^{N} \frac{1}{f_{Hk}^2}}$$

根据以上分析可知,若两级放大电路是由两个具有相同频率特性的单管放大电路组成,则其上、下限频率分别为

$$\begin{cases} \dfrac{1}{f_H} \approx 1.1 \sqrt{\dfrac{2}{f_{H1}^2}}, f_H \approx \dfrac{f_{H1}}{1.1\sqrt{2}} \approx 0.643 f_{H1} \\ f_H \approx 1.1 \sqrt{2} f_{L1} \approx 1.56 f_{L1} \end{cases}$$

对各级具有相同频率特性的三级放大电路,其上、下限频率分别为

$$\begin{cases} \dfrac{1}{f_H} \approx 1.1 \sqrt{\dfrac{3}{f_{H1}^2}}, f_H \approx \dfrac{f_{H1}}{1.1\sqrt{3}} \approx 0.52 f_{H1} \\ f_H \approx 1.1 \sqrt{3} f_{L1} \approx 1.91 f_{L1} \end{cases}$$

可见,三级放大电路的通频带几乎是单级电路的一半。放大电路的级数愈多,频带愈窄。对于有多个耦合电容和旁路电容的单管放大电路,在分析下限频率时,应先求出每个电容所确定的截止频率,然后求出电路的下限频率。

【例 3-2】 已知某电路的各级均为共射放大电路,其对数幅频特性如图 3-21 所示。试问:

(1) 电路为几级放大电路? 电路采用哪种耦合方式?

(2) 电压放大倍数 $\dot{A}_u = $?

(3) 当 $f = 10^4$ Hz 时,求附加相移。

(4) 该电路实际的上限截止频率约为多少?

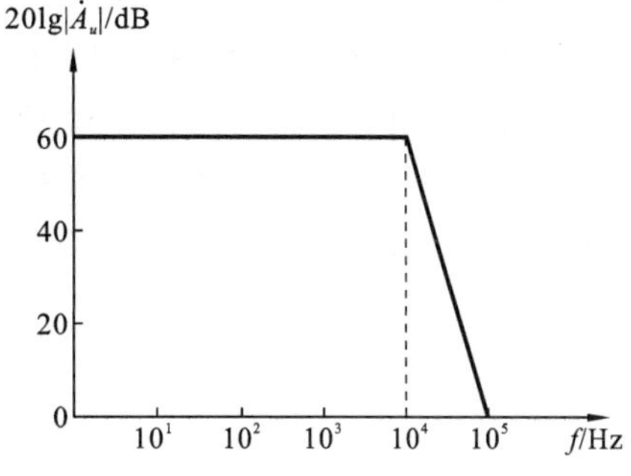

解 (1) f 从 10^4 Hz 变到 10^5 Hz,其增益下降了 60 dB,说明电路为三级放大电路;无下限频率说明电路采用了直接耦合方式。

(2) f 从 10^4 Hz 变到 10^5 Hz,其增益下降了 60 dB,说明每级电路的上限频率均为 10^4 Hz。$20\lg|\dot{A}_{um}| = 60$ dB,电路各级均为共射电路,$\dot{A}_{um} = -10^3$,所以

图 3-21 例 3-2 的对数幅特性曲线

$$\dot{A}_u = \frac{-10^3}{\left(1 + j\dfrac{f}{10^4}\right)^3}$$

(3) 当 $f = 10^4$ Hz 时,因为每级电路的附加相移均为 $-45°$,所以电路的总附加相移为 $-135°$。

(4) 该电路的实际上限截止频率

$$f_H \approx 0.52 f_{H1} = (0.52 \times 10^4) \text{ Hz} = 5.2 \text{ kHz}$$

本 章 小 结

本章主要讲述有关频率响应的基本概念,介绍三极管的高频等效模型,并阐述了放大电路频率响应的分析方法。

1. 频率响应概念

频率响应描述放大电路对不同频率信号的适应能力。耦合电容和旁路电容所在回路为高通电路,在低频段放大倍数数值下降,并产生超前相移。极间电容所在回路为低通电路,在高频段放大倍数数值下降,且产生滞后相移。在研究放大电路的频率响应时,通常采用波特图表示,即在画频率特性曲线时采用对数坐标。

2. 单管放大电路的频率响应

(1) 在研究频率响应时,应采用三极管(场效应管)的高频等效模型(混合 π 型等效模型)。在三极管高频等效模型中,极间电容等效为 C'_π。

(2) 放大电路的上限频率 f_H 和下限频率 f_L 取决于电容所在回路的时间常数 τ,即上限频率 $f_H = \dfrac{1}{2\pi\tau_H}$,下限频率 $f_L = \dfrac{1}{2\pi\tau_L}$。通频带 f_{BW} 等于 f_H 与 f_L 之差($f_H - f_L$)。

(3) 对于单管共射极(共源极)放大电路,若已知 f_H、f_L 和中频放大倍数 A_{um}(或 A_{usm}),便可画出波特图,写出频率从零到无穷大情况下的放大倍数 $\dot{A}_u$(或 $\dot{A}_{us}$)的表达式。当 $f = f_L$ 或 $f = f_H$ 时,增益下降 3 dB,附加相移为 $+45°$ 或 $-45°$。

3. 多级放大电路的频率响应

多级放大电路的波特图是已考虑了前后级相互影响的各级波特图的代数和。对于多级放大电路,总的电压放大倍数提高了,但是通频带变窄了。若各级上限频率或下限频率相差较大,则可以近似地认为各上限频率中最低的上限频率为整个电路的上限频率,各下限频率中最高的下限频率为整个电路的下限频率。

习 题

3.1 电路的频率响应是指对于不同频率的输入信号,其放大倍数的变化情况。高频时放大倍数下降的主要原因是由于_____的影响,低频时放大倍数下降的主要原因是由于_____的影响。

3.2 多级放大电路的通频带比组成它的各个单级放大电路的通频带_____。

3.3 多级放大电路在高频时产生的附加相移比组成它的各个单级放大电路在相同频率产生的附加相移_____。

3.4 已知某放大电路的波特图如题 3.4 图所示,填空:

(1) 电路的中频电压增益 $20\lg|A_{um}| = $ _____ dB,$A_{um} = $ _____ 。

(2) 电路的下限频率 $f_L = $ _____ Hz,上限频率 $f_H = $ _____ Hz。

(3) 电路的电压放大倍数的表达式 $\dot{A}_u = $ _____ 。

(4) 在 $f = 10^5$ Hz 处,与中频相比,附加相移大约 _____(超前/滞后) _____ 度。

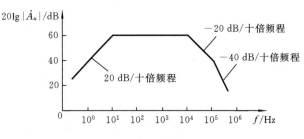

题 3.4 图

3.5 当信号频率等于放大电路的 f_L 或 f_H 时,放大倍数的值约下降到中频时的( )。

A. 0.5   B. 0.7   C. 0.9

增益下降( )。

A. 3 dB   B. 4 dB   C. 5 dB

3.6 对于单管共射极放大电路,当 $f = f_L$ 时,$\dot{U}_o$ 与 $\dot{U}_i$ 相位的关系是( )。

A. $+45°$ B. $-90°$ C. $-135°$

当 $f = f_H$ 时,$\dot{U}_o$ 与 $\dot{U}_i$ 相位的关系是( )。

A. $-45°$ B. $-225°$ C. $-135°$

3.7 已知某电路的波特图如题 3.7 图所示,试写出 $\dot{A}_u$ 的表达式。

3.8 已知某共射极放大电路的波特图如题 3.8 图所示,试写出 $\dot{A}_u$ 的表达式。

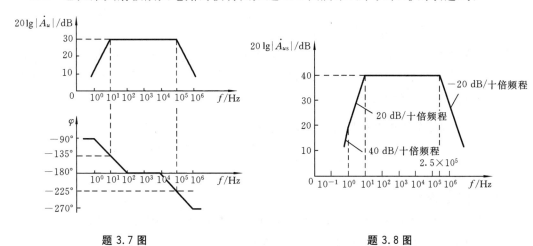

题 3.7 图   题 3.8 图

3.9 已知某电路的幅频特性如题 3.9 图所示,试问:

(1) 该电路的耦合方式。

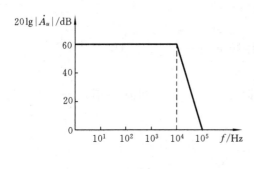

题 3.9 图

（2）该电路由几级放大电路组成。

（3）当 $f=10^4$ Hz 时,附加相移为多少? 当 $f=10^5$ Hz 时,附加相移又约为多少?

3.10 若某电路的幅频特性如题 3.9 图所示,试写出 $\dot{A}_u$ 的表达式,并近似估算该电路的上限频率 f_H。

3.11 已知某电路电压放大倍数

$$\dot{A}_u = \frac{-10\mathrm{j}f}{\left(1+\mathrm{j}\dfrac{f}{10}\right)\left(1+\mathrm{j}\dfrac{f}{10^5}\right)}$$

试求解:

（1）A_{usm}、f_L、f_H。

（2）画出波特图。

3.12 已知两级共射极放大电路的电压放大倍数

$$\dot{A}_u = \frac{200\mathrm{j}f}{\left(1+\mathrm{j}\dfrac{f}{5}\right)\left(1+\mathrm{j}\dfrac{f}{10^4}\right)\left(1+\mathrm{j}\dfrac{f}{2.5\times10^5}\right)}$$

试求解:

（1）A_{usm}、f_L、f_H。

（2）画出波特图。

3.13 电路如题 3.13 图所示,已知 $R=2$ kΩ, $C=1$ uF。

（1）计算下限截止频率,画出幅频特性(波特图);

（2）电压增益为 -20 dB、-40 dB 时的对应频率是多少?

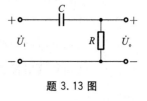

题 3.13 图

3.14 已知某单管放大电路电压放大倍数为

$$\dot{A}_u = 150\mathrm{j}\frac{f}{20} \bigg/ \left[\left(1+\mathrm{j}\frac{f}{20}\right)\left(1+\mathrm{j}\frac{f}{10^7}\right)\right]$$

说明其下限截止频率为 ＿＿＿＿ Hz,上限截止频率为 ＿＿＿＿ Hz,中频电压放大倍数为 ＿＿＿＿,输出电压与输入电压在中频时的相位差为 ＿＿＿＿ 度。此电路可能为 ＿＿＿＿ 单管放大电路(填共射、共集或者共基)。

3.15 已知某放大电路电压放大倍数 $\dot{A}_u = \dfrac{2\mathrm{j}f}{\left(1+\mathrm{j}\dfrac{f}{50}\right)\left(1+\mathrm{j}\dfrac{f}{10^6}\right)}$。

（1）求解 $\dot{A}_{um}$、f_L、f_H;

（2）画出波特图。

3.16 由三极管、电阻和电容等器件组成的共射极放大电路如题 3.16 图所示,设三极管的 $\beta=100$, $r_{be}=6$ kΩ, $r_{bb'}=100$ Ω, $f_T=100$ MHz, $C_\mu=4$ pF。

（1）估算中频电压放大倍数 A_{usm}。

（2）估算上限频率 f_H。

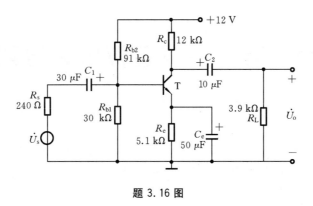

题 3.16 图

第4章 集成运算放大电路

【基本概念】

集成运放,零点漂移,差动放大电路,共模信号和差模信号,共模抑制比,甲类、乙类、甲乙类,交越失真,最大输出功率、转换效率和功放管管耗,复合管,集成运放的主要参数。

【重点与难点】

(1)集成运算放大电路(简称集成运放电路)中电流源的形式;

(2)差动放大电路的分析方法;

(3)甲类、乙类、甲乙类功放的特点,克服失真的方法;甲乙类互补对称功放的工作原理及有关指标的估算。

【基本分析方法】

(1)如何估算差动放大电路的静态工作点和动态参数。

(2)功放电路最大输出功率和效率的分析计算;功放电路实际输出功率与效率的分析计算;功放管的选择。

在半导体制造工艺的基础上,把整个电路中的元器件制作在一块硅基片上,构成特定功能的电子电路,称为集成电路。集成电路按其功能分为数字集成电路和模拟集成电路。模拟集成电路是用来产生、放大和处理各种模拟信号的集成电路,常见的有集成运算放大器(简称集成运放)、集成功率放大器、集成锁相环、模数和数模转换器、稳压电源等。集成运放作为模拟集成电路中应用极为广泛的一种,有如下特点。

(1)由于集成工艺不能制作大容量的电容,因此电路结构均采用直接耦合方式。

(2)为了提高集成度(指在单位硅片面积上所集成的元件数)和集成电路性能,一般集成电路的功耗要小,这样集成运放各级的偏置电流通常较小。

(3)集成运放中的电阻元件是利用硅半导体材料的体电阻制成的,所以集成电路中的电阻阻值范围有一定限制,一般在几十欧姆到几万欧姆,电阻阻值太大或太小都不易制造。

(4)在集成电路中,制造有源器件(三极管、场效应管等)比制造大电阻占用的面积小,且工艺上也不麻烦,因此在集成电路中大量使用有源器件来组成有源负载,从而获得大电阻,提高放大电路的放大倍数,还可以将有源器件组成电流源,以获得稳定的偏置电流。二极管常用三极管代替。

(5)由于集成电路中所有元件同处在一块硅片上,相互距离非常近,且在同一工艺条件下制造,因此,尽管各元件参数的绝对精度差,但它们的相对精度好,故对称性能好,特别适宜制作对称性要求高的电路,如差动电路(又称差分电路)、镜像电流源等。

(6)集成运算放大电路中,采用复合管的接法以改进单管性能。

4.1 集成运放电路

集成运放电路是一种高放大倍数、高输入电阻、低输出电阻的多级直接耦合放大电路。集成运放电路一般由输入级、中间级、输出级和偏置电路等四部分组成，图 4-1 为典型集成运放电路的原理框图。

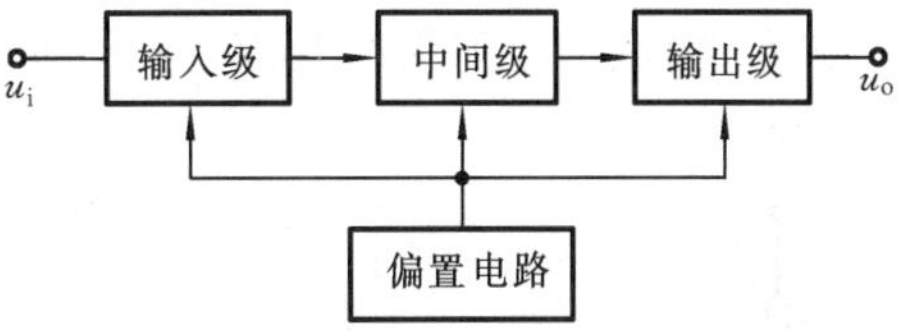

图 4-1 集成运放电路的原理框图

输入级的作用是提供与输出端呈同相关系和反相关系的两个输入端，通常采用差动放大电路，对其要求是温度漂移要小，输入电阻要大。中间级主要是完成电压放大任务，要求有较高的电压增益，一般采用带有源负载的共射极电压放大电路。输出级向负载提供一定的功率，属于功率放大，一般采用互补对称的功率放大电路。偏置电路向各级提供合适稳定的静态工作电流，从而确定合适的静态工作点，一般采用电流源。除此之外还有一些辅助环节，例如：电平偏移电路是调节各级工作电压的，即当输入端信号为零时，要求输出端对地也为零；短路保护（过流保护）电路是防止输出端短路时损坏内部管子的。以下各节将分别对各部分电路进行分析。

4.2 电流源电路

在电子电路中，特别是在模拟集成电路中，广泛使用不同类型的电流源。它一方面可以为各种基本放大电路提供稳定的偏置电流，另一方面也可以用作放大电路的有源负载。下面讨论几种常见的电流源。

4.2.1 镜像电流源

镜像电流源电路如图 4-2 所示。图中 T_1、T_2 组成对管，R 为限流电阻。两管的特性完全相同，即 $\beta_1=\beta_2=\beta$，且两管的基极和发射极分别接在一起，因而可以认为两管中的电流 I_{C1}、I_{C2} 相等，于是对 T_1 管应用 KCL，有

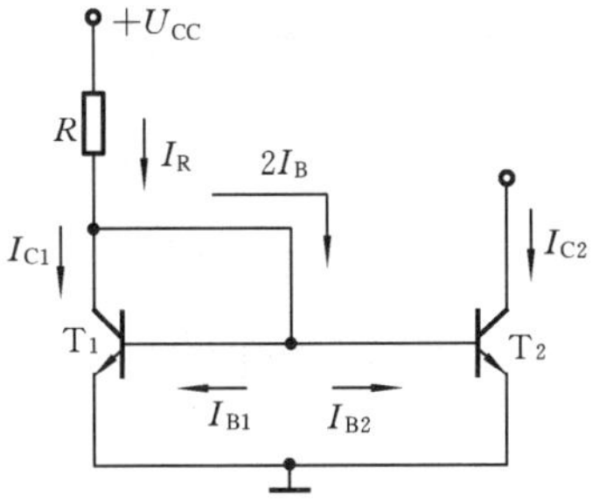

图 4-2 镜像电流源

$$I_R = I_{C1} + 2I_B = I_{C2} + 2I_B = \left(1+\frac{2}{\beta}\right)I_{C2}$$

又

$$I_R = \frac{U_{CC}-U_{BE1}}{R}$$

则当 $\beta \gg 2$，$U_{CC} \gg U_{BE}$ 时，有

$$I_{C2} \approx I_R = \frac{U_{CC}-U_{BE1}}{R} \approx \frac{U_{CC}}{R}$$

由上式可知，当 R 确定后，I_R 就确定了，则 I_{C2} 就确定了，不管 T_2 集电极支路中的负载如何变化，$I_{C2}\approx I_R$，I_{C2} 就如同在镜子中的影像一样，故称该电路为镜像电流源电路，I_R 称为电流源的基准电流。

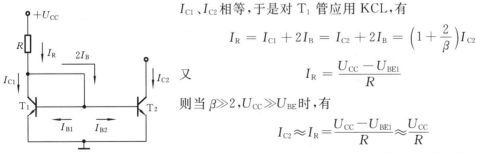

当 $\beta \gg 2$，$U_{CC} \gg U_{BE}$ 时，$I_R \approx \dfrac{U_{CC}}{R}$，由此可见，$I_R$ 与三极管的参数无关，因而具有很好的温度稳定性和较好的恒流特性。但 I_R 受电源变化的影响大，所以要求电源十分稳定。当然，这种电路也存在缺点，就是 β 不够大时，I_{C2} 与 I_R 之间误差较大。

4.2.2 比例电流源

比例电流源的电路如图 4-3 所示。它是在镜像电流源的 T_1、T_2 的发射极分别接电阻 R_1 和 R_2 构成的。如果改变 R_1 与 R_2 阻值的比例，即可得到不同比例的电流，故称之为比例电流源。

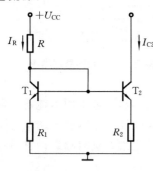

图 4-3 比例电流源

由图 4-3 可知

$$U_{BE1} + I_{E1}R_1 = U_{BE2} + I_{E2}R_2$$

由于 T_1 和 T_2 是用相同的工艺做在同一硅片上的两个相邻的三极管，因此可以认为它们的 U_{BE} 值基本相等，则上式变为

$$I_{E1}R_1 = I_{E2}R_2$$

当 $\beta \gg 2$ 时

$$I_{E1} \approx I_{C1} = I_R - 2I_{B1} \approx I_R$$

则

$$I_{C2} \approx I_{E2} \approx \frac{R_1}{R_2}I_R$$

可见比例电流源中两个管子电流的大小近似与它们发射极电阻的阻值成反比。

4.2.3 微电流源

为了在不使用大电阻的条件下能够获得微安级的小电流，在镜像电流源中 T_2 的发射极接入一个电阻 R_e，如图 4-4 所示。

接入 R_e 后，有

$$\Delta U_{BE} = U_{BE1} - U_{BE2} \approx I_{E2}R_e$$

所以

$$I_{C2} \approx I_{E2} = \frac{\Delta U_{BE}}{R_e}$$

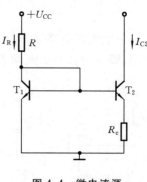

图 4-4 微电流源

在上式中，由于 ΔU_{BE} 非常小，因此可以用阻值不大的 R_e 获得非常小的电流 I_{C2}，因此称之为微电流源。

由二极管电流方程 $I_E \approx I_S \cdot e^{U_{BE}/U_T}$ 可知

$$U_{BE1} = U_T \ln \frac{I_{E1}}{I_S}, \quad U_{BE2} = U_T \ln \frac{I_{E2}}{I_S}$$

又因为

$$I_{C2} \approx I_{E2}, \quad I_{C1} \approx I_{E1} \approx I_R$$

则

$$I_{C2} \approx I_{E2} = \frac{\Delta U_{BE}}{R_e} = \frac{U_T}{R_e} \ln \frac{I_R}{I_{C2}}$$

当基准电流 I_R 和所需要的输出电流 I_{C2} 确定以后，则可以很容易求得 R_e 和限流电阻阻值 R。与镜像电流源相比，微电流源有如下优点：

（1）用小电阻实现了微电流源。

（2）由于引入了电流负反馈电阻 R_e，因此微电流源的输出电阻比 T_2 管的输出电阻 r_{ce2} 大得多，使输出电流 I_{C2} 更加稳定。

（3）当电源电压发生变化时，基准电流 I_R 和 ΔU_{BE} 也将变化，由于 R_e 的值一般为数千欧姆，使 $U_{BE2} \ll U_{BE1}$，以致 T_2 管的 U_{BE2} 值很小而工作在输入特性的弯曲部分，则 I_{C2} 的变化远小于 I_R 的变化，故电源电压波动对 I_{C2} 的影响不大。

4.2.4 多路电流源

用一个参考电流去控制多个输出电流，就构成了多路电流源，如图 4-5 所示。图 4-5 中 T_1 与 T_2、T_2 与 T_3 分别构成微电流源，T_2 与 T_4 构成基本镜像电流源。多路电流源通常用于集成电路中作偏置电路，同时给多个放大器提供偏置电流。

4.2.5 作为有源负载的电流源

电流源在集成电路中除了设置偏置电流外，还可作为放大器的有源负载，以提高电压放大倍数。图 4-6 所示的是带有源负载的共射极放大电路，T_1 是放大管，T_2 和 T_3 组成镜像电流源作为 T_1 管的负载电阻 R_c。

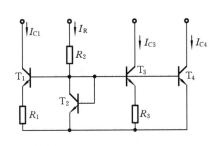

图 4-5 多路电流源

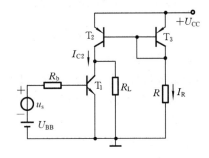

图 4-6 带有源负载的共射极放大电路

在求放大电路的电压放大倍数时，得出电压放大倍数和负载电阻 R'_L 成正比。提高负载 R'_L 有利于放大倍数的提高。因为 $R'_L = R_c \mathbin{/\mkern-3mu/} R_L$，所以提高负载 R'_L，可以通过增大 R_c 来实现。但 R_c 增大，影响静态工作点，使放大电路的动态范围减小。而电流源具有交流电阻大、直流电阻小的特点，故用电流源代替电阻 R_c，将有效地提高该级的电压放大倍数。

4.3 差动放大电路

集成运放是一个高增益的多级直接耦合放大器，直接耦合会给放大电路带来零点漂移，即在放大电路输入端无输入信号的情况下，输出端还有缓慢变化的输出电压。这个输出电压并不是输入信号经放大器输出的信号电压。引起零点漂移（简称零漂）的原因很多，其中温度的变化影响最大，因此零漂又称温漂。温漂的实质是温度的变化引起放大器静态工作点的变化。

对于直接耦合放大电路，前级的温漂耦合到后级并被逐级放大，致使放大电路的输出端产生较大的漂移电压,放大电路的级数越多、放大倍数越大,漂移越严重。温漂会使静态工作点偏离原设计值,使放大电路无法工作;严重时漂移电压甚至"淹没"有效信号,使有效信号无法被辨别,这时放大电路就没有使用价值了。为了解决温漂问题,比较有效的办法就是采用差动放大电路,因此差动放大电路称为集成运放的主要组成单元。

4.3.1 基本差动放大电路

图 4-7 所示的是一个基本差动放大电路,它由两个特性相同的晶体管组成对称电路,电路参数也对称,即 $R_{s1} = R_{s2} = R_s$,$R_{b1} = R_{b2} = R_b$,$R_{c1} = R_{c2} = R_c$。电路中有两个输入端和两个输出端,称为双端输入-双端输出电路。

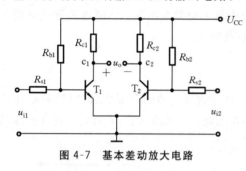

图 4-7 基本差动放大电路

1. 差模信号和共模信号

差动放大电路的输入信号可以分为差模信号和共模信号。

当在电路的两个输入端各加一个大小相等而极性相反的信号,即 $u_{i1} = -u_{i2} = u_{id}/2$ 时,输入信号称为差模信号,其输入方式称为差模输入。在差模信号的作用下,一个管子电流增加,另一个管子电流则减小,所以输出信号电压 $u_o = u_{c1} - u_{c2} \neq 0$,即在两管集电极输出端有信号电压输出。

当在电路的两个输入端各加一个大小相等且极性相同的信号,即 $u_{i1} = u_{i2} = u_{ic}$ 时,输入信号称为共模信号,其输入方式称为共模输入。在共模信号的作用下,电路中两个管子的电流将同量增加,集电极的电位将同量降低,所以 $u_o = u_{c1} - u_{c2} = 0$,即两管集电极输出端的输出电压为零。

当在电路的两个输入端各加一个任意的信号电压 u_{i1} 和 u_{i2},用差模信号 u_{id} 和共模信号 u_{ic} 表示两个输入信号时,有

$$u_{i1} = u_{ic} + \frac{u_{id}}{2}$$

$$u_{i2} = u_{ic} - \frac{u_{id}}{2}$$

整理得

$$u_{id} = u_{i1} - u_{i2}$$

$$u_{ic} = \frac{u_{i1} + u_{i2}}{2}$$

即差模信号是两个输入信号之差,共模信号是两个输入信号的算术平均值。

2. 工作原理

当电路工作在静态(输入信号为零)时,由于电路和参数完全对称,因此有 $I_{C1} = I_{C2} = I_C$,又因为集电极回路 $U_C = U_{CC} - I_C R_c$,所以 $U_{C1} = U_{C2} = U_C$,即 $U_o = U_{C1} - U_{C2} = 0$。由此可知,输入信号为零时,输出信号电压 U_o 也为零。如果温度上升使两管的电流均增加,则集电极电位 U_{C1}、U_{C2} 均下降。由于两管处于同一环境温度,因此两管电流的变化量和集电极电压

变化量都大小相等且方向相同,所以输出电压仍为零,也就是说差动放大电路依靠电路的对称性抵消了温漂的影响。由此可见,温度的影响就如同在电路两端加了共模信号,所以常常用对共模信号的抑制能力来反映电路对温漂的抑制能力。

4.3.2　长尾式差动放大电路

由于基本差动放大电路是抵消温漂,而不是消除温漂,因此一方面电路难以完全对称,致使电路依然存在温漂,另一方面当温度变化范围很大时,两管可能同时进入截止区或同时进入饱和区,从而失去放大能力。另外,实际应用中常常需要单端输出,此时管子的集电极对地的温漂得不到抵消,为此改进的方向是使每个管子的漂移量尽量小,可采用长尾式差动放大器,电路如图 4-8 所示。

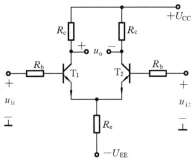

图 4-8　长尾式差动放大电路

1. 工作原理

长尾式差动放大电路,即在两个三极管的发射极接入一个电阻 R_e,这个电阻通常称为"长尾"。

若电路有共模输入,则两管集电极电流均增大,流过电阻 R_e 的电流也增大,致使三极管的发射极电位 U_E 升高,因而两个三极管的发射结电压 $U_{BE}=U_B-U_E$ 将随之减小,结果又使两管的集电极电流减小,从而稳定了 Q 点。长尾 R_e 的这种作用类似第 2 章介绍的射极偏置电路中发射极电阻的作用。因此,R_e 对共模信号有抑制作用,即有效地改善了单管温漂。

当电路加上差模输入电压时,由于两个三极管的输入电压大小相等、方向相反,且电路结构和参数均对称,可认为 I_{C1} 的变化量与 I_{C2} 的变化量相等,也是大小相等、方向相反,则流过 R_e 的电流没有变化,于是发射极电位 U_E 也保持不变,因此,R_e 不影响电路对差模输入信号的放大作用。

2. 静态特性

当输入信号等于零时,图 4-8 所示的长尾式差动放大电路可以画成如图 4-9 所示的电路。由于电路的左右两个部分完全对称,因此有 $I_{C1}=I_{C2}=I_{CQ}$,$I_{B1}=I_{B2}=I_{BQ}$,$I_{E1}=I_{E2}=I_{EQ}$,$U_{C1}=U_{C2}=U_{CQ}$。对左边输入回路应用 KVL,有

$$I_{BQ}R_b + U_{BEQ} + 2I_{EQ}R_e = U_{EE}$$

则

$$I_{BQ} = \frac{U_{EE}-U_{BEQ}}{R_b+2(1+\beta)R_e}$$

通常有 $2(1+\beta)R_e \gg R_b$,$\beta \gg 1$,则

$$I_{CQ} \approx I_{EQ} = (1+\beta)I_{BQ} = \frac{U_{EE}-U_{BEQ}}{2R_e}$$

$$U_{CQ} = U_{CC} - I_{CQ}R_c$$

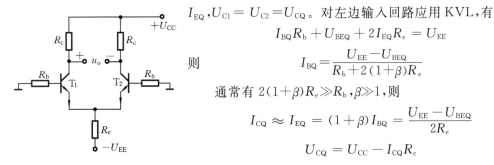

图 4-9　计算 Q 点的等效电路

3. 动态特性

1) 共模电压放大倍数 A_{uc}

当两个输入端接入共模输入电压,即 $u_{i1}=u_{i2}=u_{ic}$ 时,因两管的电流变化量大小相等、方

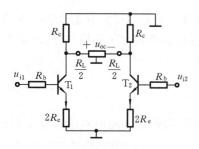

图 4-10　长尾式差动放大电路的共模输入交流通路

向相同,所以 $u_e=i_eR_e=2i_{e1}R_e$,即对每管而言,相当于发射极接入了 $2R_e$ 的电阻,其交流通路如图 4-10 所示。

共模电压放大倍数 A_{uc} 是在共模输入信号的作用下,产生的输出电压 u_{oc} 与共模输入电压 u_{ic} 之比。由于电路完全对称,因此输出电压 $u_o=u_{c1}-u_{c2}=0$,则共模电压放大倍数为

$$A_{uc}=\frac{u_{oc}}{u_{ic}}=\frac{u_{c1}-u_{c2}}{u_{ic}}=0$$

共模信号就是由温度变化引起的漂移信号或者是其他伴随输入信号一起加入的干扰信号(对两边输入相同的干扰信号),因此,共模电压放大倍数越小,说明放大电路的性能越好。

2) 差模电压放大倍数 A_{ud}

当两个输入端接入差模输入电压,即 $u_{i1}=-u_{i2}=u_{id}/2$ 时,因两管的电流变化量大小相等、方向相反,所以流过 R_e 的电流不变,即 $u_e=0$。也就是说,R_e 在差模信号下可视为短路,因此差模输入时的交流通路如图 4-11 所示。

如果在两个三极管的集电极之间接负载电阻 R_L,差模输入时,一个三极管的集电极电位降低,另一管集电极电位升高,且大小相等,则可以认为 R_L 的中点电位保持不变,即在 $R_L/2$ 处相当于交流接地,因此可以认为每个三极管的集电极与地之间接有 $R_L/2$ 的负载电阻。该交流通路的微变等效电路如图 4-12 所示。

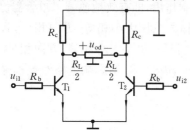

图 4-11　长尾式差动放大电路的差模输入交流通路

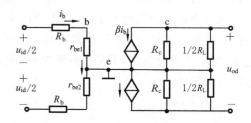

图 4-12　差模输入时双端输入-双端输出的微变等效电路

差模电压放大倍数 A_{ud} 是在差模输入信号的作用下,产生的输出电压 u_{od} 与差模输入电压 u_{id} 之比,即

$$A_{ud}=\frac{u_{od}}{u_{id}}=\frac{u_{c1}-u_{c2}}{u_{i1}-u_{i2}}=-\frac{2\beta\left(R_c /\!/ \frac{R_L}{2}\right)}{2(R_b+r_{be})}=-\frac{\beta\left(R_c /\!/ \frac{R_L}{2}\right)}{R_b+r_{be}}$$

由此可知,双端输入-双端输出的情况下,假设电路完全对称,则 $u_o=u_{oc}+u_{od}=u_{ic}A_{uc}+u_{id}A_{ud}=(u_{i1}-u_{i2})A_{ud}$,即输出电压只正比于差模信号电压,这也正是差动放大电路名称的由来。由上式可知,双端输出时,电路的电压放大倍数与单管时的一致,只需要注意负载的阻值即可。

3) 共模抑制比 K_{CMR}

共模抑制比 K_{CMR} 是差模电压放大倍数 A_{ud} 与共模放大倍数 A_{uc} 之比的绝对值,即

$$K_{\mathrm{CMR}} = \left| \frac{A_{ud}}{A_{uc}} \right|$$

共模抑制比可以更确切地表明差动电路的共模抑制能力,或者说反映了抑制温漂的能力。K_{CMR} 越大,表明差动电路共模抑制能力越强。共模抑制比有时也用分贝(dB)数来表示:

$$K_{\mathrm{CMR}} = 20\lg\left| \frac{A_{ud}}{A_{uc}} \right|$$

共模抑制能力是指差动电路在共模干扰下,正常放大差模信号的能力。在双端输出的差动放大电路中,若电路完全对称,则共模电压放大倍数 $A_{uc}=0$,其共模抑制比 K_{CMR} 将是一个很大的数值,理想情况下为无穷大。

4)共模输入电阻 R_{ic}

共模输入电阻 R_{ic} 是差动放大电路对共模信号源呈现的等效电阻。在数值上,R_{ic} 等于共模输入电压 u_{ic} 与共模输入电流 i_{ic} 之比,即

$$R_{\mathrm{ic}} = \frac{u_{\mathrm{ic}}}{i_{\mathrm{ic}}} = \frac{u_{\mathrm{i1}}}{i_{\mathrm{b1}} + i_{\mathrm{b2}}} = \frac{i_{\mathrm{b}}(R_{\mathrm{b}} + r_{\mathrm{be}}) + 2i_{\mathrm{e}}R_{\mathrm{e}}}{2i_{\mathrm{b}}} = \frac{1}{2}\left[(R_{\mathrm{b}} + r_{\mathrm{be}}) + 2(1+\beta)R_{\mathrm{e}} \right]$$

由上式可知,共模输入电阻是其单边共模信号通路输入电阻的 1/2。由于差动放大电路的对称性,R_{ic} 可视为两个单边共模输入电阻的并联阻值。

5)差模输入电阻 R_{id}

差模输入电阻 R_{id} 是差动放大电路对差模信号源呈现的等效电阻。在数值上,R_{id} 等于差模输入电压 u_{id} 与差模输入电流 i_{id} 之比,即

$$R_{\mathrm{id}} = \frac{u_{\mathrm{id}}}{i_{\mathrm{id}}} = \frac{2u_{\mathrm{i1}}}{i_{\mathrm{b1}}} = 2 \times \frac{i_{\mathrm{b}}(R_{\mathrm{b}} + r_{\mathrm{be}})}{i_{\mathrm{b}}} = 2(R_{\mathrm{b}} + r_{\mathrm{be}})$$

由上式可知,差模输入电阻是其单边差模信号通路输入电阻的 2 倍,即 R_{id} 可视为两个单边差模输入电阻的串联阻值。

6)差模输出电阻 R_{od}

差模输出电阻 R_{od} 是在差模信号作用下从 R_{L} 两端向放大电路看去的等效电阻。由图 4-12 可知,双端输出的差动放大电路的差模输出电阻为

$$R_{\mathrm{od}} = 2R_{\mathrm{c}}$$

4.3.3　四种接法

由于差动放大电路有两个输入端和两个输出端,因此输入和输出有以下四种情况:双端输入-双端输出、单端输入-双端输出、双端输入-单端输出、单端输入-单端输出。

1. 单端输出

前面是针对双端输入-双端输出的电路进行分析的。如果差动放大电路如图 4-13 所示,仅从 T_2 管的集电极输出,那么这种电路称为双端输入-单端输出,下面就来分析该电路的动态性能指标。

1)共模电压放大倍数 A_{uc}

单端输出的形式下,由于输出信号就是单管集电极的

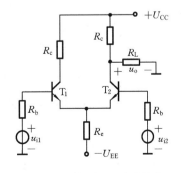

图 4-13　双端输入-单端输出
差动放大电路

对地电位,即 $u_{oc}=u_{c2}$,则 $A_{uc}=\dfrac{u_{oc}}{u_{ic}}=\dfrac{u_{c2}}{u_{i2}}$,也就是说单端输出的共模电压放大倍数是共模信号通路中单边放大电路的电压放大倍数。共模信号输入时,其单边微变等效电路如图 4-14 所示。

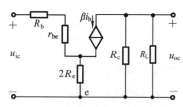

图 4-14　共模输入时双端输入-单端输出的单边微变等效电路

由图 4-14 可知

$$A_{uc}=\frac{u_{oc}}{u_{ic}}=\frac{-\beta i_b(R_c /\!/ R_L)}{i_b(R_b+r_{be})+(1+\beta)i_b 2R_e}$$

$$=\frac{-\beta(R_c /\!/ R_L)}{(R_b+r_{be})+(1+\beta)2R_e}$$

一般情况下,$(1+\beta)2R_e\gg(R_b+r_{be})$,$\beta\gg1$,则

$$A_{uc}\approx-\frac{(R_c /\!/ R_L)}{2R_e}$$

由上式可知,R_e 越大,A_{uc} 越小,说明它抑制共模信号的能力越强。

2)差模电压放大倍数 A_{ud}

单端输出的形式下,差模输入时,差动放大电路微变等效电路如图 4-15 所示,则

$$A_{ud}=\frac{u_{od}}{u_{id}}=+\frac{1}{2}\frac{\beta(R_c /\!/ R_L)}{(R_b+r_{be})}$$

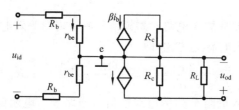

图 4-15　差模输入时双端输入-单端输出的微变等效电路

上式中,正号表示输出与输入同相。若电路输入信号极性不变,单端输出信号取自 T_1 管集电极,则输出与输入反相。另外,由上式和双端输出时的差模电压放大倍数相比可知,如果忽略负载(即空载时),则单端输出时差模电压放大倍数只有双端输出时的一半。

3)共模抑制比 K_{CMR}

$$K_{CMR}=\left|\frac{A_{ud}}{A_{uc}}\right|=\frac{R_b+r_{be}+(1+\beta)2R_e}{2(R_b+r_{be})}\approx\frac{\beta R_e}{R_b+r_{be}}$$

由上式可知,R_e 越大,抑制共模信号的能力越强,这与前面的分析是一致的。

单端输出时,总的输出电压为

$$u_o=u_{oc}+u_{od}=u_{ic}A_{uc}+u_{id}A_{ud}=u_{id}A_{ud}\left(\frac{u_{ic}}{K_{CMR}u_{id}}+1\right)$$

在实际设计电路时,应保证共模输出小于差模输出,这样差模信号才能很容易分离出来,从而进一步被放大。由上式可知,只有共模抑制比 K_{CMR} 大于共模信号与差模信号之比时,才能保证上式中第一项小于第二项,即共模输出小于差模输出,显然 K_{CMR} 越大,共模输出越小于差模输出,即共模抑制比越高,抑制共模信号的能力越强。

4)共模输入电阻 R_{ic} 和差模输入电阻 R_{id}

单端输出,不影响输入,因此输入电阻与双端输出的一致。

$$R_{ic} = \frac{u_{ic}}{i_{ic}} = \frac{1}{2}\left[(R_b + r_{be}) + 2(1+\beta)R_e\right]$$

$$R_{id} = \frac{u_{id}}{i_{id}} = 2(R_b + r_{be})$$

5）输出电阻 R_o。

由图 4-14 可知，单端输出的输出电阻 $R_o = R_c$。

2. 单端输入

实际电路中，有时要求放大电路的输入电路有一端接地，另一端接输入信号，这种输入方式称为单端输入，图 4-16(a) 所示的即为单端输入-双端输出电路。

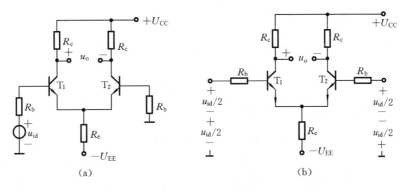

(a)   (b)

图 4-16 单端输入-双端输出差动放大电路

单端输入可以看作是双端输入的一种特殊情况，将图 4-16(a) 所示的输入端等效成图 4-16(b) 所示的输入端。由此可见，单端输入时，单管差模输入信号仍为 $u_{i1} - u_{i2} = u_{id}/2$，只是与此同时输入端还伴随着共模信号。若电路参数完全对称，则共模信号可以忽略，此时单端输入的放大效果与双端输入的一致，则单端输入时的各个动态性能指标和双端输入时的一致。

综上所述，差动放大电路的差模电压放大倍数仅与输出形式有关。如果是双端输出，则其差模电压放大倍数与单管放大电路电压放大倍数相同；如果是单端输出，则其差模电压放大倍数是单管放大电路电压放大倍数的一半（注意负载的不同）。输入电阻与输入、输出形式都无关；输出电阻则在单端输出时 $R_o = R_c$，在双端输出时 $R_o = 2R_c$。

【**例 4-1**】 差动放大电路如图 4-17 所示。已知 $+U_{CC} = +6$ V，$-U_{EE} = -6$ V，$R_b = 2$ kΩ，$R_c = 6$ kΩ，$R_e = 5.1$ kΩ，$U_{BE} = 0.7$ V，$\beta = 100$，$R_L = \infty$，试计算：

(1) 电路静态工作点；

(2) 差模电压放大倍数 A_{ud}；

(3) 差模输入电阻与输出电阻。

解 (1) 电路的静态工作点。

$$I_{BQ} = \frac{U_{EE} - U_{BEQ}}{R_b + 2(1+\beta)R_e} \approx 5.2 \ \mu A$$

$$I_{CQ} = \beta I_{BQ} = 0.52 \ mA$$

$$U_{CQ} = U_{CC} - I_{CQ}R_c = 2.88 \ V$$

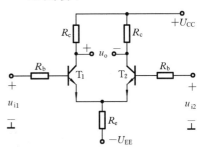

图 4-17 例 4-1 的电路

$$U_E = -U_{EE} + 2R_e I_{CQ} = -0.696 \text{ V}$$

$$U_{CEQ} = U_C - U_E = 3.576 \text{ V}$$

（2）差模电压放大倍数 A_{ud}。

$$A_{ud} = \frac{u_{od}}{u_{id}} = \frac{u_{c1} - u_{c2}}{u_{i1} - u_{i2}} = -\frac{2\beta R_c}{2(R_b + r_{be})} = -\frac{\beta R_c}{R_b + r_{be}}$$

其中

$$r_{be} = 200 + (1+\beta)\frac{26}{I_{EQ}} = \left[200 + (1+100) \times \frac{26}{0.52}\right] \Omega \approx 5.25 \text{ k}\Omega$$

于是得

$$A_{ud} = -\frac{100 \times 6}{2 + 5.25} = -83$$

（3）差模输入电阻与输出电阻。

$$R_{id} = \frac{u_{id}}{i_{id}} = \frac{2u_{i1}}{i_{b1}} = 2(R_b + r_{be}) = 14.5 \text{ k}\Omega$$

$$R_{od} = 2R_c = 12 \text{ k}\Omega$$

4.3.4 具有电流源的差动放大电路

在长尾式差动放大电路中，R_e 越大，则共模信号的抑制能力越强。但是若 R_e 过大，一方面因 R_e 上直流压降增大，相应地要求负电源 $-U_{EE}$ 电压很高，另一方面，在集成电路中制造大电阻也十分困难。为此，工程上提出了恒流源差动放大电路，即用三极管 T_3 组成的恒流源代替长尾式差动放大电路中的 R_e。恒流源具有交流电阻大、直流电阻小的特点，所以恒流源差动放大电路既能增强共模信号的抑制能力，又不至于使用过高的负电压。

恒流源式差动放大电路如图 4-18 所示，电路在静态工作时，如果忽略 T_3 的基极电流，则恒流管 T_3 的基极电位 U_{B3} 由电阻 R_{b1} 和 R_{b2} 分压决定，基本上不随温度变化而变化，即

$$U_{B3} = \frac{R_{b1}}{R_{b1} + R_{b2}}(U_{CC} + U_{EE})$$

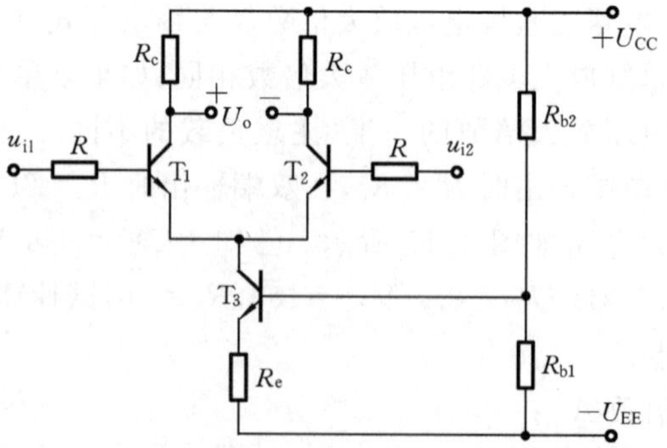

图 4-18 具有电流源的差动放大电路

T_3 的集电极电流为

$$I_{CQ3} \approx I_{EQ3} = \frac{U_{B3} - U_{BEQ3}}{R_e}$$

上式表明，电路工作在静态时，若忽略 U_{BEQ3}，则 I_{CQ3} 基本不受温度影响；电路工作在动态时，

若三极管在理想特性下,即 T_3 在放大区的输出特性曲线是横轴的平行线,c、e 之间的等效动态电阻 r_{ce} 趋近于无穷大,则说明没有动态信号能够作用到 T_3 管的基极或发射极,即 I_{CQ3} 为恒流,所以由 T_3 组成的电路可以等效成一个恒流源。

T_1 和 T_2 两个管子的集电极静态电流为

$$I_{CQ1} = I_{CQ2} \approx \frac{1}{2} I_{CQ3}$$

【例 4-2】　恒流源式差动放大电路如图 4-19 所示。已知三极管的 $U_{BE} = 0.7$ V,$\beta = 50$,稳压管的 $U_Z = 6$ V,$+U_{CC} = +12$ V,$-U_{EE} = -12$ V,$R_b = 5$ kΩ,$R_c = 100$ kΩ,$R_e = 53$ kΩ,$R_L = 30$ kΩ,$R_W = 200$ Ω。

（1）求静态工作点;

（2）求差模电压放大倍数 A_{ud};

（3）求差模输入电阻 R_{id} 与输出电阻 R_{od}。

解　（1）恒流源式差动电路静态工作点的计算

从 T_3 管的基极电位 U_{B3} 入手,由图 4-18 知

$$U_{B3} = -U_{EE} + U_Z = (-12 + 6) \text{ V} = -6 \text{ V}$$

T_3 管射极电流 I_{E3} 即为

$$I_{E3} = \frac{U_{B3} - U_{BE} - (-U_{EE})}{R_e} = \frac{-6 - 0.7 + 12}{53} \text{ A}$$
$$= 0.1 \text{ mA}$$

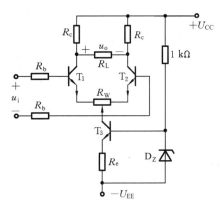

图 4-19　例 4-2 的电路

若电位器 R_W 不影响电路的对称性,则 T_1、T_2 管的工作电流 I_{CQ1}、I_{CQ2} 为

$$I_{CQ1} = I_{CQ2} \approx \frac{I_{E3}}{2} = 0.05 \text{ mA}$$

T_1、T_2 管的基极电流 I_{BQ1}、I_{BQ2} 为

$$I_{BQ1} = I_{BQ2} = I_{CQ}/\beta = 1 \text{ μA}$$

T_1、T_2 管的压降 U_{CEQ1}、U_{CEQ2} 为

$$U_{CEQ1} = U_{CEQ2} = U_{CC} - I_{CQ}R_c - U_E \approx 7.7 \text{ V}$$

而 T_3 管的基极电流 I_{BQ3} 为

$$I_{BQ3} = \frac{I_{CQ3}}{\beta_3} \approx \frac{0.1}{50} \text{ mA} = 2 \text{ μA}$$

T_3 管的压降 U_{CEQ3} 为

$$U_{CEQ3} = U_{C3} - U_{E3} \approx U_{E1} - U_{E3} = [-0.7 - (-6 - 0.7)] \text{ V} = 6 \text{ V}$$

（2）在计算电压放大倍数 A_{ud} 时,可将负载电阻 R_L 的中点处视为接地点,因而对 T_1、T_2 管集电极相当于 R_c 并联一个阻值为 $R_L/2$ 的电阻。射极电位器 R_W 动头亦处于中点位置,且中点也为地电位,于是可直接得到差模电压放大倍数 A_{ud} 的计算公式,即

$$A_{ud} = \frac{u_{od}}{u_{id}} = -\frac{\beta \left(R_c \,/\!/\, \dfrac{R_L}{2} \right)}{R_b + r_{be} + (1+\beta) \dfrac{R_W}{2}}$$

其中,r_{be} 为 T_1、T_2 管 b、e 间的等效电阻,其值为

$$r_{be} = 200 + (1+\beta)\frac{26}{I_{EQ}} = 200 + (1+50)\times\frac{26}{0.05} \approx 26.72 \text{ k}\Omega$$

于是得

$$A_{ud} = -\frac{50\times\left(100 \mathbin{/\mkern-5mu/} \dfrac{30}{2}\right)}{5+26.72+(1+50)\times\dfrac{0.2}{2}} \approx -17.7$$

(3) 差模输入电阻 R_{id} 为

$$R_{id} = \frac{u_{id}}{i_{id}} = 2\left[R_b + r_{be} + (1+\beta)\frac{R_w}{2}\right] = 73.6 \text{ k}\Omega$$

输出电阻 R_{od} 为

$$R_{od} = 2R_c = 200 \text{ k}\Omega$$

4.4 低频功率放大电路

功率放大(功放)电路是给负载提供足够大的信号功率的放大电路,通常作为放大设备中直接与负载相连并向负载提供信号功率的输出级及其推动电路。它的工作原理是,在输入信号的控制下,通过三极管的作用将直流电源供给的能量转换成输出信号功率。

4.4.1 功放电路概述

1. 功放电路的分类

功放电路按放大信号的频率,可分为低频功放电路和高频功放电路。前者用于放大音频范围(几十赫兹到几十千赫兹)的信号,后者用于放大射频范围(几百千赫兹到几十兆赫兹)的信号。在这里仅介绍低频功率放大电路。

功放电路按其三极管导通时间的不同,可分为甲类、乙类、甲乙类和丙类等四种,如图4-20所示。

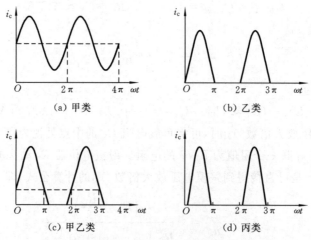

图 4-20　功放电路的工作状态

（1）甲类功放电路的特征是在输入信号的整个周期内，三极管均导通，有电流流过。功放管的静态电流是造成管耗的主要因素，因此工作效率较低，一般低于 50%。

（2）乙类功放电路的特征是在输入信号的整个周期内，三极管仅在半个周期内导通，有电流流过。此时功放管静态电流几乎为零，所以乙类的功率放大效率比甲类的要高，但是由于三极管有半个周期是截止的，故输出电压波形将产生严重失真。为减小失真，在电路上采用互补对称电路，使两管轮流导通，以保证负载上获得完整的正弦波形。

（3）甲乙类功放电路的特征是在输入信号周期内，管子导通时间大于半周而小于全周。

（4）丙类功放电路的特征是管子导通时间小于半个周期。

在低频放大电路中采用前三种工作状态，如在电压放大电路中采用甲类，功率放大电路采用乙类或甲乙类，至于丙类，常用于高频功放电路和某些振荡器电路中。

2. 低频功放电路的特点

对电压放大电路的要求是使负载得到不失真的电压波形，而低频功放电路的主要任务是向负载提供较大的信号功率，对电压增益、输入电阻和输出电阻没有特别要求。故低频功放电路应该具有以下几个特点。

（1）输出功率要大。

为了获得尽可能大的输出功率，功放管的电压和电流都要有足够大的输出幅度，管子往往在接近极限参数状态下工作，因此，功放电路是一种大信号工作放大电路。输出功率表达式为 $P = I_o U_o$，式中，I_o、U_o 均为有效值。

（2）效率要高。

由于输出功率大，因此，直流电源消耗的功率也大，效率问题就变成一个重要问题。所谓效率，就是负载得到的有用信号功率与电源供给的直流功率的比值。这个比值越大，表示效率越高。

（3）非线性失真要小。

由于功放管处于大信号工作状态，非线性失真是不可避免的，因此将非线性失真限制在允许的范围内，是设计功放电路时必须考虑的问题之一。通常情况下，输出功率越大，非线性失真越严重。

（4）散热要好。

由于流过功放管的电流较大，有相当大的功率消耗在管子上，因此功放管在工作时一般要加散热片。

（5）分析方法。

由于功放管是在大信号下工作，故一般只能采用图解分析法。

4.4.2　甲类功放电路

射极输出器虽然无电压放大作用，但有电流和功率放大能力。同时，它的输出电阻小，带负载能力强。因此，在输出功率要求较小时，可以采用单管射极输出器作为功率输出级，电路如图 4-21 所示。它采用正、负电源供电，T_1 管用作驱动级（T_1 管的偏置电路未画）。

现在用图解法分析这一功放输出级电路的最大不失真输出功率和效率的问题，如图 4-22 所示。

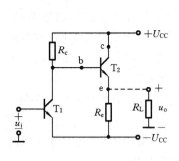

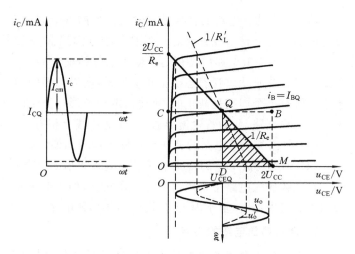

图 4-21　甲类功放电路　　　　　图 4-22　甲类功放电路的图解分析

设静态($u_i=0$)时可调节 T_1 管集电极电流使 $U_{E2}=0$。这样,当输入信号为零时,输出 u_o 亦为零。未接负载电阻 R_L 的情况下,T_2 管的静态参数值为

$$I_{CQ} \approx I_{EQ} = U_{CC}/R_e, \quad U_{CEQ} = U_{CC}$$

根据 T_2 管的输出回路方程:$u_{CE}=2U_{CC}-i_C R_e$,可作直流负载线如图 4-22 中的实线所示,它与 $i_B=I_{BQ}$ 的一条输出特性曲线相交于 Q 点。

动态(即 $u_i \neq 0$)时,如忽略 T_2 管的饱和管压降 U_{CES},则输出电压的动态范围近似为 $2U_{CC}$,这时最大不失真输出电压幅值为 $U_{om} \approx U_{CC}$,输出电流幅值为 $I_{om}=I_{cm} \approx I_{CQ}$。

因此,最大不失真输出功率为　　　$P_{om} = \dfrac{U_{om}}{\sqrt{2}} \times \dfrac{I_{cm}}{\sqrt{2}} \approx \dfrac{1}{2} U_{CC} I_{CQ}$

两个直流电源提供的功率为　　　$P_{U_{CC}} = 2U_{CC} I_{CQ}$

从图 4-22 可知,最大输出功率在数值上等于三角形 DMQ 的面积,正、负电源提供的功率在数值上等于矩形 $OMBC$ 的面积,所以最大的效率是

$$\eta_M = \frac{P_{om}}{P_{U_{CC}}} = \frac{1}{4} = 25\%$$

由此可见,该电路在不接 R_L 的情况下 η 最大仅为 25%,有 75% 的能量损耗在电路内部,很不经济。如果接上负载电阻 R_L 以后,调节 T_1 管的静态电流,仍使 T_2 管的 Q 点不变,其负载线则变为如图 4-22 中虚线所示。这时直流电源输入功率未变,输出电压变小了,由 u_o 变成 u_o'。所以 P_o 下降,效率将会更低。

4.4.3　乙类互补对称功放电路

甲类功放电路的最大缺点是效率低,主要是因为其电路静态电流太大。乙类功放电路的静态工作点在负载线的最低点,由于静态时电流为零,无功耗,效率最高。但此时管子仅半周导通,存在严重的非线性失真,使得输入信号的半个波形被削掉了。为解决非线性失真问题,采用两个管子,使之都工作在乙类放大状态,一个在正半周工作,而另一个在负半周工作,同时使这两个输出波形都能加到负载上,从而在负载上得到一个完整的波形,这样就能

解决效率与失真的矛盾,这就是乙类互补对称功放电路,也常称 OCL(output capacitor less)
互补对称功放电路。

1. 电路组成和工作原理

乙类互补对称功放电路如图 4-23(a)所示。图中 T_1 为 NPN 型三极管,T_2 为 PNP 型三
极管。两管的基极和发射极对应接在一起,信号从基极输入,从发射极输出,R_L 为负载。这
个电路可以看成是由图 4-23(b)、(c)所示的两个射极输出器组合而成的。为保证工作状态
良好,要求电路具有良好的对称性,即 T_1、T_2 管特性对称,均工作在乙类放大状态,并且由
正、负对称的两个电源供电。

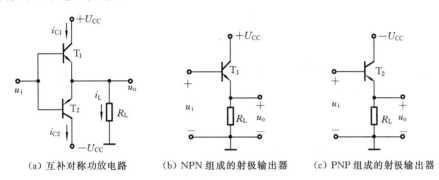

(a) 互补对称功放电路　　　(b) NPN 组成的射极输出器　　　(c) PNP 组成的射极输出器

图 4-23　乙类双电源互补对称功放电路

当 $u_i=0$ 时,有 $u_{BE1}=u_{BE2}=0$、$i_{C1}=i_{C2}=0$ 和 $u_o=0$。当 $u_i\neq0$ 时,在输入端加一个正弦
信号,当信号处于正半周时,T_2 截止,T_1 管发射结正偏导通,有电流 $i_{C1}(=i_L)$ 通过负载 R_L;
而当信号处于负半周时,T_1 截止,T_2 管发射结正偏导通,则有 $i_L(=-i_{C2})$ 通过负载 R_L。这
样,图 4-23(a)所示的电路实现了在静态($u_i=0$)时管子不取电流,而在有信号时,T_1 和 T_2
轮流导电,在负载 R_L 上得到一个完整的波形。

2. 主要指标计算

互补对称功放电路图解分析如图 4-24 所示。图 4-24(a)所示的为 T_1 管导通时的工作
情况。图 4-24(b)所示的是将 T_2 管的导通特性倒置后与 T_1 管特性画在一起,让静态工作
点 Q 重合,形成两管合成曲线,图中交流负载线为一条通过静态工作点的斜率为 $-1/R_L$ 的

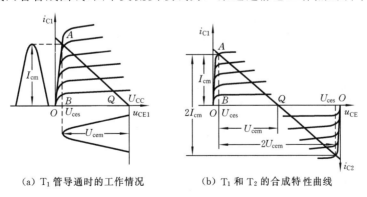

(a) T_1 管导通时的工作情况　　　(b) T_1 和 T_2 的合成特性曲线

图 4-24　互补对称功放电路的图解分析

直线 AQ。由图可看出,输出电流、输出电压的最大允许变化范围分别为 $2I_{cm}$ 和 $2U_{cem}$,I_{cm} 和 U_{cem} 分别为集电极正弦电流和电压的振幅值。

1)输出功率 P_o

输出功率 P_o 用输出电压有效值和输出电流有效值的乘积来表示(也常用管子中变化电压、变化电流有效值的乘积表示)。设输出电压的幅值为 U_{om},则

$$P_o = I_o U_o = \frac{U_{om}}{\sqrt{2}R_L} \cdot \frac{U_{om}}{\sqrt{2}} = \frac{U_{om}^2}{2R_L}$$

当输入信号足够大时,最大输出电压幅值和最大输出电流幅值分别为

$$U_{om} = U_{cem} = U_{CC} - U_{CES}$$

$$I_{om} = \frac{U_{CC} - U_{CES}}{R_L}$$

式中:U_{CES} 为三极管饱和导通时的管压降。

此时可获得最大输出功率为

$$P_{om} = \frac{(U_{CC} - U_{CES})^2}{2R_L}$$

如果忽略三极管的饱和管压降,则

$$P_{om} \approx \frac{U_{CC}^2}{2R_L}$$

2)管耗 P_T

设 $u_o = U_{om}\sin(\omega t)$,则 T_1 管的管耗为

$$P_{T1} = \frac{1}{2\pi}\int_0^\pi (U_{CC} - u_o)\frac{u_o}{R_L}\mathrm{d}(\omega t) = \frac{1}{R_L}\left(\frac{U_{CC}U_{om}}{\pi} - \frac{U_{om}^2}{4}\right)$$

为了求出最大管耗,令

$$\frac{\mathrm{d}P_{T1}}{\mathrm{d}U_{om}} = \frac{1}{R_L}\left(\frac{U_{CC}}{\pi} - \frac{U_{om}}{2}\right) = 0$$

得 $U_{om} = \frac{2U_{CC}}{\pi} \approx 0.6U_{CC}$ 时,T_1 管功耗达到极大值

$$P_{T1M} = \frac{1}{\pi^2} \cdot \frac{U_{CC}^2}{R_L}$$

考虑到最大输出功率 $P_{om} \approx \dfrac{U_{CC}^2}{2R_L}$,则最大管耗 P_{T1M} 和最大输出功率 P_{om} 有如下关系:

$$P_{T1M} \approx 0.2P_{om}$$

T_1 和 T_2 在信号的一个周期内各导电约 $180°$,且通过两管的电流和两管两端的电压 u_{CE} 在数值上都分别相等(只是在时间上错开了半个周期)。因此,两管的最大管耗为

$$P_{TM} = 2P_{T1M} = \frac{2}{\pi^2} \cdot \frac{U_{CC}^2}{R_L} \approx 0.4P_{om}$$

3)直流电源供给的功率 P_V

直流电源供给的功率包括负载得到的功率和 T_1、T_2 消耗的功率两部分,即

$$P_V = P_o + P_T = \frac{2U_{CC}U_{om}}{\pi R_L}$$

当输出电压幅值达到最大,即 $U_{\mathrm{om}}=U_{\mathrm{CC}}$ 时,则得电源最大供给的功率为

$$P_{\mathrm{VM}}=\frac{2U_{\mathrm{CC}}^2}{\pi R_{\mathrm{L}}}$$

4）效率 η

电源提供的直流功率转换成有用的交流信号功率的效率为

$$\eta=\frac{P_{\mathrm{o}}}{P_{\mathrm{V}}}=\frac{\pi}{4}\cdot\frac{U_{\mathrm{om}}}{U_{\mathrm{CC}}}$$

当 $U_{\mathrm{om}}=U_{\mathrm{CC}}$ 时,最大效率为

$$\eta=\frac{P_{\mathrm{o}}}{P_{\mathrm{V}}}=\frac{\pi}{4}\approx78.5\%$$

5）功放管的选择

（1）最大允许管耗 P_{TM} 必须大于等于 $0.2P_{\mathrm{om}}$。

（2）由电路工作原理可知,两个功放管中处于截止状态的管子将承受较大的管压降。设 T_1 导通,则 $U_{\mathrm{EC2}}=2U_{\mathrm{CC}}-U_{\mathrm{CES1}}$。忽略三极管的饱和管压降,管子的耐压值 $|U_{\mathrm{(BR)CEO}}|>2U_{\mathrm{CC}}$。

（3）功放管的集电极电流等于负载电流,因此 $I_{\mathrm{cm}}\geqslant I_{\mathrm{om}}$。

【例 4-3】　乙类双电源互补对称功放电路如图 4-23(a)所示,已知 $U_{\mathrm{CC}}=12\ \mathrm{V}$, $R_{\mathrm{L}}=8\ \Omega$, u_{i} 为正弦电压。在 $U_{\mathrm{CES}}=0$ 的情况下:

（1）求电路的最大输出功率 P_{om}、效率 η 和管耗 P_{T}。

（2）求每个管子的最大允许管耗 P_{TM} 至少应为多少。

解　（1）求 P_{om}、η 和 P_{T}。

输出功率 $P_{\mathrm{o}}=I_{\mathrm{o}}U_{\mathrm{o}}==\dfrac{U_{\mathrm{om}}}{\sqrt{2}R_{\mathrm{L}}}\cdot\dfrac{U_{\mathrm{om}}}{\sqrt{2}}=\dfrac{U_{\mathrm{om}}^2}{2R_{\mathrm{L}}}$,当 $U_{\mathrm{om}}\approx U_{\mathrm{CC}}$ 时,有最大输出功率,即为

$$P_{\mathrm{om}}\approx\frac{U_{\mathrm{CC}}^2}{2R_{\mathrm{L}}}=9\ \mathrm{W}$$

直流电源供给的功率 $P_{\mathrm{V}}=P_{\mathrm{o}}+P_{\mathrm{T}}=\dfrac{2U_{\mathrm{CC}}U_{\mathrm{om}}}{\pi R_{\mathrm{L}}}$,当 $U_{\mathrm{om}}=U_{\mathrm{CC}}$ 时,有直流电源供给的最大功率,即为

$$P_{\mathrm{VM}}=\frac{2U_{\mathrm{CC}}^2}{\pi R_{\mathrm{L}}}=\frac{2\times12^2}{8\pi}\ \mathrm{W}=11.46\ \mathrm{W}$$

在一般情况下, $\eta=\dfrac{P_{\mathrm{o}}}{P_{\mathrm{V}}}=\dfrac{\pi}{4}\cdot\dfrac{U_{\mathrm{om}}}{U_{\mathrm{CC}}}$,当 $U_{\mathrm{om}}=U_{\mathrm{CC}}$ 时,有最大效率,即为

$$\eta=\frac{P_{\mathrm{o}}}{P_{\mathrm{V}}}=\frac{\pi}{4}\approx78.5\%$$

由 $P_{\mathrm{V}}=P_{\mathrm{o}}+P_{\mathrm{T}}$ 可知,在直流电源供给的最大功率和最大输出功率情况下,管耗 P_{T} 为

$$P_{\mathrm{T}}=P_{\mathrm{V}}-P_{\mathrm{o}}=(11.46-9)\ \mathrm{W}=2.46\ \mathrm{W}$$

此时,每管的管耗为

$$P_{\mathrm{T1}}=P_{\mathrm{T2}}=P_{\mathrm{T}}/2=2.46/2\ \mathrm{W}=1.23\ \mathrm{W}$$

（2）求每个管子的最大允许管耗 P_{TM}。

最大允许管耗 P_{T1M} 和最大输出功率 P_{om} 有如下关系:

$$P_{\mathrm{T1M}}\approx0.2P_{\mathrm{om}}=1.8\ \mathrm{W}$$

由以上求得管耗可知,最大允许管耗不是在最大输出功率处。当 $U_{\text{om}} = \dfrac{2U_{\text{CC}}}{\pi} \approx 0.6U_{\text{CC}}$ 时,具有最大管耗。

3. 交越失真

在实际中,乙类互补对称功放电路并不能使输出电压很好地反映输入电压的变化。当输入信号小于三极管的死区电压(硅管的约为 0.5 V,锗管的约为 0.1 V),管子处于截止状态,此段输出电压与输入电压不存在线性关系,产生失真,如图 4-25 所示。由于这种失真出现在通过零值处,故称为交越失真。交越失真波形如图 4-25(b)所示。

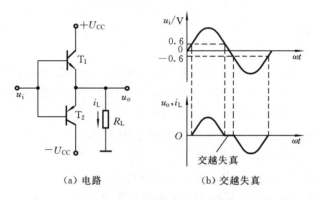

（a）电路　　　　　　　　　（b）交越失真

图 4-25　乙类互补对称功放电路

克服交越失真的措施就是避开死区电压区,使每一个三极管处于微导通状态,即电路处于甲乙类状态。输入信号一旦加入,三极管就立即进入线性放大区。静态时,虽然每一个三极管处于微导通状态,但由于电路对称,两管静态电流相等,流过负载电流为零,从而消除了交越失真。

4.4.4　甲乙类互补对称功放电路

1. 甲乙类双电源互补对称功放电路

甲乙类双电源互补对称功放电路如图 4-26 所示。

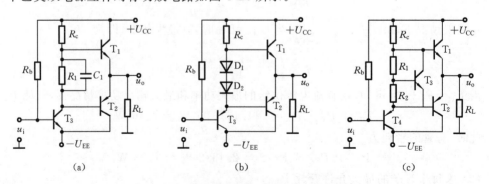

（a）　　　　　　　　　（b）　　　　　　　　　（c）

图 4-26　甲乙类双电源互补对称功放电路

图 4-26(a)所示电路中,静态时,它是利用 T_3 管的静态电流 I_{C3Q} 在 R_1 上的压降来提供

T_1 和 T_2 管所需偏压的,即

$$U_{BE1} + U_{EB2} = I_{C3Q}R_1$$

使 T_1 和 T_2 管处于微导通状态。由于电路对称,静态时的输出电压等于零。有输入信号时,由于电路工作在甲乙类状态下,即使输入信号很小,也可以线性地进行放大。

图 4-26(b)所示电路中,利用二极管产生的压降为 T_1 和 T_2 管提供一个适当的偏压,即

$$U_{BE1} + U_{EB2} = U_{D1} + U_{D2}$$

使 T_1 和 T_2 管处于微导通状态。由于电路对称,静态时没有输出电压。有信号时,由于电路工作在甲乙类状态下,故即使输入信号很小(D_1 和 D_2 的交流电阻也小),基本上也可以线性地进行放大。

图 4-26(c)所示电路中,利用 U_{BE} 扩大电路向 T_1 和 T_2 管提供一个适当的偏压,其关系推导如下:

$$U_{BE3} = \frac{R_2}{R_1 + R_2}U_{CE3} = \frac{R_2}{R_1 + R_2}(U_{BE1} + U_{EB2})$$

所以

$$U_{BE1} + U_{EB2} = \frac{R_1 + R_2}{R_2}U_{BE3} = \left(1 + \frac{R_1}{R_2}\right)U_{BE3}$$

由于 T_3 管的 U_{BE3} 基本为固定值(硅管的为 $0.6 \sim 0.8$ V),只需调整电阻 R_1 和 R_2 的比值,即可得到合适的偏压值。

注意,甲乙类功放电路只是静态工作点设置得比乙类功放电路的高,但其交流分析与乙类功放电路的一样,故前述的参数计算公式仍可沿用。

2. 复合管

在实际应用中,负载电流常达到几安、几十安,而前级放大电路只能提供几毫安电流,为了提高功放管的电流放大系数,常用多只三极管构成复合管来代替单只三极管,以进一步改善放大电路的性能。复合管又称达林顿(Darlinton)管。

1) 复合管的形式

一般复合管由两个三极管组成,两个三极管的类型可以相同,也可以不同,但是组成后的复合管应满足复合起来的管子都处于导通状态的条件,即若复合管发射结正偏、集电结反偏,则参与复合的两个三极管也应处于发射结正偏、集电结反偏的状态,也就是说两个三极管的电流应保持一致。

复合管的类型取决于第一个三极管的类型。常见的几种连接形式的复合管如图 4-27 所示。

2) 复合管的参数

复合管的主要参数是等效电流放大系数 β 和等效输入电阻 r_{be}。

由复合管中各极电流关系可以推出:复合管的等效电流放大系数是两管电流放大系数的乘积,即 $\beta \approx \beta_1\beta_2$。

图 4-27(a)和(c)所示形式是两个同类型三极管进行复合的,r_{be2} 是 T_1 管的射极电阻,所以复合管等效输入电阻为 $r_{be} = r_{be1} + (1+\beta)r_{be2}$;图 4-27(b)和(d)所示形式是两个不同类型三极管进行复合的,显然 $r_{be} = r_{be1}$。

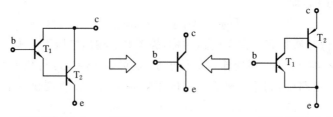

(a) 同类型管复合成 NPN 型管　　　　　　　　　(b) 不同类型管复合成 NPN 型管

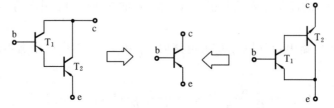

(c) 同类型管复合成 PNP 型管　　　　　　　　　(d) 不同类型管复合成 PNP 型管

图 4-27　复合管

　　复合管由于其等效电流系数很高,而等效输入电阻也可以很高,且容易集成,因此在集成电路中得到广泛应用。

　　采用复合管的互补对称功放电路如图 4-28 所示。T_{11} 和 T_{12} 组成的复合管取代了图 4-26(c)中的 T_1 管,T_{21} 和 T_{22} 组成的复合管取代了图 4-26(c)中的 T_2 管。T_{12} 和 T_{22} 分别为 NPN 型管和 PNP 型管,理论上具有完全对称的特性,因此组成了互补输出级。

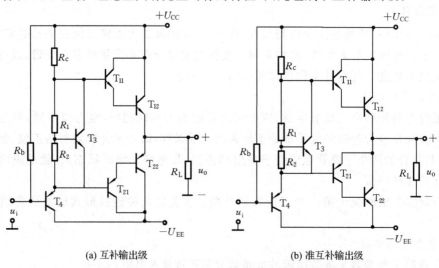

(a) 互补输出级　　　　　　　　　　　　　　(b) 准互补输出级

图 4-28　采用复合管的互补对称功放电路

　　实际上,在输出功率较大的功放中,大功率管 T_{12} 和 T_{22} 由于管子类型不同而难以完全对称;并且在集成运放中,由于 PNP 型管与 NPN 型管的制造工艺不同而难以完全对称。因此在实用电路中常用 PNP 型管与 NPN 型管复合成 PNP 型管来取代图 4-26(c)中的 T_2 管,如图 4-28(b)所示,称之为准互补输出级。这样,使得接负载的两个功放管同为 NPN 型管,可使两个等效的功放管特性基本对称。

【例 4-4】　手持式扩音器常常在导游、指挥中使用,它可以把说话人的声音进行一定的放大,通常由小信号放大器和功率放大器组成。其中功率放大器电路如图 4-29 所示,已知 $U_{CC}=15$ V,假设 T_1 和 T_2 管的饱和管压降 $|U_{CES}|=3$ V,$R_L=8$ Ω。试问:

(1) 电路的最大输出功率、效率和每只管子的最大功耗各为多少?

(2) 若要求负载电阻可能获得的最大功率为 12 W,则电源电压至少选取多少?

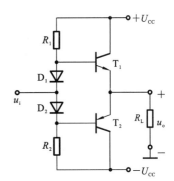

图 4-29　例 4-4 的电路

解　(1) 最大输出功率为

$$P_{om}=\frac{(U_{CC}-|U_{CES}|)^2}{2R_L}=\left[\frac{(15-3)^2}{2\times 8}\right]\text{ W}=9\text{ W}$$

故效率为

$$\eta=\frac{\pi}{4}\cdot\frac{U_{CC}-U_{CES}}{U_{CC}}=\frac{\pi}{4}\cdot\frac{15-3}{15}=62.8\%$$

每个晶体管的最大管耗为

$$P_{Tmax}=\frac{U_{CC}^2}{\pi^2 R_L}=\frac{15^2}{\pi^2\times 8}\approx 2.85\text{ W}$$

最大输出功率、效率和每只管子的最大管耗分别为 9 W、62.8% 和 2.85 W。

(3)　　　　　$U_{CCmin}=\sqrt{2R_L P_{om}}+U_{CES}=(\sqrt{2\times 8\times 12}+3)\text{ V}\approx 17\text{ V}$

即电源电压至少取 17 V。

4.4.5　甲乙类单电源互补对称功放电路

双电源互补对称功放电路需要两个正负独立电源,有时使用起来不方便。当仅有一路电源时,可以采用单电源互补对称功放电路,如图 4-30 所示,单电源互补对称电路又称 OTL(output transformer less)互补对称功放电路。

图 4-30 所示中 T_1 构成前置放大级,工作在甲类状态,T_2 和 T_3 组成互补对称输出级。在静态时,只要适当调节 R_P,就可使 I_{RC}、U_{B2}、U_{B3} 达到所需数值,给 T_2 和 T_3 提供一个合适的偏置,从而使 A 点的电位 $U_A=U_{CC}/2$。

当输入端加有正弦信号时,T_1 管导通。信号在负半周经 T_1 放大反相后加到 T_2、T_3 基极,使 T_3 截止、T_2 导通,有电流通过 R_L,同时 $+U_{CC}$ 向电容 C_2 充电,形成输出电压 u_o 的正半周波形;信号在正半周,经 T_1 管放大反相后,使 T_2 截止、T_3 导通,则已充电的电容 C_2 起着电源的作用,通过 T_3 和 R_L 放电,形成输出电压 u_o 的负半周波形。如此,T_2 和 T_3 交替工作,负载 R_L 上可得到完整的正弦波。只要电容 C_2 的电容量足够大(时间常数 $R_L C_2$ 比信号的最大周期值大得多),电容 C_2 便可替代双电源中的 $-U_{EE}$。

由于单电源互补对称功放电路每个管子的工作电压为 $U_{CC}/2$,因此计算各种性能指标时均要用 $U_{CC}/2$ 代替原来公式中的 U_{CC}。

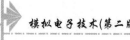

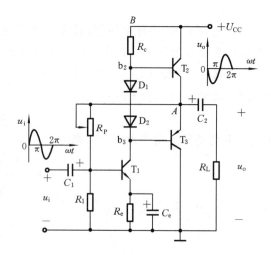

图 4-30　甲乙类单电源互补对称功放电路

4.5　集成运放电路的典型电路分析

4.5.1　基本电路

下面以通用型 741 集成运放电路为例,介绍其内部结构和工作原理。741 集成运放电路由 24 个三极管、10 个电阻和 1 个电容组成,内部电路分为四个基本组成部分,即偏置电路、输入级、中间级和输出级。其原理如图 4-31 所示。图中各引出端所标数字为组件的管脚编号。它有 8 个引出端,其中:2 端为反相输入端;3 端为同相输入端;6 端为输出端;7 端和 4 端分别接正、负电源;1 端与 5 端之间接调零电位器。

1. 偏置电路

偏置电路的任务是为各级放大电路提供合适的静态工作电流。这里,偏置电路由 $T_8 \sim T_{13}$ 和 R_4、R_5 等元件组成。电源 $+U_{CC}$ 经 T_{12} 和 T_{11}(均接成二极管)及 R_5 到电源 $-U_{EE}$ 构成基准电流源 I_R。同时,T_{10}、T_{11} 及 R_4 又构成微电流源,使 T_{10} 提供的工作电流 I_{C10} 符合电路要求。T_{12} 与 T_{13} 也构成微电流源,为中间级的 T_{16}、T_{17} 管提供集电极有源负载。T_8、T_9 组成的镜像电流源提供输入级 T_1、T_2 的集电极电流。

2. 输入级

为了抑制温漂,对温漂影响最大的第一级毫无例外地采用了差动放大电路。输入级由 $T_1 \sim T_9$ 组成,其中 $T_1 \sim T_4$ 组成共集-共基差动放大电路,以便有较高的输入阻抗和电压增益。T_8、T_9 不仅组成镜像电流源,代替电阻 R_e,而且还和 T_{10}、T_{11} 组成的微电流源构成共模负反馈环节以稳定 I_{C1}、I_{C2},从而提高整个电路的共模抑制比。T_5、T_6 及 T_7(射极输出器)也组成镜像电流源,作为输入级差动电路的有源负载,提高电压增益,同时把双端输入转化为单端输出到中间级。

输入级有 5 个管脚。2 为反相输入端,3 为同相输入端。管脚 1、5 和 4 接入电位器 R_W,

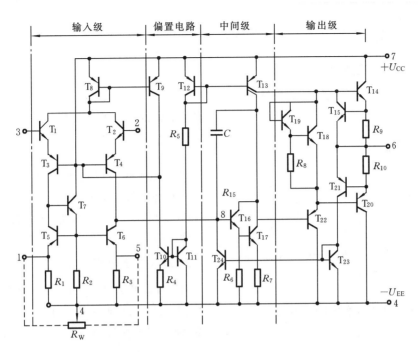

图 4-31　741 型集成运放内部电路

作为外接调零电位器,使静态时 $u_i=0$,$u_o=0$。

3. 中间级

中间级不仅要求电压放大倍数高,而且还要求输入电阻较高,以减少本级对前级电压放大倍数的影响。因此,中间级一般采用有源负载的共射极放大电路。这里,T_{16}、T_{17} 组成复合管,负载由 T_{12} 与 T_{13} 组成的镜像电流源作为有源负载。由于采用了复合管电路,故提高了本级输入电阻。中间级的放大倍数可达 1000 多倍。图 4-31 所示中复合管的集电极与基极之间所加的电容($C=30$ pF)用来增加放大电路的工作稳定性,消除可能出现的自激振荡。

4. 输出级

输出级的主要作用是给出足够的电流以满足负载的需要,同时还要具有较低的输出电阻和较高的输入电阻,以起到将放大级和负载隔离的作用,所以输出级多采用互补对称功放电路。除此之外,还应该有过载保护,以防输出端短路或过载电流过大而烧坏管子。T_{14} 和 T_{20} 组成互补功率输出电路。T_{18} 和 T_{19} 为输出级的偏置电路,恒流源 T_{13} 的另一路向其他电路提供工作电流。T_{18} 和 T_{19} 的管压降因此相当稳定地加在 T_{14} 和 T_{20} 两管的基极之间,可以克服它们的死区电压,避免了输出交流电压经过零点附近的交越失真。

为了防止输出管 T_{14} 和 T_{20} 在 R_L 短路或开路时产生过载,或输入电流过大时因过电流而损坏,由 T_{15}、T_{21}、T_{22}、T_{23} 和电阻 R_9、R_{10} 组成过载保护电路。发生过电流过载时,R_9 或 R_{10} 两端压降都会增大,促使 T_{15} 或 T_{16} 由截止变为导通,将 T_{14} 或 T_{20} 的基极电流分流掉,从而限制了两管的电流,保护了输出管 T_{14} 或 T_{20}。

4.5.2 集成运放电路的性能指标

1. 开环差模电压放大倍数 A_{od}

开环差模电压放大倍数 A_{od} 是指集成运放工作在线性区,接入规定的负载,在无外加反馈回路的情况下的直流差模电压放大倍数,即

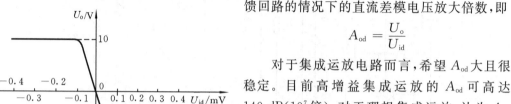

图 4-32 集成运放电路的传输特性

$$A_{od} = \frac{U_o}{U_{id}}$$

对于集成运放电路而言,希望 A_{od} 大且很稳定。目前高增益集成运放的 A_{od} 可高达 140 dB(10^7 倍),对于理想集成运放,认为 A_{od} 为无穷大。

2. 最大输出电压 $U_{OP\text{-}P}$

最大输出电压 $U_{OP\text{-}P}$ 是指在一定的电源电压下,集成运放的最大不失真输出电压的峰-峰值,通常可用集成运放的传输特性曲线表示

上述关系,如图 4-32 所示。

3. 差模输入电阻 R_{id}

差模输入电阻 R_{id} 是集成运放输入差模信号时的输入电阻。R_{id} 越大,对信号源的影响越小。三极管输入级的 R_{id} 为 $10^5 \sim 10^6$ Ω,场效应管输入级的 R_{id} 可达 10^9 Ω 以上。

4. 输出电阻 R_o

输出电阻 R_o 的大小反映了集成运放在小信号输出时的负载能力。有时只用最大输出电流 I_{Omax} 表示它的极限负载能力。一般认为理想集成运放的 R_o 为零。

5. 共模抑制比 K_{CMR}

共模抑制比 K_{CMR} 反映了集成运放对共模输入信号的抑制能力,其定义与差动放大电路共模抑制比定义相同。K_{CMR} 愈大愈好,理想集成运放的 K_{CMR} 为无穷大。

6. 最大差模输入电压 U_{idmax}

集成运放两输入端之间加的差模电压过大,会使输入对管的 PN 结反向击穿,U_{idmax} 就是允许加的最大差模电压值,这个值一般为几伏至几十伏。

7. 最大共模输入电压 U_{icmax}

最大共模输入电压 U_{icmax} 是指集成运放在线性工作范围内能承受的最大共模输入电压。如果超过这个电压,则集成运放的共模抑制比 K_{CMR} 将显著下降,甚至使集成运放失去差模放大能力或造成永久性的损坏,因此规定了最大共模输入电压。高质量的集成运放,其 U_{icmax} 值可达十几伏。

8. 输入失调电压 U_{IO}

输入失调电压 U_{IO} 是指为了使输出电压为零而在输入端所加的补偿电压(去掉外接调零

电位器),它的大小反映了电路的不对称程度和调零的难易。对集成运放,要求输入信号为零时,输出也为零,但实际中往往输出不为零,将此电压折合到集成运放的输入端的电压常称为输入失调电压,一般为几毫伏,要求越小越好。

9. 输入偏置电流 I_{IB}

集成运放的输入级是差动放大电路,当输入信号为零时,两个晶体管的基极有一定的静态偏置电流 I_{BP}(同相端)和 I_{BN}(反相端),输入偏置电流 I_{IB} 定义为两个输入端静态电流的平均值,即

$$I_{IB} = \frac{I_{BP} + I_{BN}}{2}$$

在电路外接电阻确定之后,I_{IB} 的大小主要取决于集成运放差动输入级三极管的性能,β 太小,将引起偏置电流增加。从使用的角度来看,I_{IB} 越小,由信号源内阻变化引起的输出电压变化也越小,因此它是重要的技术指标。

10. 输入失调电流 I_{IO}

输入失调电流是指当集成运放输出电压为零时,两输入端静态偏置电流 I_{BP} 与 I_{BN} 之差的绝对值,即

$$I_{IO} = | I_{BP} - I_{BN} |$$

输入失调电流的大小反映了差动输入级两个晶体管的失配程度,I_{IO} 一般以纳安为单位,高质量的集成运放的输入失调电流低于 $1\ nA$。

11. 输入失调电压温漂 $\frac{dU_{IO}}{dT}$ 和输入失调电流温漂 $\frac{dI_{IO}}{dT}$

它们可以用来衡量集成运放的温漂特性。通过调零的办法可以补偿 U_{IO}、I_{IB}、I_{IO} 的影响,使直流输出电压调零至零伏,但却很难补偿其温漂。低温漂型集成运放 $\frac{dU_{IO}}{dT}$ 可以做到 $0.9\ \mu V/\ ℃$ 以下,$\frac{dI_{IO}}{dT}$ 可以做到 $0.009\ \mu A/\ ℃$ 以下。

12. $-3\ dB$ 带宽 f_H 与单位增益带宽 f_C

$-3\ dB$ 带宽 f_H 是集成运放的开环差模电压增益 A_{od} 下降 3 dB 时的频率。理想集成运放的 f_H 为无穷大,实际的通用型集成运放的 f_H 比较低,一般为几赫兹至几十赫兹。

单位增益带宽 f_C 为 A_{od} 降至 0 dB(即开环差模电压放大倍数降为 1)时的频率。f_C 与 f_H 之间存在以下关系:

$$f_C \approx A_{od} f_H$$

13. 转换速率 S_R

转换速率 S_R 是指在给定负载条件下,当输入一个幅度比较大的阶跃电压时,集成运放输出电压变化的最大速率,S_R 的单位为 $V/\mu s$。工作时,输入电压的变化率不应超过 S_R。转换速率比较高的集成运放,通常其高频响应也比较好。

4.5.3 集成运放的种类

随着电子工业的飞速发展,集成运放经历了四代更新,其性能越来越趋于理想化。电路

结构除了有晶体管电路外,还有 CMOS 电路、BiCMOS 电路等。而且还制造出某方面性能特别优秀的专用集成运放,以适应多方面的需求。下面按性能不同简单介绍几种专用集成运放及其适用场合。

1. 高精度型

高精度集成运放具有低失调、低温漂、低噪声和高增益等特点。其开环差模增益和共模抑制比均大于 100 dB,失调电压和失调电流比通用性的小两个数量级,因而也称之为低漂移集成运放。它适用于对微弱信号的精密检测和运算,常用于高精度仪器设备中。

国产 F5037 的失调电压和失调电流分别仅为 10 μV 和 7 nA。开环差模增益高达 105 dB。

2. 高阻型

具有高输入电阻的运放称为高阻型集成运放,它们的输入级均采用场效应管或超 β 管(其 β 可达千倍以上),输入电阻可达 10^{12} Ω 以上,适用于测量放大电路、采样-保持电路等。

国产 F3130 的输入级采用 MOS 管,r_{id} 高达 10^{12} Ω,I_{IB} 仅为 5 pA。

3. 高速型

高速型集成运放具有转换速率高、单位增益带宽高的特点。其产品种类很多,转换速率从几十伏/微秒,单位增益带宽多在 10 MHz 以上,适用于 A/D 和 D/A 转换器、锁相环和视频放大器等电路。

国产 F3554 为超高速集成运放,转换速率高达 1000 V/μs,单位增益带宽高达 1.7 GHz。

4. 低功耗型

低功耗型集成运放具有静态功耗低、工作电源电压低等特点,其他方面的性能与通用型运放的相当。它们的电源电压为几伏,功耗只有几毫瓦,甚至更小。适用于能源有限的情况,如空间技术、军事科学和工业中的遥感遥测等领域。如型号为 TLC2252 的微功耗高性能运放的功耗仅为 180 μW,工作电源为 5 V,开环差模增益为 100 dB,差模输入电阻为 10^{12} Ω。

5. 高电压型

高电压型集成运放具有输出电压高或输出功率大的特点,通常需要高电源电压供电。适用于有上述要求的场合。

除通用型和上述特殊型集成运放外,还有为完成特定功能的集成运放,如仪表用放大器、隔离放大器、缓冲放大器、对数/指数放大器等;具有可控性的集成运放,如利用外加电压控制增益的可变开环差模增益集成运放、通过选通端选择被放大信号通道的多通道集成运放等。随着新技术、新工艺的发展,还会有更多产品出现。

EDA 技术的发展对电子电路的分析、设计和实现产生了革命性的影响,人们越来越多地自己设计专用芯片。可编程模拟器件的产生,使得人们可以在一个芯片上通过编程的方法来实现对多路模拟信号的各种处理,如放大、滤波、电压比较等。可以预测,这类器件还会进一步发展,功能会越来越强,性能会越来越好。

4.5.4　使用集成运放的注意事项

在组成集成运放应用电路时,首先应查阅手册,根据所应用的场合选定某一种或几种型号的芯片,并通过厂家提供的详细资料,进一步了解其性能特点、封装方式以及每个芯片中含有的集成运放的个数。不同型号的芯片,在一个芯片上可能有一个、两个或四个集成运放。应当指出,在无特殊需要的情况下,应选用通用型运放,以获得满意的性能价格比。

通常,在使用集成运放前要粗测集成运放的好坏。可以用万用表的电阻中档("×100Ω"或"×1kΩ"档,避免电压或电流过大)对照管脚图测试有无短路和断路现象,然后将其接入电路。

由于失调电压和失调电流的存在,集成运放输入为零时输出往往不为零。对于内部没有自动稳零措施的运放,则需根据产品说明外加调零电路,使输入为零时其输出为零。调零电路中的电位器应为精密电阻。

对于单电源供电的集成运放,应加偏置电路,设置合适的静态输出电压。通常,在集成运放两个输入端静态电位为二分之一电源电压时,输出电压等于二分之一电源电压,以便能放大正、负两个方向的变化信号,且使两个方向的最大输出电压基本相同。

若电路产生自激振荡,即在输入信号为零时输出有一定频率、一定幅值的交流信号,则应在集成运放的电源端加去耦电容。有的集成运放还需根据产品说明外加消振电容。

本 章 小 结

本章介绍了集成运放的结构特点,分析了集成运放的基本单元电路,即电流源、差动放大电路和功率放大电路的组成,最后讲述了集成运放的典型电路和主要性能指标。

1. 集成运放的特点

集成运放实际上是一种高性能的直接耦合放大电路,从外部看,可以等效成双端输入-单端输出的差动放大电路,一般由输入级、中间级、输出级和偏置电路四部分组成。为了抑制温漂和提高共模抑制比,输入级多采用差动放大电路;中间级为共射极放大电路;输出级多用互补对称功放电路;偏置电路是电流源电路。

2. 集成运放的基本单元电路

1)电流源

电流源电路是构成集成运放的基本单元电路,其特点是直流电阻小,而交流电阻很大。电流源电路既可以为电路提供偏置电流,又可以作为放大电路的有源负载使用,从而大大提高了集成运放的增益。

2)差动放大电路

差动放大电路是解决温漂问题的有效方法。差动放大电路既能放大直流信号,又能放大交流信号;它对差模信号具有很强的放大能力,而对共模信号却具有很强的抑制能力。

差动放大电路的输入信号可以分为差模信号和共模信号。当在电路的两个输入端各加一个大小相等而极性相反的信号,即 $u_{i1} = -u_{i2} = \dfrac{u_{id}}{2}$ 时,输入信号称为差模信号,其输入方式称为差模输入;当在电路的两个输入端各加一个大小相等且极性相同的信号,即 $u_{i1} = u_{i2} = u_{ic}$ 时,输入信号称为共模信号,其输入方式称为共模输入。任意两个输入信号 u_{i1}、u_{i2} 都可以用差模信号 u_{id} 和共模信号 u_{ic} 表示,有 $u_{i1} = u_{ic} + \dfrac{u_{id}}{2}$,$u_{i2} = u_{ic} - \dfrac{u_{id}}{2}$。

差动放大电路中,共模放大倍数 A_c 描述电路抑制共模信号的能力,差模放大倍数 A_d 描述电路放大差模信号的能力。共模抑制比 K_{CMR} 是 A_d 和 A_c 之比的绝对值。理想情况下,$A_c = 0$,$K_{CMR} = \infty$。根据电路输入、输出方式的不同,差动放大电路共有四种接法:双端输入-双端输出、双端输入-单端输出、单端输入-双端输出、单端输入-单端输出。

3)功放电路

功放电路在电源电压确定的情况下,以输出尽可能大的功率和具有尽可能高的转换效率为组成原则。

功放电路的分析:首先求出功放电路负载上可能获得的最大交流电压的幅值,从而得出负载上可能获得的最大交流功率,即电路的最大输出功率 P_{om};同时求出此时电源提供的直流平均功率 P_V;P_{om} 与 P_V 之比即为转换效率 η。

忽略静态电流的情况下,乙类互补对称功放电路最大输出功率和转换效率分别为

$$P_{om} = \frac{(U_{CC} - U_{CES})^2}{2R_L}, \quad \eta = \frac{P_o}{P_V} = \frac{\pi}{4} \cdot \frac{(U_{CC} - U_{CES})}{U_{CC}}$$

功放管的选择:最大允许管耗 $P_{TM} \geqslant 0.2 P_{om}$;耐压值 $\mid U_{(BR)CEO} \mid > 2U_{CC}$;$I_{cm} \geqslant I_{om}$。

3. 集成运放的主要性能指标

(1)开环差模增益 $A_{od} = \infty$;

(2)差模输入电阻 $R_{id} = \infty$;

(3)输出电阻 $R_o = 0$;

(4)共模抑制比 $K_{CMR} = \infty$;

(5)上限截止频率 $f_H = \infty$;

(6)失调电压 U_{IO}、失调电流 I_{IO},以及它们的温漂 $\dfrac{dU_{IO}}{dT}$、$\dfrac{dI_{IO}}{dT}$ 均为零,且无任何内部噪声。

习　　题

4.1　电流源的特点是输出电流＿＿＿＿＿＿＿，直流等效电阻＿＿＿＿＿＿＿，交流等效电阻＿＿＿＿＿＿＿。

4.2　电流源电路在集成运放中,常作为＿＿＿＿＿＿＿电路和＿＿＿＿＿＿＿电路;前者的作用是＿＿＿＿＿＿＿,后者的作用是＿＿＿＿＿＿＿。

4.3　电流源作为放大电路的有源负载,主要是为了提高＿＿＿＿＿＿＿,因为电流源的＿＿＿＿＿＿＿大。

4.4　双端输出时,理想的差动放大电路的共模输出等于＿＿＿＿＿＿＿,共模抑制比等

于 _____。

4.5　单端输入差动放大电路,输入信号的极性与同侧三极管集电极信号的极性 _____,与另外一侧三极管集电极信号的极性 _____。

4.6　差模电压放大倍数 A_{ud} 是 _____ 之比;共模电压放大倍数 A_{uc} 是 _____ 之比。共模抑制比 K_{CMR} 是 _____ 之比,K_{CMR} 越大表明电路 _____。

4.7　复合管由两个三极管组成,组成复合管的条件是使复合起来的管子都处于 _____ 状态,即发射结 _____,集电结 _____。复合管的类型由第 _____ 个晶体管决定。

4.8　乙类推挽功放的 _____ 较高,在理想情况下其值可达 _____。但这种电路会产生一种称为 _____ 失真的特有的非线性失真现象。为了消除这种失真,应当使推挽功放工作在 _____ 类状态。

4.9　由于在功放电路中,功放管常常处于极限工作状态,因此,在选择功放管时应该特别注意 _____、_____ 和 _____ 三个参数。

4.10　一个输出功率为 8 W 的扩音器电路,若采用乙类对称功放,则应选用额定功耗至少应为 _____ 的功率管 _____ 个。

4.11　功放电路的最大输出功率是在输入电压为正弦波时,输出基本不失真情况下,负载上可能获得的最大(　　)。

A. 交流功率　　　　　　　　B. 直流功率　　　　　　　　C. 平均功率

4.12　功率放大电路的转换效率是指(　　)。

A. 输出功率与三极管所消耗的功率之比

B. 最大输出功率与电源提供的平均功率之比

C. 三极管所消耗的功率与电源提供的平均功率之比

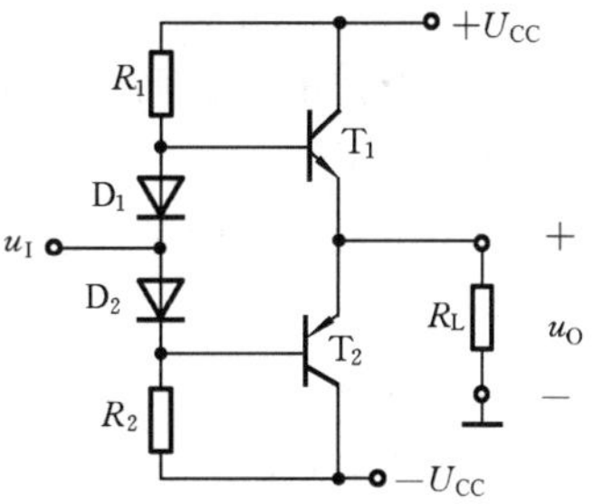

4.13　已知电路如题 4.13 图所示,假设 T_1 和 T_2 管的饱和管压降 $|U_{CES}| = 3$ V,$U_{CC} = 15$ V,$R_L = 8$ Ω。选择正确答案:

题 4.13 图

(1) 电路中 D_1 和 D_2 管的作用是消除(　　)。

A. 饱和失真　　　　　　　　B. 截止失真

C. 交越失真

(2) 静态时,晶体管发射极电位 U_{EQ}(　　)。

A. > 0 V　　　　　　　　　B. = 0 V　　　　　　　　C. < 0 V

(3) 最大输出功率 P_{om}(　　)。

A. ≈ 28 W　　　　　　　　B. = 18 W　　　　　　　　C. = 9 W

(4) 当输入为正弦波时,若 R_1 虚焊,即开路,则输出电压(　　)。

A. 为正弦波　　　　　　　B. 仅有正半波　　　　　　C. 仅有负半波

(5) 若 D_1 虚焊,则 T_1 管(　　)。

A. 可能因功耗过大而烧坏　　B. 始终饱和　　　　　　　C. 始终截止

4.14　电路如题 4.13 图所示。在出现下列故障时,分别产生什么现象?

① R_1 开路;② D_1 开路;③ R_2 开路;④ T_1 集电极开路;⑤ R_1 短路;⑥ D_1 短路。

4.15 功放电路如题 4.15 图所示。

(1) 简要说明该电路作为输出级驱动负载时电路的特点;

(2) 若 $r_{be}=400\ \Omega$,$\beta=80$,$R_e=300\ \Omega$,求电路的输出电阻 R_o。

4.16 已知电路如题 4.16 图所示,T_1 和 T_2 管的饱和管压降 $|U_{CES}|=2$ V,$U_{BE}=0$,$U_{CC}=15$ V,输入电压 u_i 为正弦波。选择正确答案填入空内。

(1) 静态时,晶体管发射极电位 U_{EQ} 为( )。

A. >0 V   B. $=0$ V   C. <0 V

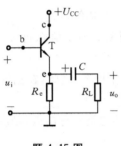

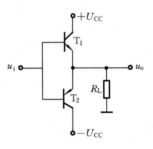

题 4.15 图   题 4.16 图

(2) 最大输出功率 P_{om} 为( )。

A. ≈ 11 W   B. ≈ 14 W   C. ≈ 20 W

(3) 电路的转换效率 η 为( )。

A. $<78.5\%$ B. $=78.5\%$ C. $>78.5\%$

(4) 为使电路能输出最大功率,输入电压峰值应为( )。

A. 15 V   B. 13 V   C. 2 V

(5) 正常工作时,三极管可能承受的最大管压降 $|U_{CEM}|$ 为( )。

A. 30 V   B. 28 V   C. 4 V

(6) 若开启电压 U_{on} 为 0.5 V,则输出电压将出现( )。

A. 饱和失真   B. 截止失真   C. 交越失真

4.17 双电源互补对称电路如题 4.16 图所示,设已知 $U_{CC}=12$ V,$R_L=16\ \Omega$,u_i 为正弦波。在三极管的饱和压降 U_{CES} 可以忽略不计的条件下,求:

(1) 负载上可能得到的最大输出功率 P_{om}。

(2) 每个管子允许的管耗 P_{TM} 至少应为多少?

(3) 每个管子的耐压 $U_{(BR)CEO}$ 应大于多少?

4.18 设电路如题 4.16 图所示,管子在输入信号 u_i 作用下,在 1 个周期内 T_1 和 T_2 轮流导电约180°,电源电压 $U_{CC}=20$ V,负载 $R_L=8\ \Omega$,忽略 T_1 和 T_2 管的饱和管压降 U_{CES},试计算:

(1) 在输入信号 $U_i=10$ V(有效值)时,电路的输出功率、管耗、直流电源供给的功率和效率;

(2) 当输入信号 u_i 的幅值为 $U_{im}=U_{CC}=20$ V 时,电路的输出功率、管耗、直流电源供给的功率和效率。

4.19　设电路如题 4.19 图所示,已知电源电压 $U_{CC} = U_{EE} = 12$ V,负载 $R_L = 8$ Ω,静态时输出电压 $u_o = 0$,设管子的饱和压降 $U_{CES} = 0$。

（1）二极管 D_1 和 D_2 的作用是什么?

（2）求电路的最大输出功率和每个功放管允许的最大管耗 P_{TM}。

（3）当输入电压为 $u_i = 6\sin(\omega t)$ 时,求负载得到的功率和电路的转换效率。

4.20　电路如题 4.20 图所示。在出现下列故障时,分别产生什么现象?

①R_2 开路;②D_1 开路;③R_2 短路;④T_1 集电极开路;⑤R_3 短路。

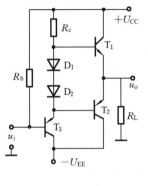

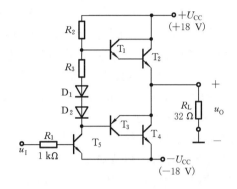

题 4.19 图　　　　　　　　　　　　　　题 4.20 图

4.21　电路如题 4.20 图所示。已知 T_1 和 T_2 管的饱和管压降 $|U_{CES}| = 3$ V,输入电压足够大,且当 $u_i = 0$ V 时,u_o 应为 0 V。求解:

（1）最大不失真输出电压的有效值;

（2）负载电阻 R_L 上电流的最大值;

（3）最大输出功率 P_{om} 和效率 η;

（4）说明电阻 R_2 和二极管 D_1、D_2 的作用;

（5）若电路仍产生交越失真,则应调节哪个电阻,如何调节?

4.22　某集成运放的一单元电路如题 4.22 图所示,T_1、T_2 的特性相同,且 β 足够大,问:

（1）T_1、T_2 和 R 组成什么电路? 在电路中起什么作用?

（2）写出 I_{REF} 和 I_{C2} 的表达式。设 $U_{BE} = 0.7$ V,U_{CC} 和 R 均为已知。

4.23　对称三极管组成题 4.23 图所示的微电流源电路。设 $U_{BE} = 0.6$ V,$U_{CC} = +15$ V。

（1）根据二极管电流方程导出工作电流 I_{C1} 和 I_{C2} 的关系式。

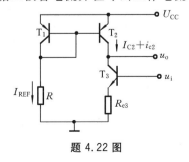

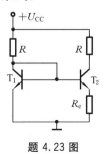

题 4.22 图　　　　　　　　　　　　　题 4.23 图

（2）若要求 $I_{C1}=0.5$ mA，$I_{C2}=20$ μA，则电阻 R、R_e 各为多大？

4.24　心电测量时，可以从人体的左、右手臂上获得心电信号。若心电信号的幅度大约为 2 mV，使用导线把心电信号输入差动放大电路中就可以放大并从输出端用示波器观察到心电信号的波形。但是心电信号在传输过程中会受到市电 50 Hz 工频干扰，形成共模噪声信号，幅度约为 5 mV。为了能在示波器上观察到心电信号，并要求心电信号的幅度为 5 V，噪声信号不超过 5 mV，则需要使差动放大电路的共模抑制比为多少？

4.25　若在差动放大电路的一个输入端加上信号 $u_{i1}=4$ mV，而在另一端加入信号 u_{i2}。当 u_{i2} 分别为①$u_{i2}=4$ mV、②$u_{i2}=-4$ mV、③$u_{i2}=-6$ mV、④$u_{i2}=6$ mV 时，分别求出这四种情况下的差模信号 u_{id} 和共模信号 u_{ic} 的数值。

4.26　双端输入-双端输出差动放大电路如题 4.26 图所示。已知 $+U_{CC}=+6$ V，$-U_{EE}=-6$ V，$R_b=10$ kΩ，$R_c=5.1$ kΩ，$R_e=5.1$ kΩ，$U_{BE}=0.7$ V，$\beta=50$，$R_L=10$ kΩ，$r_{bb'}=300$ Ω，输入电压 $u_{i1}=1$ mV，$u_{i2}=3$ mV。求：

（1）静态工作点 Q。

（2）把输入电压分解为共模分量 u_{ic1}、u_{ic2} 和差模分量 u_{id1}、u_{id2}，它们的值分别为多少？

（3）差模电压放大倍数 A_{ud}。

（4）共模输出电压 u_{oc} 和差模输出电压 u_{od} 的幅值分别为多少？

（5）共模抑制比 K_{CMR} 为多少？

4.27　单端输入-单端输出的长尾式差动放大电路如题 4.27 图所示。已知 $+U_{CC}=+15$ V，$-U_{EE}=-15$ V，$R_b=1$ kΩ，$R_c=15$ kΩ，$R_e=14.3$ kΩ，$U_{BE}=0.7$ V，$\beta=80$，$R_W=300$ Ω，$R_L=30$ kΩ，$r_{bb'}=100$ Ω，求：

（1）静态工作点 Q；

（2）差模输入电阻 R_{id}、输出电阻 R_o；

（3）差模电压放大倍数 A_{ud}；

（4）共模电压放大倍数 A_{uc}；

（5）共模抑制比 K_{CMR}。

4.28　在题 4.27 图所示的单端输入-单端输出的长尾式差动放大电路中，若输入电压 $u_i=20$ mV，则输出电压 u_o 应为多大？

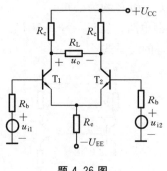

题 4.26 图

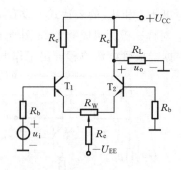

题 4.27 图

第 5 章　信号的基本运算与滤波处理

【基本概念】

　　理想集成运放,电压传输特性,虚短和虚断,基本运算电路,有源滤波,低通、高通、带通、带阻。

【重点与难点】

　　(1) 集成运放电路工作在线性区的有关计算,判断运算电路类型;

　　(2) 有源滤波电路的幅频特性分析。

【基本分析方法】

　　(1) 如何估算基本运放电路的电压放大倍数;

　　(2) 有源滤波电路种类的识别及选择;

　　(3) 如何估算一阶有源滤波电路的放大倍数,分析截止频率。

5.1　集成运放的电路模型

5.1.1　集成运放电路的符号表示

　　集成运放电路是一种高放大倍数的多级直接耦合放大电路,从外部看可以认为集成运放电路是一个双端输入-单端输出的差动放大电路,电路符号如图 5-1 所示。如图 5-1(a)所示,引脚 1 是输出端,引脚 2 是反相输入端,标有"－"号,表示信号 u_N 从该端输入时,输出信号与输入信号反相;引脚 3 是同相输入端,标有"＋"号,表示信号 u_P 从该端输入时,输出信号与输入信号同相;引脚 4 和 11 分别为正、负电源端。画电路图时,通常把电源端省略,则集成运放的电路符号如图 5-2 所示。

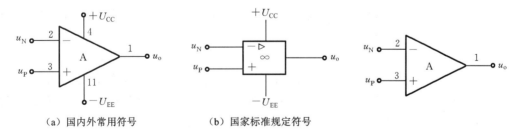

　　（a）国内外常用符号　　　　　　（b）国家标准规定符号

图 5-1　集成运放电路的符号　　　　　图 5-2　集成运放的简化符号

5.1.2　理想集成运放的性能指标

　　在讨论由集成运放电路组成的各种电路时,通常将实际的集成运放理想化处理。理想集成运放的特点如下：

(1)开环差模增益(放大倍数) $A_{od} = \infty$ ；

(2)差模输入电阻 $R_{id} = \infty$ ；

(3)输出电阻 $R_o = 0$ ；

(4)共模抑制比 $K_{CMR} = \infty$ ；

(5)上限截止频率 $f_H = \infty$ ；

(6)失调电压 U_{IO} 、失调电流 I_{IO} ，以及它们的温漂 $\dfrac{dU_{IO}}{dT}$ 、 $\dfrac{dI_{IO}}{dT}$ 均为零，且无任何内部噪声。

实际上，集成运放的技术指标均为有限值，理想化后必然带来分析误差。但是，在一般的工程计算中，这些误差都是允许的。因此，在以后的章节中，集成运放电路均认为是理想集成运放。只有在进行误差分析时，才考虑实际参数。

5.1.3 集成运放的电压传输特性

集成运放的电压传输特性如图 5-3 所示。从图示曲线可以看出，集成运放有线性区(放大区)和非线性区(饱和区)两部分。

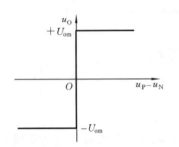

图 5-3 集成运放的电压传输特性

1. 集成运放工作在线性区

设集成运放同相输入端和反相输入端的电位分别为 u_P 、 u_N ，电流分别为 i_P 、 i_N 。当集成运放工作在线性区时，输出电压应与输入差模电压(又称净输入电压，即同相输入端和反相输入端的电位差 $u_P - u_N$)呈线性关系，即

$$u_o = A_{od}(u_P - u_N)$$

由于集成运放放大的是差模信号，又没有接外电路引入反馈(反馈电路将在第 6 章介绍)，因此将 A_{od} 称为开环差模增益。由于 u_o 为有限值，而理想集成运放 $A_{od} = \infty$ ，因而净输入电压等于零，则

$$u_P = u_N$$

由此可见，两个输入端的电位相等，好像短接了但又不是真正短路，称之为"虚短"。

净输入电压为零，又因为理想集成运放的输入电阻为无穷大，所以两个输入端的输入电流也均为零，即

$$i_P = i_N = 0$$

由此可见，两个输入端的电流趋于零，好像断开了但又不是真正断路，称之为"虚断"。

对于集成运放工作在线性区的应用电路，"虚短"和"虚断"是分析其输入信号和输出信号关系的两个基本出发点。

2. 集成运放工作在非线性区

理想集成运放工作在非线性区时有两个特点：

(1)输出电压 u_o 只有两种可能的情况：$+U_{om}$ 或 $-U_{om}$ 。当 $u_P > u_N$ 时，$u_o = +U_{om}$ ；当 $u_P < u_N$ 时，$u_o = -U_{om}$ 。

（2）由于理想集成运放的差模输入电阻无穷大，故净输入电流为零，即 $i_P = i_N = 0$。

可见，理想集成运放工作在非线性区时仍具有"虚断"的特点，但其净输入电压不再为零，而取决于电路的输入信号。对于集成运放工作在非线性区的应用电路，上述两个特点是分析其输入信号和输出信号关系的基本出发点。

3. 电路特征

对于理想集成运放，由于 $A_{od} = \infty$，因而只要在两个输入端之间加无穷小电压，输出电压就将超出其线性范围，进入非线性区，则输出不是 $+U_{om}$，就是 $-U_{om}$，因此，集成运放处于开环状态，工作在非线性区。

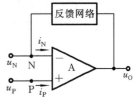

要使集成运放工作在线性区，则需要在电路引入负反馈（负反馈内容将在第 6 章详细讲述）。对于单个集成运放，通过无源的反馈网络将集成运放的输出端与反相输入端连接，就表明电路引入了负反馈，如图 5-4 所示。因此，可以通过电路是否引入了负反馈，来判断电路是否工作在线性区。

图 5-4 集成运放引入负反馈

5.2 基本运算电路

集成运放电路实质上是一个高放大倍数、直接耦合的多级放大电路，最初多用于各种模拟信号的运算，如比例、求和、求差、积分、微分，等等。在运算电路中，要求集成运放工作在线性区。

5.2.1 比例运算电路

将输入信号按比例放大的电路，称为比例运算电路。按输入信号加在不同的输入端，把比例运算分为反相比例运算、同相比例运算。

1. 反相比例运算电路

反相比例运算电路如图 5-5 所示。输入电压 u_i 通过电阻 R 作用于集成运放的反相输入端；电阻 R_f 跨接在集成运放的输出端和反相输入端；同相输入端通过电阻 R'（补偿电阻或平衡电阻）接地，以保证集成运放输入级差动放大电路的对称性，在选择参数时应使 $R' = R /\!/ R_f$。

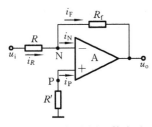

图 5-5 反相比例运算电路

由于理想集成运放的净输入电压和净输入电流均为零，故 R' 中电流为零，即同相输入端电位为零，根据"虚短""虚断"的概念，有

$$u_P = u_N = 0$$
$$i_P = i_N = 0$$

则节点 N 的电流方程为

$$i_R = i_F$$

$$\frac{u_i - u_N}{R} = \frac{u_N - u_o}{R_f}$$

整理得出输出电压和输入电压的关系为

$$u_o = -\frac{R_f}{R}u_i$$

由上式可知，u_o 与 u_i 成比例，比例系数为 $-R_f/R$，负号表示 u_o 与 u_i 反相。比例系数的数值可以是大于、等于和小于 1 的任何值。当 $R_f = R$ 时，$u_o = -u_i$，此电路成为反相器。

由前面分析可知，由于 $u_P = u_N = 0$，对集成运放来说输入端可以认为共模信号为零，因此，选用集成运放时，对其共模抑制比的要求可以适当放宽。

反相输入运算电路的输入电阻为

$$R_i = \frac{u_i}{i_i} = R$$

由第 2 章内容知道，为了减小放大电路从信号源索取的电流，应使输入电阻尽可能大。

由 $R_i = R$ 可知，为了增大输入电阻，必须增大 R。例如，在比例系数为 -50 的情况下，若要求 $R_i = 10\ \text{k}\Omega$，则 R 应取 $10\ \text{k}\Omega$，R_f 应取 $500\ \text{k}\Omega$；若要求 $R_i = 100\ \text{k}\Omega$，则 R 应取 $100\ \text{k}\Omega$，R_f 应取 $5\ \text{M}\Omega$。实际上，当电路中电阻取值过大时，一方面，由于工艺的原因，电阻的稳定性差且噪声大，另一方面，当阻值与集成运放自身的输入电阻等数量级时，比例关系 $-R_f/R$ 将会发生变化。使用阻值较小的电阻达到数值较大的比例系数，并且具有较大的输入电阻，是实际应用的需要，因此引出了 T 形网络结构的反相比例运算电路。

2. T 形网络反相比例运算电路

在图 5-6 所示电路中，电阻 R_2、R_3 和 R_4 构成英文字母 T 形，故称该电路为 T 形网络电路。

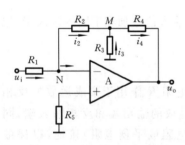

根据"虚短""虚断"的概念，有

$$u_P = u_N = 0$$
$$i_P = i_N = 0$$

节点 N 的电流关系为

$$\frac{u_i}{R_1} = -\frac{u_M}{R_2} = i_2$$

而节点 M 的电流关系为

$$i_4 = i_2 + i_3$$

图 5-6 T 形网络反相比例运算电路

$$i_3 = -\frac{u_M}{R_3}, \quad i_4 = \frac{u_M - u_o}{R_4}$$

整理可得输出电压与输入电压的关系为

$$u_o = -\frac{R_2 + R_4}{R_1}\left(1 + \frac{R_2 /\!/ R_4}{R_3}\right)u_i$$

T 形网络电路表明，当 $R_3 = \infty$ 时，u_o 与 u_i 的关系类似 $u_o = -\frac{R_f}{R_1}u_i$，输入电阻 $R_i = R_1$。

若要求比例系数为 -50 且 $R_i = 100\ \text{k}\Omega$，则 R_1 应取 $100\ \text{k}\Omega$；如果 R_2 和 R_4 也取 $100\ \text{k}\Omega$，那么只要 R_3 取 $2\ \text{k}\Omega$ 左右，即可得到 -50 的比例系数。

3. 同相比例运算电路

同相比例运算电路如图 5-7 所示。输入电压 u_i 通过电阻 R'（平衡电阻，其作用与反相输入运算电路的相同）作用于集成运放的同相输入端；反相输入端通过电阻 R 接地；电阻 R_f 跨接在集成运放的输出端和反相输入端。

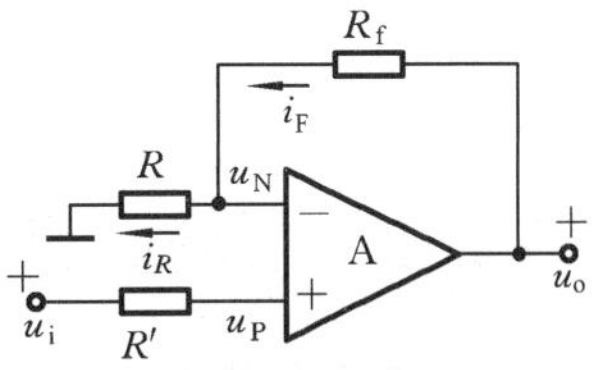

根据"虚短"和"虚断"的概念，有

$$u_P = u_N = u_i$$

$$i_P = i_N = 0$$

则 $i_R = i_F$，即

$$\frac{u_N - 0}{R} = \frac{u_o - u_N}{R_f}$$

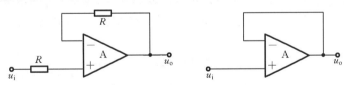

图 5-7　同相比例运算电路

整理得输出电压与输入电压的关系为

$$u_o = \left(1 + \frac{R_f}{R}\right) u_i$$

由上式可知，u_o 与 u_i 同相且 u_o 大于 u_i。

由前面分析可知，同相输入运算电路的输入电阻很高，有

$$R_i = \frac{u_i}{i_i} \rightarrow \infty$$

应当指出，虽然同相比例运算电路具有高输入电阻、低输出电阻的优点，但由于 $u_P = u_N \neq 0$，故对集成运放来说相当于输入了一对共模信号，因此为了提高运算精度，应当选用高共模抑制比的集成运放。因此，同相输入运算电路没有反相输入运算电路应用得广泛。

4. 电压跟随器

在同相比例运算电路中，若 $R \rightarrow \infty$ 或 $R_f = 0$，则构成图 5-8 所示的电压跟随器。由于 $u_o = u_P = u_N$，故输出电压与输入电压的关系为 $u_o = u_i$。

图 5-8　电压跟随器

电压跟随器在用途上与前面（第 2 章）所介绍的分立元件组成的射极跟随器完全相同，但由于理想集成运放的开环差模增益为无穷大，因而电压跟随器具有比射极跟随器好得多的跟随特性。

【例 5-1】　电路如图 5-9 所示，已知 $u_o = -55 u_i$，其余参数如图中所标注，试求出电阻 R_5 的值。

解　A_1 构成同相比例运算电路，A_2 构成反相比例运算电路。因此，有

$$u_{o1} = \left(1 + \frac{R_2}{R_1}\right) u_i = \left(1 + \frac{100}{10}\right) u_i = 11 u_i$$

$$u_o = -\frac{R_5}{R_4} u_{o1} = -\frac{R_5}{100} \times 11 u_i = -55 u_i$$

得出 $R_5 = 500$ kΩ。

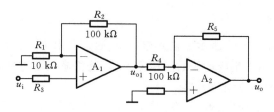

图 5-9　例 5-1 电路图

5.2.2　加减运算电路

1. 求和运算电路

1）反相求和运算电路

在反相比例运算电路的基础上,增加多条输入支路共同接入反相输入端,即构成了反相求和运算电路,如图 5-10 所示。

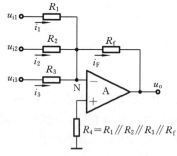

图 5-10　反相加法运算电路

根据"虚短"和"虚断"的概念,有

$$u_P = u_N = 0$$
$$i_P = i_N = 0$$

则节点 N 的电流方程为

$$i_1 + i_2 + i_3 = i_F$$

$$\frac{u_{i1}}{R_1} + \frac{u_{i2}}{R_2} + \frac{u_{i3}}{R_3} = -\frac{u_o}{R_f}$$

整理得 u_o 的表达式为

$$u_o = -R_f\left(\frac{u_{i1}}{R_1} + \frac{u_{i2}}{R_2} + \frac{u_{i3}}{R_3}\right)$$

对于多输入的电路除了用上述节点电流法求解运算关系外,还可利用叠加原理,首先分别求出各输入电压单独作用时的输出电压,然后将它们相加,便得到所有信号共同作用时输出电压与输入电压的运算关系。

设 u_{i1} 单独作用,此时应将 u_{i2} 和 u_{i3} 接地,如图 5-11 所示,这样电路实现的是反相比例运算,$u_{o1} = -\dfrac{R_f}{R_1}u_{i1}$;同样,$u_{i2}$ 和 u_{i3} 单独作用时,$u_{o2} = -\dfrac{R_f}{R_2}u_{i2}$,$u_{o3} = -\dfrac{R_f}{R_3}u_{i3}$。

利用叠加定理,当 u_{i1}、u_{i2} 和 u_{i3} 同时作用时,则有

$$u_o = u_{o1} + u_{o2} + u_{o3} = -\frac{R_f}{R_1}u_{i1} - \frac{R_f}{R_2}u_{i2} - \frac{R_f}{R_3}u_{i3}$$

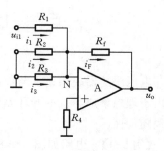

图 5-11　u_{i1} 单独作用时的电路

2）同相求和运算电路

在同相比例运算电路的基础上,增加多条输入支路共同接入同相输入端,即构成了同相求和运算电路,如图 5-12 所示。

根据"虚断"的概念,有

$$i_P = i_N = 0$$

所以节点 P 的电流方程为

$$i_1 + i_2 + i_3 = i_4$$

即
$$\frac{u_{i1}-u_P}{R_1}+\frac{u_{i2}-u_P}{R_2}+\frac{u_{i3}-u_P}{R_3}=\frac{u_P}{R_4}$$

整理得
$$\left(\frac{1}{R_1}+\frac{1}{R_2}+\frac{1}{R_3}+\frac{1}{R_4}\right)u_P=\frac{u_{i1}}{R_1}+\frac{u_{i2}}{R_2}+\frac{u_{i3}}{R_3}$$

所以同相输入端电位为
$$u_P=R_P\left(\frac{u_{i1}}{R_1}+\frac{u_{i2}}{R_2}+\frac{u_{i3}}{R_3}\right)$$

式中：$R_P=R_1 // R_2 // R_3 // R_4$。

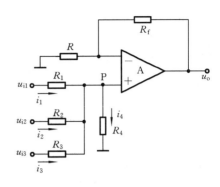

图 5-12　同相加法运算电路

在同相比例运算电路的分析中，得 $u_o=\left(1+\frac{R_f}{R}\right)u_P$，而 $u_i=u_P$，于是可以得出

$$u_o=\left(1+\frac{R_f}{R}\right)\cdot R_P\cdot\left(\frac{u_{i1}}{R_1}+\frac{u_{i2}}{R_2}+\frac{u_{i3}}{R_3}\right)$$

若取 $R_N=R // R_f$，则
$$u_o=R_f\cdot\frac{R_P}{R_N}\cdot\left(\frac{u_{i1}}{R_1}+\frac{u_{i2}}{R_2}+\frac{u_{i3}}{R_3}\right)$$

当 $R_N=R_P$ 时，有
$$u_o=R_f\left(\frac{u_{i1}}{R_1}+\frac{u_{i2}}{R_2}+\frac{u_{i3}}{R_3}\right)$$

由上分析可知，同相求和运算电路的比例系数由电路中所有的电阻共同决定，在取用电阻值时会相互影响，使用时不太方便，因此同相求和运算电路不及反相求和运算电路应用得广泛。

2. 差分比例运算电路

图 5-13 所示的为加减运算电路。电路的输出电压与输入电压的关系可利用叠加定理求得。

u_{i1} 单独作用时，电路为反相比例运算电路，如图 5-14（a）所示。故输出电压为
$$u_{o1}=-\frac{R_f}{R_1}u_{i1}$$

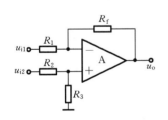

图 5-13　加减运算电路

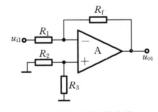

（a）反相比例运算电路　　　（b）同相比例运算电路

图 5-14　利用叠加原理求解加减运算电路

u_{i2} 单独作用时，电路为同相比例运算电路，如图 5-14（b）所示。故输出电压为
$$u_{o2}=\left(1+\frac{R_f}{R_1}\right)\left(\frac{R_3}{R_3+R_2}\right)u_{i2}$$

根据叠加定理得
$$u_o=u_{o2}+u_{o1}=\left(1+\frac{R_f}{R_1}\right)\left(\frac{R_3}{R_3+R_2}\right)u_{i2}-\frac{R_f}{R_1}u_{i1}$$

若 $\dfrac{R_f}{R_1} = \dfrac{R_3}{R_2}$,则 $u_o = \dfrac{R_f}{R_1}(u_{i2} - u_{i1})$,此时电路实现了对输入差模信号的比例运算,电路可化简为图 5-15 所示的形式。

在使用单个集成运放构成加减运算电路时存在两个缺点:一是电阻的选取和调整不方便,二是对于每个信号源,输入电阻均较小。因此,可采用两级电路来实现高输入电阻的差分比例运算电路,如图 5-16 所示。

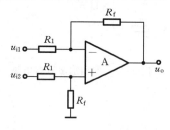

图 5-15　差分比例运算电路

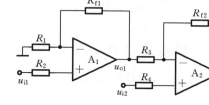

图 5-16　高输入电阻的差分比例运算电路

图 5-16 中,第一级电路为同相比例运算电路,因而 $u_{o1} = \left(1 + \dfrac{R_{f1}}{R_1}\right)u_{i1}$;利用叠加原理,可得第二级电路的输出电压为 $u_o = -\dfrac{R_{f2}}{R_3}u_{o1} + \left(1 + \dfrac{R_{f2}}{R_3}\right)u_{i2}$;若取 $R_1 = R_{f2}$,$R_3 = R_{f1}$,则

$$u_o = \left(1 + \dfrac{R_{f2}}{R_3}\right)(u_{i2} - u_{i1})$$

3. 测量放大电路

常用的测量放大电路,也称仪表放大器,如图 5-17 所示,是三运放差分放大器,可对两个输入信号的差模部分进行放大并抑制共模部分。它的最大特点是输入阻抗非常高、共模抑制比非常高、输出阻抗低。

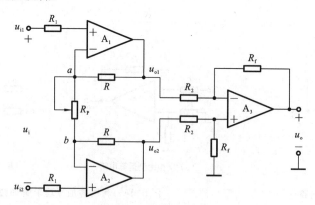

图 5-17　测量放大电路

根据理想运放"虚短"和"虚断"的概念,有

$$u_i = u_{i1} - u_{i2} = u_a - u_b$$

$$u_i = u_a - u_b = \dfrac{R_P}{2R + R_P}(u_{o1} - u_{o2})$$

则
$$u_{o1} - u_{o2} = \left(1 + \frac{2R}{R_P}\right) u_i$$

根据叠加原理,可得
$$u_o = \left(1 + \frac{R_f}{R_2}\right) \frac{R_f}{R_2 + R_f} u_{o2} - \frac{R_f}{R_2} u_{o1} = \frac{R_f}{R_2}(u_{o2} - u_{o1})$$

整理得出输出电压和输入电压的关系为
$$u_o = -\frac{R_f}{R_2}\left(1 + \frac{2R}{R_P}\right) u_i$$

由此可得,当电路其他参数一定时,输出电压正比于 $u_i = u_{i1} - u_{i2}$;当输入电压 u_{i1}、u_{i2} 不变时,可以通过改变电阻 R_P 来调整电路的输出电压 u_o。

由上可知,两个同相输入接法的运放 A_1、A_2 组成了第一级差分放大电路,运放 A_3 组成第二级差分放大电路。由于两个输入信号都是从 A_1、A_2 的同相端输入,所以输入电阻 $R_i \to \infty$。当相同的干扰信号同时进入 A_1、A_2 的输入端时,由于虚断,电阻 R 上没有干扰电流,因此第一级不再放大干扰信号;而干扰电压在 A_1、A_2 的输出端得以抵消,因此对 A_3 来说相当于输入端的电压没有干扰电压,A_3 只放大差分信号($u_{o2} - u_{o1}$),此电路抑制干扰信号能力强,已被制造成多种型号的集成电路,广泛应用于测量系统中。如 INA128,是一个三运放差分放大器芯片,它可将人体微弱的心电信号进行初步放大,并抑制各种共模噪声。

【例 5-2】 设计一个运算电路,要求输出电压和输入电压的运算关系式为
$$u_o = 10u_{i1} - 5u_{i2} - 4u_{i3}$$

解 根据已知的运算关系式,可以知道,当采用单个集成运放构成电路时,u_{i1} 应作用于同相输入端,而 u_{i2} 和 u_{i3} 应作用于反相输入端,如图 5-18 所示。

选取 $R_f = 100 \text{ k}\Omega$,若 $R_3 // R_2 // R_f = R_1 // R_4$,则
$$u_o = R_f\left(\frac{u_{i1}}{R_1} - \frac{u_{i2}}{R_2} - \frac{u_{i3}}{R_3}\right)$$

因为 $R_f / R_1 = 10$,故 $R_1 = 10 \text{ k}\Omega$;因为 $R_f / R_2 = 5$,故 $R_2 = 20 \text{ k}\Omega$;因为 $R_f / R_3 = 4$,故 $R_3 = 25 \text{ k}\Omega$。

$$\frac{1}{R_4} = \frac{1}{R_2} + \frac{1}{R_3} + \frac{1}{R_f} - \frac{1}{R_1} = \left(\frac{1}{20} + \frac{1}{25} + \frac{1}{100} - \frac{1}{10}\right) \text{k}\Omega^{-1} = 0 \text{ k}\Omega^{-1}$$

故省去 R_4。所设计电路如图 5-19 所示。

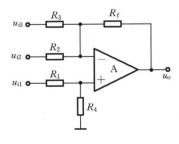

图 5-18 例 5-2 电路 1

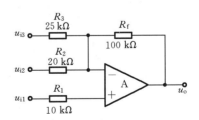

图 5-19 例 5-2 电路 2

【例 5-3】 电路如图 5-20 所示,$u_{i1} = +2 \text{ V}$,$u_{i2} = -6 \text{ V}$,$u_{i3} = +6 \text{ V}$。

(1)说明 A_1、A_2 各为什么电路;

（2）求 u_{o1}、u_o；

（3）若在 A_2 同相输入端再加一个 $12 \text{ k}\Omega$ 的电阻并接地，如图 5-21 所示，此时 u_o 为多少？

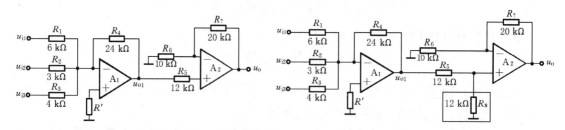

图 5-20　例 5-3 电路 1　　　　　　　　　　图 5-21　例 5-3 电路 2

解　（1）A_1 为反相加法运算电路；A_2 为同相比例运算电路。

（2）
$$u_{o1} = -R_4 \left(\frac{u_{i1}}{R_1} + \frac{u_{i2}}{R_2} + \frac{u_{i3}}{R_3} \right) = -24 \left(\frac{2}{6} + \frac{-6}{3} + \frac{6}{4} \right) \text{ V} = 4 \text{ V}$$

$$u_o = \left(1 + \frac{R_7}{R_6} \right) u_{o1} = \left(1 + \frac{20}{10} \right) \times 4 \text{ V} = 12 \text{ V}$$

（3）
$$u_o = \left(1 + \frac{R_7}{R_6} \right) u_{P2} = \left(1 + \frac{R_7}{R_6} \right) \left(\frac{R_8}{R_8 + R_5} \right) u_{o1} = \left(1 + \frac{20}{10} \right) \times 2 \text{ V} = 6 \text{ V}$$

5.2.3　积分和微分运算电路

积分运算和微分运算互为逆运算。在自控系统中，常用积分电路和微分电路作为调节环节。此外，它们还广泛应用于波形的产生和变换以及仪器仪表之中。以集成运放作为放大电路，利用电阻和电容作为反馈网络，可以实现这两种运算电路。

1. 积分运算电路

积分运算电路如图 5-22(a) 所示，积分电路的结构与反相比例运算电路的结构相同，只是用电容 C 代替了跨接在输出端与输入端的电阻 R_f。

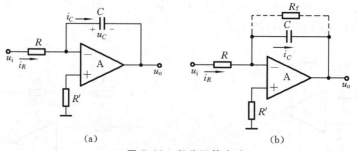

（a）　　　　　　　　　　（b）

图 5-22　积分运算电路

根据"虚短""虚断"的概念，有

$$u_P = u_N = 0$$

$$i_P = i_N = 0$$

则，有
$$i_R = i_C$$

$$\frac{u_{\mathrm{i}} - u_{\mathrm{N}}}{R} = C\frac{\mathrm{d}u_C}{\mathrm{d}t} = C\frac{\mathrm{d}(u_{\mathrm{N}} - u_{\mathrm{o}})}{\mathrm{d}t}$$

整理得出输出电压和输入电压的关系为

$$u_{\mathrm{o}} = -\frac{1}{C}\int i_C \mathrm{d}t = -\frac{1}{RC}\int u_{\mathrm{i}}\mathrm{d}t$$

由此可见,输出电压与输入电压之间为积分关系,故此电路称为积分电路。

若要求解 t_1 到 t_2 时间段的积分值,则

$$u_{\mathrm{o}} = -\frac{1}{RC}\int_{t_1}^{t_2} u_{\mathrm{i}}\mathrm{d}t + u_{\mathrm{o}}(t_1)$$

式中:$u_{\mathrm{o}}(t_1)$ 为积分起始时刻的输出电压,即积分运算的起始值,积分的终值是 t_2 时刻的输出电压。

当 u_{i} 为常量时,则有 $u_{\mathrm{o}} = -\frac{1}{RC}u_{\mathrm{i}}(t_2 - t_1) + u_{\mathrm{o}}(t_1)$。

当输入为阶跃信号时,若 t_0 时刻电容上的电压为零,则输出电压波形如图 5-23(a)所示。当输入为方波和正弦波时,输出电压波形分别如图 5-23(b)和(c)所示。由此可见,利用积分电路可以实现方波-三角波的波形变换和正弦-余弦的移相功能。

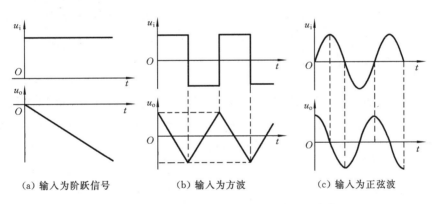

（a）输入为阶跃信号　　　（b）输入为方波　　　（c）输入为正弦波

图 5-23　积分运算电路在不同输入情况下的波形

若输入信号的频率较低,则电容容抗值较大,此时会造成电路的电压增益过大而导致集成运放工作在非线性区。为此,在实用电路中,为了防止低频信号增益过大,常在电容上并联一个电阻加以限制,如图 5-22(b)所示。

2. 微分运算电路

将积分电路中的电阻 R 和电容 C 的位置互换,则得到微分运算电路,如图 5-24 所示。

根据"虚短"和"虚断"的概念,有

$$u_{\mathrm{P}} = u_{\mathrm{N}} = 0$$
$$i_{\mathrm{P}} = i_{\mathrm{N}} = 0$$

则有

$$i_C = i_R$$

$$C\frac{\mathrm{d}u_C}{\mathrm{d}t} = \frac{u_{\mathrm{N}} - u_{\mathrm{o}}}{R}, \qquad u_C = u_{\mathrm{i}} - u_{\mathrm{N}}$$

整理得出输出电压和输入电压的关系为

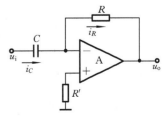

图 5-24　基本微分运算电路

$$u_o = -RC\frac{du_i}{dt}$$

由此可见,输出电压与输入电压之间为微分关系,故此电路称为微分电路。微分电路可以将矩形波变换成尖脉冲,如图 5-25 所示。

在图 5-24 所示的微分电路中,若输入信号频率过高,将导致电容容抗值减小,则电路电压增益将增大,甚至使集成运放进入非线性区,另外电路中的电阻 R 和电容 C 构成了滞后环节,它与集成运放内部的滞后环节相叠加,很容易产生自激振荡,从而使电路不稳定。为了解决这些问题,实际应用中往往将微分电路接成如图 5-26 所示的形式。反馈电阻上并联稳压二极管,以限制输出电压,保证集成运放工作在线性区,电路中增加的电阻 R_1 和电容 C_1 构成超前环节,起相位补偿作用,提高电路的稳定性。

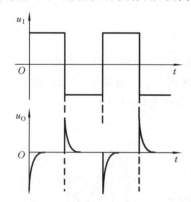

图 5-25　微分电路输入、输出波形分析

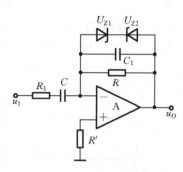

图 5-26　实用微分运算电路

【例 5-4】　在自动控制系统中,常采用如图 5-27 所示的 PID 调节器,试分析输出电压与输入电压的运算关系式。

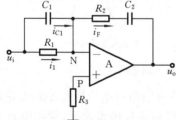

图 5-27　调节器电路图

解　根据"虚短"和"虚断"的概念,有

$$u_P = u_N = 0$$

$$i_P = i_N = 0$$

则 N 点的电流方程为

$$i_F = i_{C1} + i_1$$

$$i_{C1} = C_1\frac{du_i}{dt},\ i_1 = \frac{u_i}{R_1},\ u_N - u_o = i_F R_2 + \frac{1}{C_2}\int i_F dt$$

整理得出输出电压和输入电压的关系为

$$u_o = -\left(\frac{R_2}{R_1} + \frac{C_1}{C_2}\right)u_i - R_2 C_1\frac{du_i}{dt} - \frac{1}{R_1 C_2}\int u_i dt$$

因电路可完成比例、积分和微分运算,故称之为 PID 调节器。当 $R_2 = 0$ 时,电路只有比例和积分运算部分,称为 PI 调节器;当 $1/C_2 = 0$ 时,电路只有比例和微分运算部分,称为 PD 调节器;根据控制中的不同需要,采用不同的调节器。

5.2.4　对数运算和指数运算电路

超声在临床上广泛应用于软组织成像。超声探头发射出超声波,超声波穿透皮肤到达体内的器官并反射形成回波,回波信号经过放大后变换成对应的图像以供医生诊断。但是,超声波在穿过皮肤等软组织时,超声的强度会随着深度的增加呈指数衰减,此时前面介绍的线性放大电路不再适用,因为等增益的放大会使深度较小的回波信号因为增益过大而饱和,而让深度较大的回波信号因为增益不够而乏力。解决的办法就是使用对数放大电路。

对数和指数运算电路都可利用 PN 结电流和结电压的关系来实现。

1. 对数运算电路

根据 PN 结的电流方程可知,三极管的发射极电流与 b-e 间电压的近似关系为

$$i_E \approx I_S (e^{u_{BE}/U_T} - 1)$$

当晶体管工作在放大区时,$u_{BE} \gg U_T$(常温下为 26 mV),故

$$i_E \approx I_S e^{u_{BE}/U_T}$$

通常,晶体管电流放大倍数 β 远大于 1 时,集电极电流与发射极电流近似相等,即 $i_C \approx i_E$。

在图 5-27 所示电路中,$u_P = u_N = 0$,为虚地,$i_C = i_R = u_i/R$。则 $\dfrac{u_i}{R} \approx I_S e^{u_{BE}/U_T}$。由于输出电压 $u_o = -u_{BE}$,故 $u_o \approx -U_T \ln \dfrac{u_i}{I_S R}$。

由此可见,图 5-28 所示电路实现了对数运算。图中 i_R 和 i_C 所标注的方向是电流的实际方向,因此 u_i 应大于零。

2. 指数运算电路

在图 5-29 所示电路中,$u_P = u_N = 0$(为虚地),且 $u_i = u_{BE}$;电阻 R 中电流三极管发射极电流相等,即 $i_R = i_E$。图中输出电压 $u_o = -u_R$,根据 PN 结的电流方程可知,$i_E \approx I_S e^{u_{BE}/U_T}$,所以

$$u_o = -i_E R \approx -I_S e^{u_i/U_T} R$$

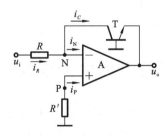

图 5-28　对数运算电路

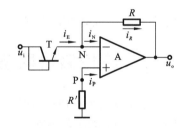

图 5-29　指数运算电路

由此可见,图 5-28 所示电路实现了指数运算。图示中 i_R 和 i_E 的方向是电流的实际方向,因而 u_i 应大于零,且其变化范围应为输入特性中三极管导通时 u_{BE} 的变化范围。

对数和指数运算关系式中均含有 I_S 和 U_T,它们均受温度的影响较大,为了消除它们对运算关系的影响,实用电路中会加入相应的调整电路,形成专用集成电路。

【例 5-5】　电路如图 5-30 所示,已知三只晶体管具有完全相同的特性。

(1) 分别说明以四个集成运放为核心元件可组成哪种运算电路;

(2) 求解输出电压和输入电压的运算关系式。

解　(1) A_1 和 A_2 均组成对数运算电路,A_3 组成反相求和运算电路,A_4 组成指数运算

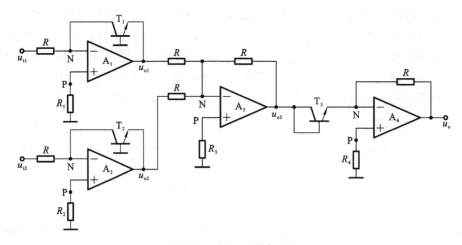

图 5-30　例 5-5 的电路图

电路。

（2）晶体管发射极电流方程

$$i_E \approx I_S e^{\frac{u_{BE}}{U_T}}$$

u_{o1}、u_{o2} 和 u_{o3} 为

$$u_{o1} \approx -U_T \ln \frac{u_{i1}}{I_S R}, \quad u_{o2} \approx -U_T \ln \frac{u_{i2}}{I_S R}$$

$$u_{o3} = -(u_{o1} + u_{o2}) = U_T \ln \frac{u_{i1} u_{i2}}{I_S^2 R^2}$$

输出电压

$$u_o \approx -I_S e^{\frac{u_{o3}}{U_T}} R = -\frac{u_{i1} u_{i2}}{I_S R}$$

利用对数、求和以及指数运算电路实现了两个模拟信号 u_{i1} 和 u_{i2} 的乘数运算。

5.3　模拟乘法器及其在运算电路中的应用

　　模拟乘法器是实现两个模拟信号乘法运算的非线性电子器件,其性能优越、使用方便、价格低廉,是模拟集成电路的重要分支之一。它不但可以用来方便地实现乘法、除法、乘方和开方运算,而且在广播电视、通信、仪表和自控系统中均得到非常广泛的应用。本节主要介绍它在模拟信号运算电路中的应用。

5.3.1　模拟乘法器简介

　　模拟乘法器的输入电压为 u_x、u_y,输出电压为 u_o,其符号如图 5-31(a)所示。u_o 与 u_x、u_y 的运算关系为

$$u_o = k u_x u_y$$

k 为相乘因子,其值可正可负,多为 $+0.1 \text{ V}^{-1}$ 或 -0.1 V^{-1}。若 k 值大于零,则为同相乘法器;若 k 值小于零,则为反相乘法器。

模拟乘法器的等效电路如图 5-31(b)所示。图中,r_{i1} 和 r_{i2} 分别为两个输入端的输入电阻,r_o 为输出电阻。理想情况下,$r_{i1}=r_{i2}=\infty$,$r_o=0$;k 值不随信号频率变化;$u_x=u_y=0$ 时 $u_o=0$;电路的失调电压、电流和噪声均为零。即无论 u_x 和 u_y 的幅值、频率和极性如何变化,上式均成立。

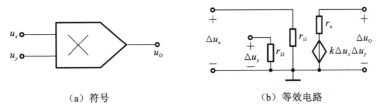

（a）符号　　　　　　　　　　（b）等效电路

图 5-31　模拟乘法器

根据 u_x 和 u_y 正负极性的不同取值情况,在 u_x 和 u_y 的坐标系中,模拟乘法器有不同的工作象限,如图 5-32所示。如果允许两输入电压均有两种极性,则乘法器可在四个象限内工作,称为四象限乘法器;如果只允许其中一个输入电压有两种极性,而另一个输入电压限定为某一种极性,则乘法器只能在两个象限内工作,称为二象限乘法器。如果两个输入电压均被分别限定为某一极性,则乘法器只能在某一象限内工作,称为单象限乘法器。

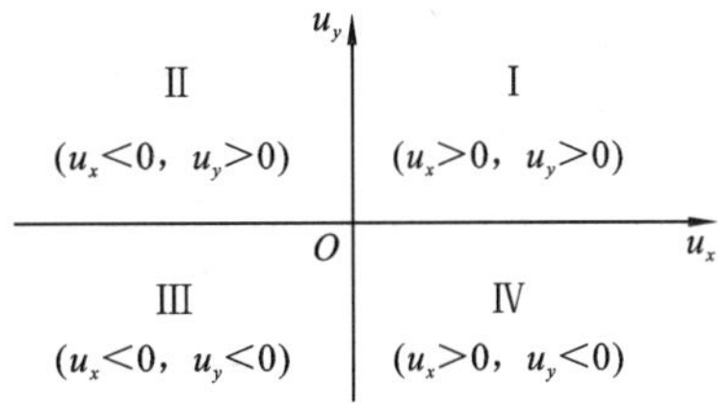

图 5-32　模拟乘法器的四个工作象限

5.3.2　变跨导型模拟乘法器的工作原理

模拟乘法器内部电路常采用以可控恒流源差分放大电路为基础来实现,其电路简单,易于集成,且工作频率较高。

1. 恒流源差分放大电路中晶体管的跨导

在图 5-33 所示差动放大电路中,T_1 和 T_2 管具有理想对称特性,静态时工作正常。设 $r_{b'e}$ 为它们的发射结电阻,$u_{b'e}$ 为发射结电压,根据晶体管跨导的定义,有

$$g_m = \frac{\Delta i_C}{\Delta u_{b'e}} = \frac{\beta \Delta i_B}{\Delta i_B r_{b'e}} = \frac{\beta}{r_{b'e}}$$

式中,发射结电阻

$$r_{b'e} = (1+\beta)\frac{U_T}{I_{EQ}}$$

因为一般情况下 $\beta \gg 1$,所以

$$g_m \approx \frac{I_{EQ}}{U_T}$$

式中,I_{EQ} 为恒流源电流 I 的 $1/2$,因此

$$g_m \approx \frac{I}{2U_T}$$

2. 可控恒流源差分放大电路的乘法特性

若图 5-33 所示差动放大电路中晶体管 b-e 间的动态电阻 $r_{be}=r_{bb'}+r_{b'e}\approx r_{b'e}$,则电路的

输入电压 $u_x \approx 2\Delta u_{b'e}$，因而集电极电流 $\Delta i_c \approx g_m \Delta u_{b'e} = g_m u_x / 2$，输出电压为 $-2\Delta i_c R_c$，即

$$u_o = -g_m R_c u_x \approx -\frac{IR_c}{2U_T} \cdot u_x$$

可以想象，若恒流源 I 受一外加电压 u_y 的控制，则 u_{o1} 将是 u_x 和 u_y 的乘法运算结果。实现这一想法的电路如图 5-34 所示。

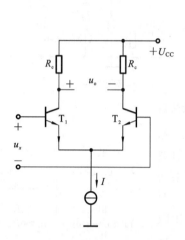

图 5-33　差动放大电路

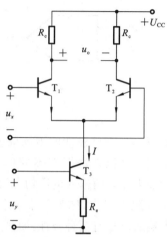

图 5-34　可控恒流源差动放大电路

图 5-34 所示中 T_3 管集电极电流

$$i_{c3} = I \approx \frac{u_y - u_{BE3}}{R_e}$$

若 $u_y \gg u_{BE3}$，则 $I \approx \dfrac{u_y}{R_e}$，得

$$u_o = -g_m R_c u_x \approx -\frac{IR_c}{2U_T} \cdot u_x \approx -\frac{R_c}{2U_T R_e} \cdot u_x u_y = k u_x u_y$$

实现了 u_x 和 u_y 的乘法运算。

从图 5-34 所示电路可以看出，u_x 的极性可正可负，而 u_y 必须大于零，故电路为两象限模拟乘法器。此外，u_y 越小，运算精度越差；k 值与 U_T 有关，即 k 值与温度有关，等等。为此，可以设计高精度四象限模拟乘法器解决上述问题。

5.3.3　模拟乘法器在运算电路中的应用

1. 乘方运算电路

将模拟乘法器的两个输入端并联后输入相同的信号，就可实现平方运算，如图 5-35(a)所示。其输出电压

$$u_o = k u_i^2$$

当多个模拟乘法器串联使用时，可以实现 u_i 的任意次方运算。图 5-35(b)所示为三次方运算电路。

2. 除法运算电路

将模拟乘法器置于集成运放的反馈回路，则构成除法运算电路，如图 5-36 所示。模拟

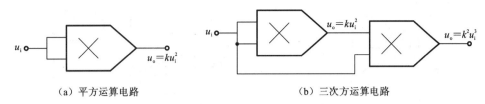

（a）平方运算电路　　　　　　　　（b）三次方运算电路

图 5-35　乘方运算电路

乘法器的输出电压

$$u'_o = k u_{i2} u_o$$

由于 $u_N = u_P = 0$，为虚地，$i_1 = i_2$，所以

$$\frac{u_{i1}}{R_1} = \frac{-u'_o}{R_2}$$

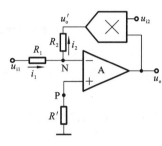

整理可得

$$u_o = -\frac{R_2}{kR_1} \cdot \frac{u_{i1}}{u_{i2}}$$

图 5-36　除法运算电路

从而实现了 u_{i1} 对 u_{i2} 的除法运算，$-\dfrac{R_2}{kR_1}$ 是其比例系数。

应当特别指出，因为在运算电路中必须引入负反馈，所以对于同相乘法器（$k > 0$），u_{i2} 必须大于零；对于反相乘法器（$k < 0$），u_{i2} 必须小于 0，即 u_{i2} 与 k 同符号。

3. 平方根运算电路

将乘方运算电路置于集成运放的反馈回路，则构成开方运算电路，如图 5-37 所示。图示中，由于 $u_N = u_P = 0$，为虚地，$i_1 = i_2$，所以

$$\frac{u_i}{R_1} = \frac{-u'_o}{R_2}, \quad \text{即} \quad u'_o = -\frac{R_2}{R_1} \cdot u_i$$

$$u'_o = k u_o^2$$

所以

$$u_o^2 = \frac{u'_o}{k} = -\frac{R_2}{kR_1} \cdot u_i$$

若输入电压 u_i 小于零，则由于 u_i 作用于集成运放的反相输入端，输出电压 u_o 必然大于零，其表达式为

$$u_o = \sqrt{-\frac{R_2}{kR_1} \cdot u_i} \quad (u_i < 0)$$

为保证根号内为正数，模拟乘法器的相乘因子 k 应为正值。

若输入电压 u_i 大于零，则输出电压 u_o 必然小于零，其表达式为

$$u_o = -\sqrt{-\frac{R_2}{kR_1} \cdot u_i} \quad (u_i > 0)$$

为保证根号内为正数，模拟乘法器的相乘因子 k 应为负值。可见，开方运算电路中 u_i 与 k 值符号应相反。即模拟乘法器选定后，电路只能对一种极性的 u_i 实现开方运算。

【例 5-6】图 5-38 所示电路为运算电路，已知模拟乘法器的 $k > 0$。

（1）标出集成运放的同相输入端（＋）和反相输入端（－）；

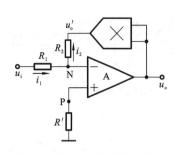

图 5-37 平方根运算电路

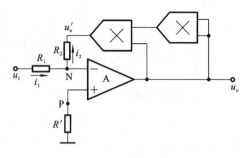

图 5-38 例 5-6 的图

（2）求出电路的运算关系式。

解 （1）根据已知条件,有

$$u'_o = k^2 u_o^3$$

表明 u'_o 与 u_o 同符号。因为电路为运算电路,应引入负反馈,所以 u'_o 与 u_i 应满足式

$$u'_o = -\frac{R_2}{R_1} \cdot u_i$$

表明 u'_o 与 u_i 符号相反,即 u_o 与 u_i 符号相反,故集成运放两个输入端上为"一"、下为"十"。

（3）利用上面分析所得两个式子整理可得

$$u_o = \sqrt[3]{-\frac{R_2}{k^2 R_1} \cdot u_i}$$

可见,电路实现了开三次方运算。

5.4 有源滤波电路

5.4.1 滤波电路的基本知识

滤波电路具有选频作用,通常用来选择某一段频率范围,即使特定频率范围内的信号顺利通过,而阻止其他频率信号通过。一般称可以通过滤波电路的频率范围为通带,不能通过的频率范围为阻带。通带和阻带之间的界限频率称为截止频率,在低频段的截止频率称为下限频率 f_L,在高频段的截止频率称为上限频率 f_H。

按照滤波电路的工作频带为其分类,可分为低通滤波电路(low-pass filter)、高通滤波电路(high-pass filter)、带通滤波电路(band pass filter)、带阻滤波电路(band-reject filter)。低通滤波电路允许低于某一上限频率(f_H)以下的信号通过,将高于此频率的信号衰减。高通滤波电路允许高于某一下限频率(f_L)以上的信号通过,将低于此频率的信号衰减。带通滤波电路允许某一频带范围内的信号通过,将此频带以外的信号衰减。带阻滤波电路阻止某一频带范围内的信号通过,而允许此频带以外的信号通过。

理想滤波电路的幅频特性如图 5-39 所示。

实际上,任何滤波器均不可能具备图 5-39 所示的幅频特性,在通带和阻带之间总存在着过渡带。过渡带愈窄,电路的选择性愈好,滤波特性愈理想。

滤波电路又可分为无源滤波电路和有源滤波电路两大类。若滤波电路仅由无源元件

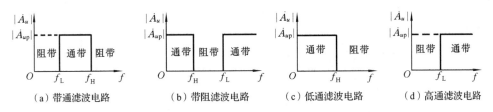

（a）带通滤波电路　　　（b）带阻滤波电路　　　（c）低通滤波电路　　　（d）高通滤波电路

图 5-39　理想滤波电路的幅频特性

（电阻、电容、电感）组成，则此滤波电路称为无源滤波电路。将 RC 无源网络接至有源元件（双极型管、单极型管、集成运放）的输入端，可以组成有源滤波电路。

　　无源滤波电路的电压增益小，最大仅为 1；带负载能力差，这一缺点常常不符合信号处理的要求。图 5-40 所示的为无源低通滤波电路。

　　输出端接负载电阻，如图 5-40 中虚线所示，电路的电压放大倍数

$$\dot{A}_u = \frac{\dot{U}_o}{\dot{U}_i} = \frac{\dfrac{1}{\mathrm{j}\omega C}//R_L}{R + \dfrac{1}{\mathrm{j}\omega C}//R_L} = \frac{\dfrac{R_L}{R+R_L}}{1 + \mathrm{j}\omega(R//R_L)C}$$

$$\dot{A}_u = \frac{\dot{U}_o}{\dot{U}_i} = \frac{1}{1 + \mathrm{j}\dfrac{f}{f_p}}$$

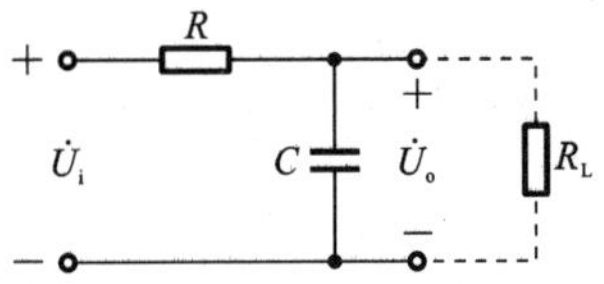

图 5-40　无源低通滤波电路

$$\dot{A}_{up} = \frac{R_L}{R+R_L}, \quad f_p = \frac{1}{2\pi(R//R_L)C}$$

　　以上表明，不但通带放大倍数会因负载电阻而减小，而且通带截止频率也会因负载电阻而增大，改变了滤波特性。上述分析说明无源滤波电路带负载能力差，但它无需直流电源供电，能够输出高电压大电流。

　　可以想象，若将无源滤波电路的输出与负载电阻通过电压跟随器隔离，则负载在一定变化范围内将不会影响电路的幅频特性。因为集成运放的输入电阻很高，其本身对 RC 网络的影响小，同时由于集成运放的输出电阻很低，因而大大增强了电路的带负载能力。此外，用比例运算电路取代电压跟随器还可使电路具有电压放大作用。

　　受集成运放所限，有源滤波电路不适于高电压大电流负载，而只适用于信号的处理。另外，在有源滤波电路中，由于集成运放是作为放大元件使用的，因此集成运放应工作在线性区。

5.4.2　有源低通滤波电路

　　选频电路由一个 RC 环节构成的滤波电路称为一阶滤波电路。一阶有源低通滤波电路如图 5-41 所示。在图 5-41（a）所示电路中，无源滤波网络 RC 接至集成运放的同相输入端，称之为同相输入低通滤波电路；在图 5-41（b）所示电路中，RC 接至集成运放的反相输入端，称之为反相输入低通滤波电路。下面以图 5-41（a）为例进行分析。

　　在图 5-41（a）所示电路中，输出电压与集成运放同相输入端电压之间的关系为

$$\dot{U}_o = \left(1 + \frac{R_2}{R_1}\right)\dot{U}_p$$

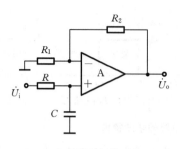

(a) RC接同相输入端　　　　　　　(b) RC接反相输入端

图 5-41　一阶有源低通滤波电路

而
$$\dot{U}_p = \frac{\dfrac{1}{j\omega C}}{R + \dfrac{1}{j\omega C}} \dot{U}_i = \frac{1}{1 + j\omega RC} \dot{U}_i$$

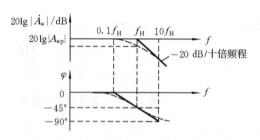

图 5-42　一阶有源低通滤波电路的幅频特性

所以电压放大倍数为

$$\dot{A}_u = \left(1 + \frac{R_2}{R_1}\right) \frac{1}{1 + j\omega RC} = \frac{A_{up}}{1 + j\dfrac{f}{f_H}}$$

式中：f_H 为截止频率，$f_H = \dfrac{1}{2\pi RC}$；A_{up} 为通带电压放大倍数。

由电压放大倍数可以画出一阶有源低通滤波器的幅频特性，其波特图如图 5-42 所示。

从电路的幅频特性可以看出，当工作频率 $f \to 0$ 时，$|\dot{A}_u| = A_{up} = 1 + \dfrac{R_2}{R_1}$；随着工作频率的增加，$\dot{A}_u$ 下降；当工作频率 $f \to \infty$ 时，$|\dot{A}_u| = 0$。

以同样的方法可得图 5-41 (b)所示电路的特性：

$$\dot{A}_u = -\frac{\dfrac{R_2}{R_1}}{1 + j\dfrac{f}{f_H}} = \frac{A_{up}}{1 + j\dfrac{f}{f_H}}$$

式中：$\dot{A}_{up} = -\dfrac{R_2}{R_1}$，$f_H = \dfrac{1}{2\pi R_2 C}$。

分析表明，可以通过改变电阻 R_2 和 R_1 的阻值调节通带电压放大倍数。如需改变截止频率，则应调整 RC (见图 5-41 (a))或 R_2C (见图 5-41 (b))。

一阶有源低通滤波电路的缺点是：当 $\omega \geqslant \omega_0$ 时，幅频特性衰减太慢，以 -20 dB/十倍频程的速率下降，与理想的幅频特性相比相差甚远。为此可在一阶有源低通滤波电路的基础上，再增加一级 RC 网络，组成二阶有源低通滤波电路，如图 5-43 所示。它的幅频特性在 $\omega \geqslant \omega_0$ 时，以 -40 dB/十倍频程的速率下

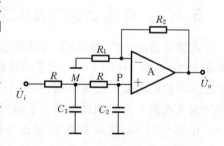

图 5-43　二阶有源低通滤波电路

降,衰减速度快,其幅频特性更接近于理想特性。

5.4.3 有源高通滤波电路

有源高通滤波电路与有源低通滤波电路具有对偶性,如果将图 5-41 所示电路中滤波环节的电容替换成电阻,电阻替换成电容,就可得各种有源高通滤波器。一阶有源高通滤波电路如图 5-44 所示。

电路是同相输入,其电压放大倍数为

$$\dot{A}_u = \left(1 + \frac{R_2}{R_1}\right)\frac{1}{1 - \mathrm{j}\dfrac{f_L}{f}} = \frac{A_{up}}{1 - \mathrm{j}\dfrac{f_L}{f}}$$

式中:截止频率 $f_L = \dfrac{1}{2\pi RC}$;A_{up} 为通带电压放大倍数。

由电压放大倍数可以画出一阶有源高通滤波器的幅频特性,其波特图如图 5-45 所示。

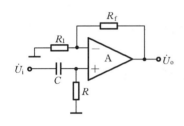

图 5-44 一阶有源高通滤波电路

图 5-45 一阶有源高通滤波电路的幅频特性

5.4.4 有源带通滤波电路

将有源低通滤波电路和有源高通滤波电路串联,如图 5-46 所示,就可得到有源带通滤波电路。设前者的截止频率为 f_H,后者的截止频率为 f_L,显然 f_L 应小于 f_H,则通频带为 $(f_H - f_L)$。实用电路中也常采用单个集成运放构成压控电压源二阶有源带通滤波电路,如图 5-47 所示。

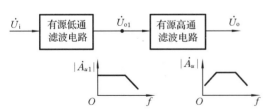

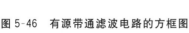

图 5-46 有源带通滤波电路的方框图

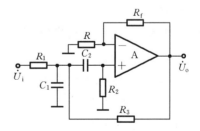

图 5-47 压控电压源二阶有源带通滤波电路

5.4.5 有源带阻滤波电路

将输入电压同时作用于有源低通滤波电路和有源高通滤波电路,再将两个电路的输出电压求和,就可以得到有源带阻滤波电路,如图 5-48 所示。其中有源低通滤波器的截止频

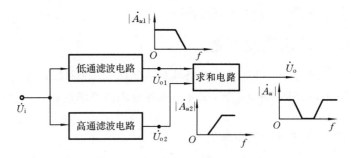

图 5-48　有源带阻滤波电路的方框图

率 f_H 应小于有源高通滤波器的截止频率 f_L,因此,电路的阻带为(f_L-f_H)。

实用电路常利用无源低通滤波电路和高通滤波电路并联构成无源带阻滤波电路,然后接同相比例运算电路,从而得到有源带阻滤波电路,如图 5-49 所示。由于两个无源滤波电路均由三个元件构成英文字母 T 形,故称之为双 T 网络。

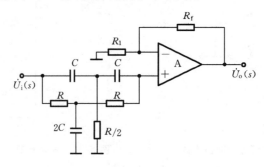

图 5-49　有源带阻滤波电路

本 章 小 结

本章首先介绍了集成运放的电路模型,然后讲述了基于集成运放的基本运算电路以及有源滤波电路。

1. 理想集成运放的电路模型

1) 主要性能指标

(1) 开环差模增益(放大倍数) $A_{od}=\infty$;

(2) 差模输入电阻 $R_{id}=\infty$;

(3) 输出电阻 $R_o=0$;

(4) 共模抑制比 $K_{CMR}=\infty$;

(5) 上限截止频率 $f_H=\infty$;

(6) 失调电压 U_{IO}、失调电流 I_{IO},以及它们的温漂 $\dfrac{dU_{IO}}{dT}$、$\dfrac{dI_{IO}}{dT}$ 均为零,且无任何内部噪声。

2）集成运放的电压传输特性

集成运放的工作区有线性区（放大区）和非线性区（饱和区）两部分。集成运放工作在线性区的分析依据是：$u_P = u_N$（虚短），$i_P = i_N = 0$（虚断）。集成运放工作在非线性区的分析依据是：当 $u_P > u_N$ 时，$u_o = +U_{om}$；当 $u_P < u_N$ 时，$u_o = -U_{om}$。同时 $i_P = i_N = 0$。

2. 基本集成运算电路

集成运放工作在线性区，可以实现模拟信号的比例、加减、积分、微分、对数、指数等各种基本运算。分析运算电路时的基本方法有如下两种。

（1）节点电流法：列出集成运放同相输入端和反相输入端及其他关键节点的电流方程，利用虚短和虚断的概念，求出运算关系。

（2）叠加原理：对于多信号输入的电路，可以先分别求出每个输入电压单独作用时的输出电压，然后将它们叠加，就得到所有信号同时输入时的输出电压，即求出运算关系。

3. 有源滤波电路

（1）有源滤波电路一般由 RC 网络和集成运放组成，主要用于小信号处理，按其幅频特性可分为低通、高通、带通和带阻四种滤波电路。

（2）有源滤波电路一般引入电压负反馈，集成运放工作在线性区，故分析方法与基本运算电路的相同。主要性能指标有通带电压放大倍数 A_{up}、通带截止频率 f_p 等，其频率特性可用波特图表示。

习　　题

5.1　判断下列说法是否正确，用"√"或"×"表示判断结果。

（1）虚短是指集成运放两个输入端短路（　　　），虚断是指集成运放两个输入端开路（　　　）。

（2）反相比例运算电路输入电阻很大（　　　）。

（3）同相比例运算电路中集成运放的共模输入电压为零（　　　）。

（4）无源滤波电路带负载后滤波特性将产生变化（　　　）。

（5）因为由集成运放组成的有源滤波电路往往引入深度电压负反馈，所以输出电阻趋于零（　　　）。

（6）由于有源滤波电路带负载后滤波特性基本不变，即带负载能力强，因此可将其用作直流电源的滤波电路（　　　）。

5.2　现有电路：

A. 反相比例运算电路　　　B. 同相比例运算电路　　　C. 积分运算电路

D. 微分运算电路　　　　　E. 同相求和电路　　　　　F. 反相求和电路

（1）欲将正弦波电压移相 $+90°$，应选用（　　　）。

（2）欲将方波电压转换成尖顶波电压，应选用（　　　）。

（3）欲实现函数 $Y = aX_1 + bX_2 + cX_3$，a、b 和 c 均大于零，应选用（　　　）。

（4）欲实现函数 $Y = aX_1 + bX_2 + cX_3$，a、b 和 c 均小于零，应选用（　　　）。

（5）欲实现 $A_u = -100$ 的放大电路，应选用（　　　）。

(6) 欲实现 $A_u > 1$ 的放大电路,应选用( )。

(7) 欲将方波电压转换成三角波电压,应选用( )。

5.3 有源滤波电路分为低通、高通、带通和带阻,选择其一填空:

(1) _____的直流电压放大倍数就是它的通带电压放大倍数。

(2) _____在 $f \to 0$ 或 $f \to \infty$ (即频率足够高)时的电压放大倍数均等于零。

(3) 在理想情况下,_____在 $f \to \infty$ 时的电压放大倍数就是它的通带电压放大倍数。

(4) 在理想情况下,_____在 $f \to 0$ 或 $f \to \infty$ 时的电压放大倍数相等,且不等于零。

(5) 为了避免 50 Hz 电网电压的干扰进入放大器,应选用_____滤波电路。

(6) 处理接收的 2.5 MHz 的通信信号,应采用_____滤波电路。

(7) 从输入信号中获得低于 500 Hz 的音频信号,应采用_____滤波电路。

5.4 设一阶低通滤波电路和二阶高通滤波电路的通带放大倍数均为2,通带截止频率分别为 2 kHz 和 100 Hz。试用它们构成一个带通滤波电路,并画出幅频特性。

5.5 电路如题 5.5 图所示,集成运放输出电压的最大幅值为 ± 14 V,填题 5.5 表。

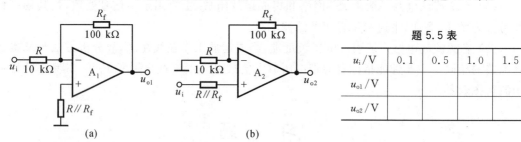

题 5.5 表

u_i/V	0.1	0.5	1.0	1.5
u_{o1}/V				
u_{o2}/V				

题 5.5 图

5.6 电路如题 5.6 图所示,试求:

(1) 输入电阻;

(2) 比例系数。

5.7 电路如题 5.6 图所示,集成运放输出电压的最大幅值为 ± 14 V,u_i 为 2 V 的直流信号。分别求出下列各种情况下的输出电压。① R_2 短路;② R_3 短路;③ R_4 短路;④ R_4 断路。

5.8 运算放大电路如题 5.8 图所示,写出输出电压与输入电压的运算关系式。

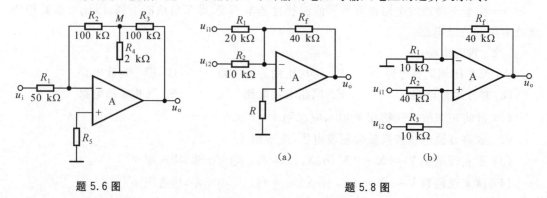

(a)　　　　　　　　　　(b)

题 5.6 图　　　　　　　题 5.8 图

5.9 分别求解题 5.9 图所示各电路的运算关系。

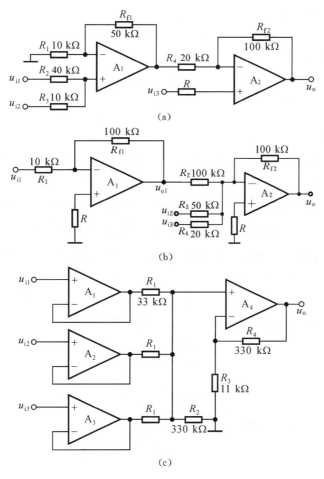

题 5.9 图

5.10　电路如题 5.10 图所示。

(1) 写出 u_o 与 u_{i1}、u_{i2} 的运算关系式。

(2) 当 R_w 的滑动端在最上端时,若 $u_{i1} = 10$ mV,$u_{i2} = 20$ mV,则 u_o 为多少?

(3) 若 u_o 的最大幅值为 ± 14 V,输入电压最大值 $u_{i1max} = 10$ mV,$u_{i2max} = 20$ mV,最小值均为 0 V,则为了保证集成运放工作在线性区,R_2 的最大值为多少?

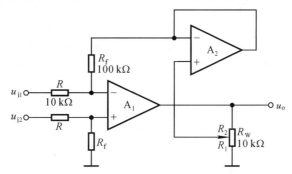

题 5.10 图

5.11 按下列要求设计电路。

(1) 用反相加法器设计电路,使其输出电压 $u_o = -(7u_{i1}+14u_{i2}+3.5u_{i3}+10u_{i4})$,要求允许使用的最大电阻值为 280 kΩ。

(2) 用反相比例运算电路和反相加法器设计电路,使其输出电压 $u_o=10u_{i1}-5u_{i2}+4u_{i3}$,要求反馈电阻用 100 kΩ。

(3) 用理想运放实现一个电压放大倍数为 100、输入电阻趋于无穷大的运算电路。要求采用电阻的最大阻值为 200 kΩ。

(4) 试用两个理想集成运放实现一个电压放大倍数为 100、输入电阻为 100 kΩ 的运算电路。要求所采用电阻的最大阻值为 500 kΩ。

(5) 实现一个三输入的运算电路,该电路输出电压与输入电压的运算关系为 $u_o = 5\int(4u_{i1}-2u_{i2}-2u_{i3})\mathrm{d}t$。要求对应于每个输入信号,电路的输入电阻不小于 100 kΩ。

(6) 已知某差分型传感器最大差模信号的幅度为 50 mV,设计一个单运放差分放大器,把传感器的最大信号放大到 5 V。

5.12 电路图如题 5.12 图所示。已知 $u_{i1}=4$ V,$u_{i2}=1$ V,回答下列问题:

(1) 当开关 S 闭合时,分别求解 A、B、C、D 和 u_o 的电位。

(2) 设 $t=0$ 时 S 打开,问经过多长时间 $u_o=0$?

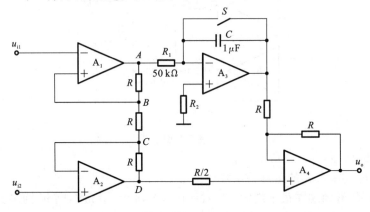

题 5.12 图

5.13 采集心电信号的时候,会混杂着直流偏置、高频噪声等无用信号。从生理学知识知道,心电信号的频率范围为 0.04~150 Hz,在这个频率范围以外的都视为噪声。因此在心电测量系统中,需要设计一个带通滤波器,试画出电路图,标清楚元器件参数。

5.14 在题 5.14 图(a)所示电路中,已知输入电压 u_1 的波形如题 5.14 图(b)所示,当 $t=0$ 时 $u_o=0$。试画出输出电压 u_o 的波形。

5.15 一积分电路如题 5.15 图(a)所示,输入电压 u_i 的波形如题 5.15 图(b)所示,电容器上的初始电压为 0 V,试画出输出电压 u_o 的波形。

5.16 电路如题 5.16 图所示,$R=100$ kΩ,$C=10$ μF。当 $t=0\sim t_1$(1 s)时,开关 S 接 a 点;当 $t=t_1$(1 s)$\sim t_2$(3 s)时,开关 S 接 b 点;而当 $t>t_2$(3 s)后,开关 S 接 c 点。已知集成运放电路电源电压 $U_{CC}=|-U_{EE}|=15$ V,初始电压 $u_C(0)=0$,试画出输出电压 $u_o(t)$ 的波形图。

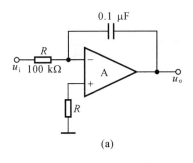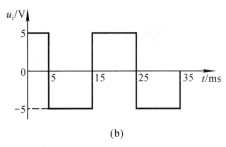

(a)　　　　　　　　　　　(b)

题 5.14 图

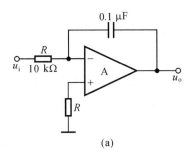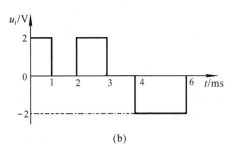

(a)　　　　　　　　　　　(b)

题 5.15 图

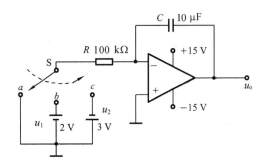

题 5.16 图

第6章 负反馈放大电路

【基本概念】

负反馈与正反馈、直流负反馈与交流负反馈、电压反馈与电流反馈、串联反馈与并联反馈、负反馈放大电路的方框图、反馈网络和反馈系数、深度负反馈、自激振荡。

【重点与难点】

(1) 不同负反馈组态对放大电路性能的影响;

(2) 深度负反馈放大电路的指标估算。

【基本分析方法】

(1) 判断电路中是否引入了反馈及反馈的性质,引入了何种负反馈组态;

(2) 根据需要在放大电路中引入合适的交流负反馈;

(3) 估算深度负反馈条件下的反馈系数和电压放大倍数;

(4) 负反馈放大电路稳定性的判断方法、消除自激振荡的方法。

6.1 反馈的基础知识

在实用的放大电路中,几乎都要引入这样或那样的反馈,以改善放大电路某些方面的性能。因此,掌握反馈的基本概念及判断方法是研究实用电路的基础。

6.1.1 反馈的概念

"反馈"就是将电子系统中输出回路的输出信号(输出电压或输出电流)的一部分或全部,通过一定的电路(反馈网络)反向送回到输入端或输入回路,进而对输入信号产生影响的连接形式(过程)。

按照反馈放大电路各部分电路的主要功能可将其分为基本放大电路和反馈网络两部分,如图 6-1 所示。前者的主要功能是放大信号,后者的主要功能是传输反馈信号。

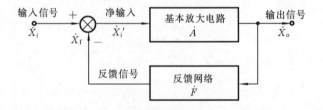

图 6-1 反馈放大电路的方框图

图 6-1 中,上面一个方框表示基本放大电路,下面一个方框表示能够把输出信号 $\dot{X}_o$ 的一部分或全部送回到输入端的电路,称为反馈网络。箭头线表示信号的传输方向。符号 $\otimes$

表示信号叠加,输入信号 $\dot{X}_i$ 由前级电路提供;反馈信号 $\dot{X}_f$ 是由反馈网络送回到输入端的信号;$\dot{X}_i'$ 为净输入信号或有效控制信号;"+"和"−"表示 $\dot{X}_i$ 和 $\dot{X}_f$ 参与叠加时的规定正方向,因此 $\dot{X}_i - \dot{X}_f = \dot{X}_i'$,$\dot{X}_o$ 为输出信号。引入反馈后,按照信号的传输方向,基本放大电路和反馈网络构成一个闭合环路,所以有时把引入了反馈的放大电路称为闭环放大电路,而未引入反馈的放大电路称为开环放大电路。闭环放大电路中,通常把输出信号的一部分取出的过程称为"取样",把 $\dot{X}_i$ 与 $\dot{X}_f$ 的叠加过程称为"比较"。

6.1.2　反馈的分类及其判别方法

正确判别反馈的性质是研究反馈放大电路的基础。若放大电路中存在将输出回路与输入回路相连接的通路,即反馈通路,并由此影响了放大电路的净输入,则表明电路引入了反馈,否则电路中便没有反馈。

在图 6-2(a)所示电路中,集成运放的输出端与同相输入端、反相输入端均无通路,故电路中没有引入反馈。在图 6-2(b)所示电路中,电阻 R_2 将集成运放的输出端与反相输入端相连接,因而集成运放的净输入量不仅取决于输入信号,还与输出信号有关,所以该电路中引入了反馈。在图 6-2(c)所示电路中,虽然电阻 R 跨接在集成运放的输出端与同相输入端之间,但是由于同相输入端接地,因此 R 只不过是集成运放的负载,而不会使 u_O 作用于输入回路,可见电路中没有引入反馈。

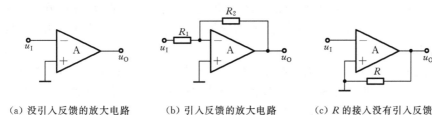

(a) 没引入反馈的放大电路　　(b) 引入反馈的放大电路　　(c) R 的接入没有引入反馈

图 6-2　有无反馈的判别

由以上分析可知,通过寻找电路中有无反馈通路,即可判断出电路是否引入了反馈。

1. 正反馈与负反馈

按反馈极性,反馈可分为负反馈和正反馈。

瞬时极性法是判断电路中反馈极性的基本方法。具体做法是:规定电路输入信号在某一时刻对地的极性,并以此为依据,逐级判断电路中各相关点电流的流向和电位的极性,从而得到输出信号的极性;根据输出信号的极性判断出反馈信号的极性;若反馈信号使基本放大电路的净输入信号增大,则说明引入了正反馈;若反馈信号使基本放大电路的净输入信号减小,则说明引入了负反馈。

在图 6-3(a)所示电路中,设输入电压 u_I 的瞬时极性对地为正,即集成运放同相输入端电位 u_P 对地为正,因而输出电压 u_O 对地也为正;u_O 在 R_2 和 R_1 回路产生电流,方向如图中虚线所示,并且该电流在 R_1 上产生极性为上"+"下"−"的反馈电压 u_F,使反相输入端电位对地为正;由此导致集成运放的净输入电压 $u_D = u_P - u_N$ 的数值减小,说明电路引入了负反馈。

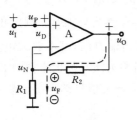

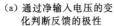

(a) 通过净输入电压的变
化判断反馈的极性

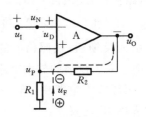

(b) 电路引入了正反馈

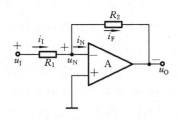

(c) 通过净输入电流的变
化判断反馈的极性

图 6-3　正、负反馈的判别

应当特别指出,反馈量是仅仅取决于输出量的物理量,而与输入量无关。例如,在图 6-3(a)所示电路中,反馈电压 u_F 不表示 R_1 上的实际电压,而只表示输出电压 u_O 作用的结果。

将图 6-3(a)所示电路中集成运放的同相输入端和反相输入端互换,就得到图 6-3(b)所示电路。若设 u_I 瞬时极性对地为正,则输出电压 u_O 极性对地为负;u_O 作用于 R_1 和 R_2 回路所产生的电流的方向如图中虚线所示,由此可得上述产生的反馈电压 u_F 的极性是上"—"下"+",即同相输入端电位 u_P 对地为负;所以集成运放的净输入电压 $u_D = u_P - u_N$ 的数值增大,说明电路引入了正反馈。

在图 6-3(c)所示电路中,设输入电流 i_I 瞬时极性如图所示。集成运放反相输入端的电流 i_N 流入集成运放,电位 u_N 对地为正,因而输出电压 u_O 极性对地为负;u_O 作用于电阻 R_2,产生电流 i_F,如图中所标注,导致集成运放的净输入电流 $i_N = i_I - i_F$ 的数值减小,故说明电路引入了负反馈。

在集成运放组成的反馈放大电路中,净输入信号可以是净输入电压 u_D,或者净输入电流 i_P(或 i_N);在由三极管组成的反馈放大电路中,净输入信号可以是基极-发射极间电压 u_{be},或者基极电流 i_b。可以通过判断净输入信号是增大了还是减小了,来判断反馈的极性,凡使净输入量增大的为正反馈,凡使净输入量减小的为负反馈。

2. 直流反馈与交流反馈

按反馈信号的频率,反馈可以分为直流反馈和交流反馈。

(1)直流反馈:若反馈环路内,直流分量可以流通,则该反馈环可以产生直流反馈。直流负反馈主要用于稳定静态工作点。

(2)交流反馈:若反馈环路内,交流分量可以流通,则该反馈环可以产生交流反馈。交流负反馈主要用来改善放大电路的性能;交流正反馈主要用来产生振荡。

若反馈环路内,直流分量和交流分量均可以流通,则该反馈环既可以产生直流反馈,又可以产生交流反馈。

根据直流反馈与交流反馈的定义,可以通过反馈是存在于放大电路的直流通路之中还是交流通路之中,来判断电路引入的是直流反馈还是交流反馈。

在图 6-4(a)所示电路中,电容对交流信号可视为短路,对直流信号可视为开路,因而它的直流通路和交流通路分别如图 6-4(b)和图 6-4(c)所示。由直流反馈和交流反馈的定义可知,图 6-4(a)所示电路中只有直流反馈,而没有引入交流反馈。

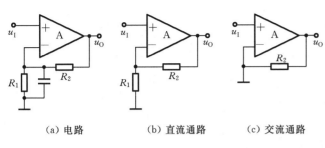

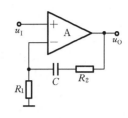

（a）电路	（b）直流通路	（c）交流通路

图 6-4　直流反馈与交流反馈的判别 1　　　　图 6-5　直流反馈与交流反馈的判别 2

在图 6-5 所示电路中，电容 C 对交流信号可视为短路。对于直流量，电容 C 相当于开路，即在直流通路中不存在连接输出回路与输入回路的通路，故电路中没有直流负反馈。对于交流量，C 相当于短路，R_2 将集成运放的输出端与反相输入端相连接起来，故电路中引入了交流反馈。

3.电压反馈与电流反馈

按取样方式，反馈可分为电压反馈和电流反馈。

（1）电压反馈：对交变信号而言，若基本放大电路、反馈网络、负载三者在取样端是并联连接，则称为并联取样。如图 6-6 所示，由于在这种取样方式下，$\dot{X}_f$ 正比于输出电压，$\dot{X}_f$ 反映的是输出电压的变化，因此又称之为电压反馈。

（2）电流反馈：对交变信号而言，若基本放大电路、反馈网络、负载三者在取样端是串联连接，则称为串联取样。如图 6-7 所示，由于在这种取样方式下，$\dot{X}_f$ 正比于输出电流，$\dot{X}_f$ 反映的是输出电流的变化，因此又称之为电流反馈。

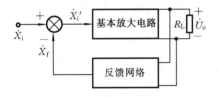

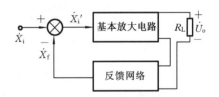

图 6-6　电压反馈示意图　　　　　　　　　图 6-7　电流反馈示意图

要判别电路中存在的是电压反馈还是电流反馈，可按电路取样端的结构判定。在交流通路中，若放大电路的输出端和反馈网络的取样端处在同一个放大电路件的同一个电极上，则为电压反馈，否则是电流反馈。

【例 6-1】　电路如图 6-8 所示。试判断它是电压反馈还是电流反馈。

解　在图 6-8(a) 所示电路中，电阻 R_f 连接输入和输出回路，组成放大电路的反馈网络。放大电路的输出端 u_o 和反馈电阻 R_f 的取样端处在三极管的同一个电极 c 上，故图 6-8(a) 所示电路引入的是电压反馈。

在图 6-8(b) 所示电路中，电阻 R_e 连接输入和输出回路，组成放大电路的反馈网络。放大电路的输出端 u_o 在三极管的电极 c 上，反馈电阻 R_e 的取样端在三极管的电极 e 上，放大电路的输出端和反馈网络的取样端不在同一个放大电路件的同一个电极上，故图 6-8(b) 所示电路引入的是电流反馈。

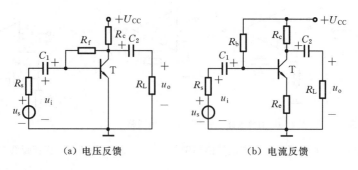

（a）电压反馈　　　　　　　　　　（b）电流反馈

图 6-8　例 6-1 的电路

4. 串联反馈和并联反馈

按比较方式,反馈可以分为串联反馈和并联反馈。

（1）串联反馈:对交流信号而言,信号源、基本放大电路、反馈网络三者在比较端是串联连接,则称为串联反馈,如图 6-9(a)所示。串联反馈要求信号源趋近于恒压源,若信号源是恒流源,则串联反馈无效。因为,若信号源为恒流源,则串联反馈的净输入信号不随反馈信号而变,因而反馈失效。在串联反馈电路中,反馈信号和原始输入信号以电压的形式进行叠加,产生净输入电压信号,即 $\dot{U}_i' = \dot{U}_i - \dot{U}_f$。

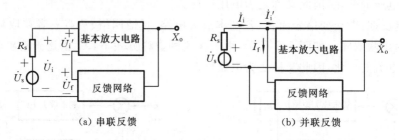

（a）串联反馈　　　　　　　　　　（b）并联反馈

图 6-9　串联反馈和并联反馈示意图

（2）并联反馈:对交流信号而言,信号源、基本放大电路、反馈网络三者在比较端是并联连接,则称为并联反馈,如图 6-9(b)所示。并联反馈要求信号源趋近于恒流源,若信号源是恒压源,则并联反馈无效。因为若信号源为恒压源,则并联反馈的净输入信号不随反馈信号而变,从而使反馈失去作用。在并联反馈中,反馈信号和原始输入信号以电流的形式进行叠加,产生净输入电流信号,即 $\dot{I}_i' = \dot{I}_i - \dot{I}_f$。

要判断电路中存在的反馈是串联反馈还是并联反馈,可按电路比较端的结构判定。在交流通路中,若信号源的输出端和反馈网络的比较端接于同一个放大电路件的同一个电极上,则为并联反馈,否则为串联反馈。按此方法可以判定,图 6-8(a)所示电路引入的是并联反馈,图 6-8(b)所示电路引入的是串联反馈。

6.1.3　负反馈放大电路的四种基本组态

1. 负反馈电路的组态连接形式和增益表达式

按照被放大的参量(电压或电流)以及输出参量(电压或电流)可将基本的反馈分为四种

基本组态,如图 6-10 所示。这四种基本组态是电压串联(电压放大电路)、电流并联(电流放大电路)、电流串联(跨导放大电路)及电压并联(互阻放大电路)。四种反馈电路的结构由电路输入和输出点的连接类型来描述。串联、并联是指在放大电路输入端的连接,电压、电流是指在输出端的连接。

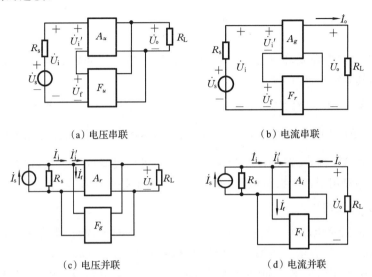

（a）电压串联   （b）电流串联

（c）电压并联   （d）电流并联

图 6-10 四种基本组态的示意图

为了讨论负反馈放大电路增益的一般表达式,把图 6-1 所示的反馈放大电路的方框图重画在这里,如图 6-11 所示。

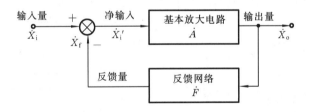

图 6-11 反馈放大电路的方框图

根据反馈放大电路的方框图,作如下约定:

$$\text{开环增益} = \frac{\text{被取样的输出信号}}{\text{比较后产生的净输入信号}}$$

即

$$\dot{A} = \frac{\dot{X}_o}{\dot{X}_i'}$$

$$\text{反馈系数} = \frac{\text{反馈信号}}{\text{被取样的输出信号}}$$

即

$$\dot{F} = \frac{\dot{X}_f}{\dot{X}_o}$$

$$\text{闭环增益} = \frac{\text{被取样的输出信号}}{\text{参与比较的原始输入信号}}$$

即
$$\dot{A}_{f}=\frac{\dot{X}_{\circ}}{\dot{X}_{i}}$$

在反馈放大电路的方框图中，$\dot{X}_{i}=\dot{X}'_{i}+\dot{X}_{f}=\dfrac{\dot{X}_{\circ}}{A}+\dot{F}X_{\circ}$，所以

$$\dot{A}_{f}=\frac{\dot{A}}{1+\dot{A}\dot{F}}$$

上式是反馈放大电路闭环增益的一般表达式，是分析反馈问题的基础。其中 $1+\dot{A}\dot{F}$ 称为反馈深度，用其表征反馈强弱。

在中频段，$\dot{A}$、$\dot{F}$、$\dot{A}_{f}$ 均为实数，电路中引入反馈时，若 $1+AF>1$，则 $A_{f}<A$，这时的反馈是负反馈；在 $1+AF\gg1$ 时，$A_{f}\approx\dfrac{1}{F}$，这时的反馈称为深度负反馈（或称为强负反馈）。若 $1+AF<1$，则 $A_{f}>A$，这时的反馈是正反馈；虽然正反馈可以提高放大倍数，但容易使放大电路的性能不稳定，一般用于自激振荡电路，而在一般放大电路中比较少用。

2. 电压串联负反馈

在图 6-12(a)所示电路中，设输入电压 u_{I} 的瞬时极性对地为正，由它引起的输出端的电位极性用(＋)和(－)号表示。由图 6-12 可知，净输入电压 $u_{D}=u_{P}-u_{N}=(＋)-(＋)$，数值减小，说明电路引入了负反馈。同时反馈网络的比较端和集成运放在输入端串联，所以该反馈是串联反馈。再看电路的输出端，反馈网络的取样端和集成运放的输出端在同一个电极上，反馈电压 u_{F} 由输出电压 $u_{\circ}$ 分压得来，所以该反馈是电压反馈。图 6-12(b)所示的是电压串联负反馈放大电路的方框图。其被取样的输出信号是输出电压 $\dot{U}_{\circ}$，反馈信号以电压的形式 $\dot{U}_{f}$ 与原始输入电压 $\dot{U}_{i}$ 进行比较，产生净输入电压 $\dot{U}'_{i}$。所以：

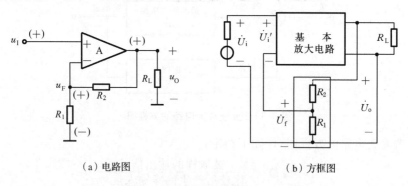

（a）电路图　　　　　　　（b）方框图

图 6-12　电压串联负反馈放大电路

(1) 开环增益 $\dot{A}=\dfrac{\dot{U}_{\circ}}{\dot{U}'_{i}}=\dot{A}_{u}$，称为开环电压放大倍数，无量纲。

(2) 反馈系数 $\dot{F}=\dfrac{\dot{U}_{f}}{\dot{U}_{\circ}}=\dot{F}_{u}$，称为电压反馈系数，无量纲。

(3) 闭环增益 $\dot{A}_{f}=\dfrac{\dot{U}_{\circ}}{\dot{U}_{i}}=\dfrac{\dot{A}_{u}}{1+\dot{A}_{u}\dot{F}_{u}}=\dot{A}_{uf}$，称为闭环电压放大倍数，无量纲。

由此可见,电压串联负反馈放大电路具有电压放大作用。

3. 电流并联负反馈

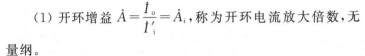

在图 6-13 所示电路中,反馈电流 i_F 是由输出电流 i_o 分流得来,即反馈网络的取样端和集成运放在输出端串联,不在同一个电极上,所以该反馈是电流反馈。而电路中反馈网络的比较端和集成运放在输入端在同一个电极(反相输入端)上,所以该反馈是并联反馈。

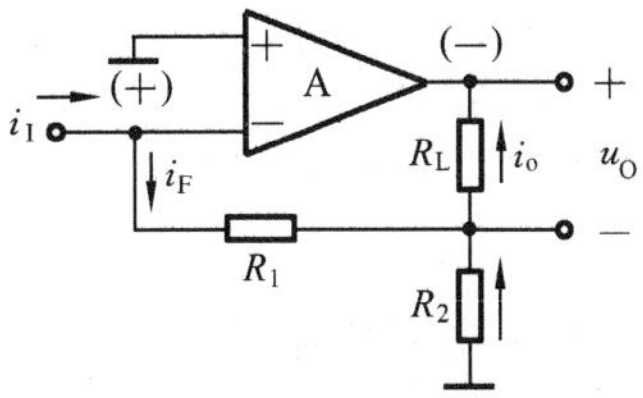

图 6-13　电流并联负反馈放大电路

(1) 开环增益 $\dot{A} = \dfrac{\dot{I}_o}{\dot{I}'_i} = \dot{A}_i$,称为开环电流放大倍数,无量纲。

(2) 反馈系数 $\dot{F} = \dfrac{\dot{I}_f}{\dot{I}_o} = \dot{F}_i$,称为电流反馈系数,无量纲。

(3) 闭环增益 $\dot{A}_f = \dfrac{\dot{I}_o}{\dot{I}_i} = \dfrac{\dot{A}_i}{1 + \dot{A}_i \dot{F}_i} = \dot{A}_{if}$,称为闭环电流放大倍数,无量纲。

由此可见,电流并联负反馈放大电路具有电流放大作用。

4. 电流串联负反馈

在图 6-14 所示电路中,被取样的输出信号是输出电流 i_o,即反馈网络的取样端和集成运放在输出端串联,不在同一个电极上,所以该反馈是电流反馈。同时反馈信号以电压的形式 u_F 与原始输入电压 u_I 进行比较,产生净输入电压,即反馈网络的比较端和集成运放在输入端串联,所以该反馈是串联反馈。所以:

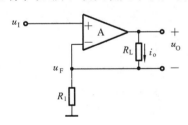

图 6-14　电流串联负反馈放大电路

(1) 开环增益 $\dot{A} = \dfrac{\dot{I}_o}{\dot{U}'_i} = \dot{A}_g$,称为开环互导放大倍数,其量纲是电导。

(2) 反馈系数 $\dot{F} = \dfrac{\dot{U}_f}{\dot{I}_o} = \dot{F}_r$,称为互阻反馈系数,其量纲是电阻。

(3) 闭环增益 $\dot{A}_f = \dfrac{\dot{I}_o}{\dot{U}_i} = \dfrac{\dot{A}_g}{1 + \dot{A}_g \dot{F}_r} = \dot{A}_{gf}$,称为闭环互导放大倍数,其量纲是电导。

由此可见,电流串联负反馈放大电路可以实现电压—电流的转换。

5. 电压并联负反馈

在图 6-15 所示电路中,电路的输出端、反馈网络的取样端和集成运放的输出端在同一个电极上,被取样的输出信号是输出电压 u_O,所以该反馈是电压反馈。同时反馈信号以电流的形式 i_F 与原始输入电流 i_I 进行比较,产生净输入电流,即反馈网络的比较端和集成运放在输入端在同一个电极(反相输入端)上,所以该反馈是并联反馈。

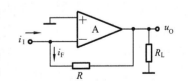

图 6-15　电压并联负反馈放大电路

(1) 开环增益 $\dot{A} = \dfrac{\dot{U}_o}{\dot{I}'_i} = \dot{A}_r$，称为开环互阻放大倍数，其量纲是电阻。

(2) 反馈系数 $\dot{F} = \dfrac{\dot{I}_f}{\dot{U}_o} = \dot{F}_g$，称为互导反馈系数，其量纲是电导。

(3) 闭环增益 $\dot{A}_f = \dfrac{\dot{U}_o}{\dot{I}_i} = \dfrac{\dot{A}_r}{1 + \dot{A}_r \dot{F}_g} = \dot{A}_{rf}$，称为闭环互阻放大倍数，其量纲是电阻。

由此可见，电压并联负反馈放大电路可以实现电流—电压的转换。

四种不同组态的反馈放大电路，能够写成 $\dot{A}_f = \dot{A}/(1 + \dot{A}\dot{F})$ 形式的闭环放大倍数，其可以是电压放大倍数、电流放大倍数，也可以是互阻放大倍数和互导放大倍数，不可认为都是电压放大倍数。为了严格区分这四个不同含义的放大倍数，在用符号表示时，应加上不同的脚注。相应地，四种不同组态的反馈系数也用不同的下标表示出来。

【例 6-2】 电路如图 6-16 所示。试判断电路的级间交流反馈的类型。

解 在图 6-16(a)所示电路中，电阻 R 构成级间交流反馈通路。在放大电路的输入回路中，反馈电阻 R 的上端接 T_1 管的源极，而输入信号 u_i 接 T_1 的栅极，显然是串联反馈，反馈信号是电压 u_f，而且有 $u_f = u_o$，所以该反馈是电压反馈。用瞬时极性法判别电路的反馈极性，设 u_i 对地的极性为（＋），则经 T_1 反相放大，使 T_2 的基极电位为（－），因 T_2 组成共射极电路，所以 u_o 及 u_f 为（＋），结果使基本放大电路的净输入电压 $u_{gs} = u_i - u_f$，比没有反馈时减小了，该反馈是负反馈。综上分析可知，该电路由电阻 R 引入了级间电压串联负反馈。

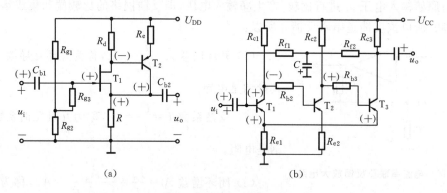

图 6-16 例 6-2 的电路

在图 6-16(b)所示电路中，电阻 R_{e1} 构成级间交流反馈通路。在放大电路的输入回路中，反馈电阻 R_{e1} 的上端接 T_1 管的发射极，而输入信号 u_i 接 T_1 的基极，显然该反馈是串联反馈。放大电路的输出端 u_o 在三极管 T_3 的电极 c 上，反馈电阻 R_{e1} 的取样端在三极管 T_3 的电极 e 上，放大电路的输出端和反馈网络的取样端不在同一个放大电路件的同一个电极上，显然该反馈是电流反馈。用瞬时极性法判断电路的反馈极性，设 u_i 对地的极性为（＋），根据三极管的极性特性，各电极的极性在电路中已经标出，结果使基本放大电路的净输入电压 $u_{be} = u_i - u_f$，比没有反馈时减小了，该反馈是负反馈。综上分析可知，该电路由电阻 R_{e1} 引入了级间电流串联负反馈。

6.2 负反馈对放大电路性能的影响

放大电路中引入交流负反馈后,其性能会得到多方面的改善,主要体现在可以稳定放大倍数、改变输入电阻和输出电阻、展宽频带、减小非线性失真等。

6.2.1 提高放大倍数的稳定性

温漂、元件老化等因素都能使放大电路的特性参数发生变化,从而导致放大电路的放大倍数改变。当放大电路引入深度负反馈时,有 $\dot{A}_f \approx \dfrac{1}{F}$,则放大倍数几乎仅取决于反馈网络,与基本放大电路无关,而反馈网络通常由电阻组成,因而可获得很好的稳定性。

为了从数学的角度来评定放大倍数的稳定性,这里忽略相位,只考虑放大倍数的数值。

引入负反馈后,放大电路的闭环增益为

$$A_f = \frac{A}{1+AF}$$

对该式求微分得

$$dA_f = \frac{(1+AF)dA - AFdA}{(1+AF)^2} = \frac{dA}{(1+AF)^2}$$

将上式两边分别除以 $A_f = \dfrac{A}{1+AF}$ 的左右式,可得

$$\frac{dA_f}{A_f} = \frac{1}{1+AF} \cdot \frac{dA}{A}$$

该式表明,负反馈放大电路放大倍数 A_f 的相对变化量 $\dfrac{dA_f}{A_f}$ 是未加负反馈时放大倍数 A 的相对变化量 $\dfrac{dA_f}{A_f}$ 的 $1/(1+AF)$,也就是说 A_f 的稳定性是 A 的 $(1+AF)$ 倍。

值得说明的是,不同组态的负反馈电路,所稳定的放大倍数也不一样。具体地说,电压串联负反馈稳定电压放大倍数;电流串联负反馈稳定互导放大倍数;电压并联负反馈稳定互阻放大倍数;电流并联负反馈稳定电流放大倍数。至于其他放大倍数是否稳定,要根据具体电路作具体分析。

应当指出,A_f 的稳定性是以损失放大倍数为代价的,即 A_f 减小到 $1/(1+AF)$,才使其稳定性提高到 A 的 $(1+AF)$ 倍。

【例 6-3】 设某放大电路的增益 $A = 1000$,环境温度的变化使其下降为 900,引入负反馈后,反馈系数 $F = 0.099$。求闭环增益的相对变化量。

解 无反馈时,增益的相对变化量为

$$\frac{dA}{A} = \frac{1000-900}{1000} = 10\%$$

反馈深度 F 为

$$1+AF = 1+1000 \times 0.099 = 100$$

有反馈时,闭环增益的相对变化量为

$$\frac{\mathrm{d}A_\mathrm{f}}{A_\mathrm{f}} = \frac{1}{1+AF} \cdot \frac{\mathrm{d}A}{A} = \frac{1}{100} \times 10\% = 0.1\%$$

此时的闭环增益 A_f 为

$$A_\mathrm{f} = \frac{A}{1+AF} = \frac{1000}{100} = 10$$

显而易见,引入负反馈后,降低了闭环增益,但换取了增益稳定性的提高。

6.2.2 稳定被取样的输出信号

因为反馈信号只与被取样的输出信号成正比,所以,反馈信号只能反映被取样的输出信号的变化,因而也只能对被取样的输出信号起到调节作用。

1. 电压负反馈

因为电压负反馈,被取样的输出信号是输出电压 u_o,所以,凡是电压负反馈,必然能稳定输出电压 u_o。

对于图 6-12 所示的电压串联负反馈放大电路,当某一因素使 u_o 增大时,就会产生如下反馈过程:

$$u_\mathrm{o} \uparrow \longrightarrow u_\mathrm{f} \uparrow \longrightarrow u_\mathrm{i}' \downarrow$$
$$u_\mathrm{o} \downarrow \longleftarrow$$

从而使输出电压基本维持稳定。电压并联负反馈放大电路的稳定原理与上述情况下的类似,请读者自己分析。

2. 电流负反馈

因为电流负反馈,被取样的输出信号是输出电流,所以,凡是电流负反馈,必然能稳定输出电流。

对于图 6-13 所示的电流并联负反馈放大电路,当某一因素使 i_o 增大时,则会产生如下反馈过程:

$$i_\mathrm{o} \uparrow \longrightarrow i_\mathrm{f} \uparrow \longrightarrow i_\mathrm{i}' \downarrow$$
$$i_\mathrm{o} \downarrow \longleftarrow$$

从而使输出电流基本维持稳定。电流串联负反馈放大电路稳定原理与上述情况下的类似,请读者自己分析。

6.2.3 对输入电阻的影响

放大电路中引入不同组态的交流负反馈,将对输入电阻产生不同的影响。负反馈对输入电阻的影响只取决于反馈网络在基本放大电路输入端的连接方式,而与取样方式无关。

1. 串联负反馈使输入电阻提高

图 6-17(a)所示的是串联负反馈的方框示意图。开环输入电阻为

$$r_\mathrm{i} = \frac{u_\mathrm{i}'}{i_\mathrm{i}}$$

闭环输入电阻为

$$r_{if} = \frac{u_i}{i_i} = \frac{u_i' + u_f}{i_i} = \frac{u_i' + AFu_i'}{i_i} = (1 + AF)\frac{u_i'}{i_i} = (1 + AF)r_i$$

可见,引入串联负反馈后,输入电阻可以提高$(1+AF)$倍。

2. 并联负反馈使输入电阻减小

图 6-17(b)所示的是并联负反馈的示意图。开环输入电阻为

$$r_i = \frac{u_i}{i_i'}$$

闭环输入电阻为

$$r_{if} = \frac{u_i}{i_i} = \frac{u_i}{i_i' + i_f} = \frac{u_i}{i_i' + AFi_i'} = \frac{1}{1 + AF} \cdot \frac{u_i}{i_i'} = \frac{1}{1 + AF}r_i$$

可见,引入并联负反馈后,输入电阻减小为开环输入电阻的$1/(1+AF)$。

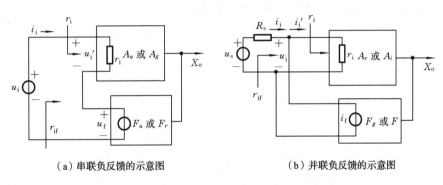

（a）串联负反馈的示意图　　　　　（b）并联负反馈的示意图

图 6-17　串联和并联负反馈的示意图

6.2.4　对输出电阻的影响

放大电路中引入不同组态的交流负反馈,还将对输出电阻产生不同的影响。负反馈对输出电阻的影响只取决于反馈网络与放大电路输出端的连接方式,而与输入连接方式无关。

1. 电压负反馈使输出电阻减小

将放大电路输出端用电压源等效,图 6-18(a)所示的为电压负反馈示意图。r_o为无反馈放大电路的输出电阻。按照求输出电阻的方法,令输入信号为零($u_i = 0$ 或 $i_i = 0$),在输出端(去掉负载电阻 R_L)外加测试电压 u_o',则无论是串联反馈还是并联反馈,$X_i' = -X_f$ 均成立,故

$$AX_i' = -X_f A = -AFu_o'$$

$$i_o' = \frac{u_o' - AX_i'}{r_o} = \frac{u_o' + u_o'AF}{r_o} = \frac{u_o'(1 + AF)}{r_o}$$

$$r_{of} = \frac{u_o'}{i_o'} = \frac{r_o}{1 + AF}$$

可见,引入电压负反馈后可使输出电阻减小到 $r_o/(1+AF)$。不同的反馈形式,其 A、F 的含义不同。电压串联负反馈,$F = F_u = u_f/u_o$,$A = A_u = u_o/u_i'$;电压并联负反馈,$F = F_g = i_f/u_o$,$A = A_r = u_o/i_i'$。

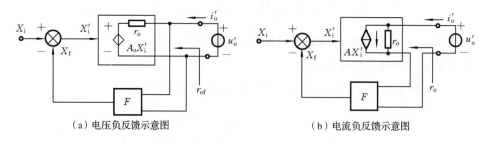

（a）电压负反馈示意图　　　　　　　　（b）电流负反馈示意图

图 6-18　电压和电流负反馈示意图

2. 电流负反馈使输出电阻增大

将放大电路输出端用电流源等效，图 6-18（b）所示的是电流负反馈示意图。令输入信号为零，在输出端外加电压 u'_o，则 $X'_i = -X_f$，于是有

$$I'_o = AX'_i + \frac{u'_o}{r_o} \quad (A\ 为\ R_L = 0\ 时的短路开环放大倍数)$$

而
$$AX'_i = -AX_f = -AFI'_o$$

$$I'_o = -FAI'_o + \frac{u'_o}{r_o}$$

$$r_{of} = \frac{u'_o}{I'_o} = (1 + AF)r_o$$

可见，引入电流负反馈后可使输出电阻增大到 $(1+AF)r_o$。同样，不同的反馈形式，其 A、F 的含义不同。电流串联负反馈，$F = F_r = u_r/i_o$，$A = A_g = i_o/u'_i$；电流并联负反馈，$F = F_i = i_f/i_o$，$A = A_i = i_o/i'_i$。从表 6-1 中可以读出四种组态负反馈对放大电路输入电阻与输出电阻的影响。

表 6-1　四种组态负反馈对放大电路输入电阻与输出电阻的影响

反馈组态	电压串联	电流串联	电压并联	电流并联
R_{if}（或 R'_{if}）	增大（∞）	增大（∞）	减小（0）	减小（0）
R_{of}（或 R'_{of}）	减小（0）	增大（∞）	减小（0）	增大（∞）

表中括号内的"0"或"∞"表示在理想情况下，即当 $1+AF = \infty$ 时，输入电阻和输出电阻的值。

应当特别指出，在由集成运放构成的反馈放大电路中，通常可以认为 $1+AF$ 趋于无穷大。因此，可以认为它们的输入电阻和输出电阻为表中的理想值。

6.2.5　减小非线性失真和抑制干扰、噪声

放大电路中，如果输入信号的幅度较大，在动态过程中，放大电路可能工作到三极管或场效应管的非线性部分，从而使输出波形产生一定的非线性失真。引入负反馈以后，非线性失真将会减小。

原放大电路产生的非线性失真如图 6-19（a）所示。输入为正、负对称的正弦波，输出是正半周大、负半周小的失真波形。引入负反馈后，输出端的失真波形反馈到输入端，与输入

波形叠加。由于净输入信号是输入信号与反馈信号的差值,因此净输入信号成为正半周小、负半周大的波形。此波形经放大后,其输出端正、负半周波形之间的差异减小,从而减小了放大电路输出波形的非线性失真,如图 6-19(b)所示。

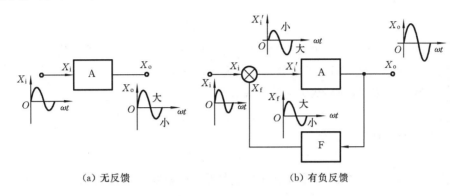

（a）无反馈 　　　　　　　　　　　（b）有负反馈

图 6-19　负反馈减小非线性失真

需要指出的是,负反馈只能减小放大电路自身产生的非线性失真,而对输入信号的非线性失真,负反馈是无能为力的。

综合上述,在放大电路中,引入负反馈后,虽然会使放大倍数降低,但是可以在很多方面改善放大电路的性能。所以在实际放大电路中,几乎无一例外地都引入了不同程度的负反馈。

6.2.6　展宽通频带

频率响应是放大电路的重要特性之一,某些场合往往要求有较宽的通频带。由于负反馈可以提高放大倍数的稳定性,因此引入负反馈后,低频区和高频区放大倍数的下降程度将减小,从而可以使通频带展宽。

由前已知,负反馈放大电路增益的一般表达式为

$$\dot{A}_{\mathrm{f}} = \frac{\dot{A}}{1 + \dot{A}\dot{F}}$$

根据频率特性分析,开环放大电路的高频特性为

$$\dot{A}_{\mathrm{h}} = \frac{A_{\mathrm{m}}}{1 + \mathrm{j}\dfrac{f}{f_{\mathrm{H}}}}$$

式中:f_{H} 和 A_{m} 分别是开环放大电路的上限频率和中频区放大倍数。

当反馈系数 F 不随频率变化时,引入负反馈后的高频特性为

$$\dot{A}_{\mathrm{hf}} = \frac{\dot{A}}{1 + \dot{A}F} = \frac{A_{\mathrm{m}}/(1 + \mathrm{j}f/f_{\mathrm{H}})}{1 + [A_{\mathrm{m}}/(1 + \mathrm{j}f/f_{\mathrm{H}})]F} = \frac{A_{\mathrm{m}}}{1 + A_{\mathrm{m}}F + \mathrm{j}f/f_{\mathrm{H}}}$$

$$= \frac{A_{\mathrm{m}}/(1 + A_{\mathrm{m}}F)}{1 + \mathrm{j}[f/(1 + A_{\mathrm{m}}F)f_{\mathrm{H}}]} = \frac{A_{\mathrm{mf}}}{1 + \mathrm{j}[f/(1 + A_{\mathrm{m}}F)f_{\mathrm{H}}]}$$

式中:$A_{\mathrm{mf}} = A_{\mathrm{m}}/(1 + A_{\mathrm{m}}F)$ 为引入负反馈后,闭环中频区放大倍数。

利用上式,根据上限频率的定义,可以求得闭环上限频率 f_{hf} 为

$$f_{\text{hf}} = (1 + A_{\text{m}}F)f_{\text{H}}$$

该式说明,引入负反馈后,闭环上限频率比开环上限频率提高了 $1 + A_{\text{m}}F$ 倍。同理可以求得闭环下限频率 f_{lf} 为

$$f_{\text{lf}} = \frac{1}{1 + A_{\text{m}}F}f_{\text{L}}$$

式中:f_{lf} 为闭环下限频率;f_{L} 和 A_{m} 分别为开环下限频率和中频区的放大倍数。

可见,引入负反馈后,闭环下限频率降低为开环下限频率的 $1/(1 + A_{\text{m}}F)$。

按照通频带的定义,开环放大电路的通频带 f_{bw} 为

$$f_{\text{bw}} = f_{\text{H}} - f_{\text{L}}$$

闭环放大电路的通频带 f_{bwf} 为

$$f_{\text{bwf}} = f_{\text{hf}} - f_{\text{lf}}$$

由于 $f_{\text{hf}} \gg f_{\text{H}}$,$f_{\text{lf}} \ll f_{\text{L}}$,因此,闭环通频带远远大于开环通频带。当 $f_{\text{H}} \gg f_{\text{L}}$ 时,$f_{\text{bw}} = f_{\text{H}} - f_{\text{L}} \approx f_{\text{H}}$,所以

$$f_{\text{bwf}} = f_{\text{hf}} - f_{\text{lf}} \approx f_{\text{hf}} = (1 + A_{\text{m}}F)f_{\text{H}} \approx (1 + A_{\text{m}}F)f_{\text{bw}}$$

该式表明,引入负反馈后,可使通频带展宽约 $1 + A_{\text{m}}F$ 倍。当然,这是以牺牲中频放大倍数为代价的。

不同组态的负反馈,稳定不同的增益,因而,不同组态的负反馈展宽不同增益的通频带。负反馈使哪个增益稳定,就展宽哪个增益的通频带。

6.3　深度负反馈放大电路的指标估算

负反馈放大电路的指标计算,常用等效法、分离法和估算法三种方法。等效法是把负反馈放大电路中的非线性器件用线性电路等效,然后根据电路理论来求解各项指标,求解过程可借助计算机实现。分离法是把负反馈放大电路分离成基本放大电路和反馈网络两部分,然后分别求出基本放大电路的性能指标和反馈网络的反馈系数,再按 6.2 节的有关公式,分别求得负反馈放大电路的各项指标。估算法是在深度负反馈的条件下,近似估算放大电路的各项指标。在这里仅介绍估算法。

6.3.1　估算依据

在中频段,$\dot{A}$、$\dot{F}$、$\dot{A}_{\text{f}}$ 均为实数,若负反馈放大电路的 $1 + AF \gg 1$,则称之为深度负反馈。通常,只要是多级负反馈放大电路,都可以认为是深度负反馈电路。在多级负反馈放大电路中,其开环增益很高,因而都能满足 $1 + AF \gg 1$ 的条件。

对于深度负反馈放大电路来说,因为 $1 + AF \gg 1$,所以

$$A_{\text{f}} = \frac{A}{1 + AF} \approx \frac{A}{AF} = \frac{1}{F}$$

上式表明,在深度负反馈条件下,只要求出反馈系数,就可求得闭环增益,但是,利用该式求得的闭环增益不一定是电压增益,而实际工作中,人们最关心的是电压增益。除电压串联负反馈电路,可以直接利用上式求得闭环电压增益外,其他组态的负反馈电路,利用上式

求得闭环增益后,均要再经过转换才能求得闭环电压增益。为此,还要进一步找出能够直接估算各种反馈组态的闭环电压增益的方法。

深度负反馈条件下,把 $A_f=X_o/X_i$、$F=X_f/X_o$ 代入 $A_f\approx\dfrac{1}{F}$,得

$$X_i\approx X_f$$

此式表明,当 $1+AF\gg1$ 时,反馈信号 X_f 与输入信号 X_i 近似相等,即净输入信号 X_i' 为

$$X_i'=0$$

由以上可知,对于串联负反馈有 $U_i\approx U_f$、$U_i'=0$,因而在基本放大电路输入电阻上产生的输入电流 I_i' 也近似等于零。对于并联负反馈有 $I_i\approx I_f$、$I_i'=0$,因而在基本放大电路输入电阻上产生的输入电压 U_i' 也近似等于零。总之,不论是串联负反馈还是并联负反馈,在深度负反馈条件下,均有 $U_i'=0$(虚短)和 $I_i'=0$(虚断)同时存在。由此可见,理想集成运放被认为工作在深度负反馈条件下。

利用净输入信号 X_i' 为 0(串联负反馈时 $U_i'=0$,并联负反馈时 $I_i'=0$)的概念,是估算深度负反馈电路增益的理论依据。在深度负反馈电路中,利用 $U_i\approx U_f$ 或 $I_i\approx I_f$,找出输出电压 U_o 与输入电压 U_i 或信号源 U_s 的函数关系,就可求得闭环电压增益 A_{uf} 或 A_{usf}。

6.3.2 计算举例

【例 6-4】 估算图 6-20(a)所示电压串联负反馈放大电路的闭环电压增益 A_{uf}。

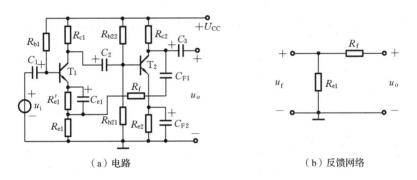

(a)电路 　　　　　　　　(b)反馈网络

图 6-20 例 6-4 的电路

解 为了找出输出电压 u_o 与输入电压 u_i 之间的关系,必须先确定反馈电压 u_f 与输出电压 u_o 的函数关系,即应先确定反馈网络,所以将该放大电路的反馈交流通路单独画出,如图 6-20(b)所示。

由图 6-20(b)所示的反馈网络可知,输出电压 u_o 经 R_f、R_{e1} 分压后反馈至输入回路,即反馈系数

$$F=\frac{u_f}{u_o}=\frac{R_{e1}}{R_{e1}+R_f}$$

由于是串联负反馈,故 $u_i\approx u_f$。

则

$$A_{uf}=\frac{u_o}{u_i}\approx\frac{u_o}{u_f}=\frac{1}{F}=\frac{R_{e1}+R_f}{R_{e1}}=1+\frac{R_f}{R_{e1}}$$

【例 6-5】 求图 6-21(a)所示的电流串联负反馈电路的闭环电压增益 A_{uf}。

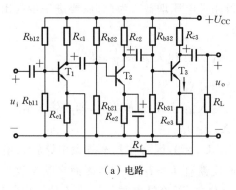 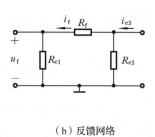

（a）电路 （b）反馈网络

图 6-21 例 6-5 的电路

解 因为是串联负反馈，所以 $u_i \approx u_f$。

画出该电路的反馈网络如图 6-21(b)所示，可得

$$i_f = \frac{R_{e3}}{R_{e1} + R_f + R_{e3}} i_{e3}$$

反馈系数
$$F = \frac{u_f}{i_{e3}} = \frac{i_f R_{e1}}{i_{e3}} = \frac{R_{e3} R_{e1}}{R_{e1} + R_f + R_{e3}}$$

又因为 $u_o = -i_{c3} R'_L$（式中 $R'_L = R_{c3} \ /\!/ \ R_L$），$i_{e3} \approx i_{c3}$，所以

$$A_{uf} = \frac{u_o}{u_i} \approx \frac{u_o}{u_f} = -\frac{i_{e3} R'_L}{u_f} = -\frac{1}{F} R'_L = -\frac{R_{e1} + R_f + R_{e3}}{R_{e3} R_{e1}} \cdot R'_L$$

【例 6-6】 求图 6-22(a)所示的电压并联负反馈电路的源电压闭环增益 A_{usf}。

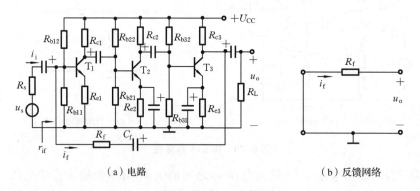

（a）电路 （b）反馈网络

图 6-22 例 6-6 的电路

解 并联负反馈使输入电阻减小，深度负反馈条件下，闭环输入电阻 r_{if} 等效为零，近似短路。画出该电路的反馈网络如图 6-22(b)所示，可得 $i_f = -\frac{u_o}{R_f}$，则反馈系数

$$F = \frac{i_f}{u_o} = -\frac{1}{R_f}$$

对于深度并联负反馈电路，$i_i \approx i_f$，$i'_i = 0$，所以可以认为 u_s 几乎全部落在信号源内阻 R_s 上（并联负反馈适用于恒流源或内阻 R_s 很大的恒压源，在并联深度负反馈电路中，必然有 $R_s \gg r_{if}$），则

$$i_i \approx \frac{u_s}{R_s}$$

故

$$A_{usf} = \frac{u_o}{u_s} = \frac{u_o}{i_i R_s} \approx \frac{u_o}{i_f R_s} = \frac{1}{F} \cdot \frac{1}{R_s} = -\frac{R_f}{R_s}$$

【例 6-7】 求图 6-23(a)所示电流并联负反馈电路的闭环源电压增益 A_{usf}。

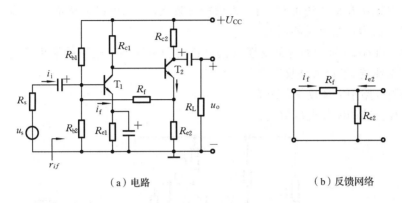

（a）电路　　　　　　　（b）反馈网络

图 6-23　例 6-7 的电路

解 由于该电路属于并联深度负反馈电路,故输入电阻等效为零,画出反馈网络如图 6-23(b)所示,可得反馈系数

$$F = \frac{i_f}{i_{e2}} = \frac{-R_{e2}}{R_f + R_{e2}}$$

又因为深度并联负反馈电路,$i_i \approx i_f$,$i_i' = 0$,所以有

$$i_i \approx \frac{u_s}{R_s}$$

故

$$A_{usf} = \frac{u_o}{u_s} = \frac{-i_{c2} R_L'}{i_i R_s} \approx \frac{-i_{c2} R_L'}{i_f R_s}$$

式中:$R_L' = R_{c2} /\!/ R_L$。

又因为 $i_{c2} \approx i_{e2}$,所以

$$A_{usf} = \frac{u_o}{u_s} \approx \frac{-i_{c2} R_L'}{i_f R_s} = -\frac{1}{F} \cdot \frac{R_L'}{R_s} \approx \frac{R_f + R_{e2}}{R_s R_{e2}} \cdot R_L'$$

【例 6-8】 电路如图 6-24 所示,近似估算它的电压增益。

解 图 6-24 所示电路是一个基极输入、集电极输出的单级共射极放大电路。此电路中由 R_e 引入电流串联负反馈。根据在深度负反馈条件下的结论,$u_i \approx u_f$,得

$$u_i \approx u_f = i_e R_e \approx i_c R_e$$

而电路的输出电压 u_o 为

$$u_o = -i_c (R_c /\!/ R_L)$$

故电压增益 A_{uf} 为

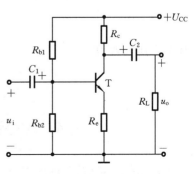

图 6-24　例 6-8 的电路

$$A_{uf} = \frac{u_o}{u_i} = -\frac{R_c /\!/ R_L}{R_e}$$

在前面章节中利用微变等效法,也得到了该电路的电压增益,即 A_{uf} 为

$$A_{uf} = -\frac{\beta(R_c /\!/ R_L)}{r_{be} + (1+\beta)R_e}$$

比较微变等效法和估算法可知,当三极管的 β 较大时,r_{be} 可以忽略不计,用微变等效法和估算法计算出的增益结果是相同的。

【例 6-9】 图 6-25 所示的为某反馈放大电路的交流通路。电路的输出端通过电阻 R_f 与电路的输入端相连,形成大环反馈。

(1) 试判别电路中大环反馈的组态;

(2) 求大环反馈的闭环电压增益。

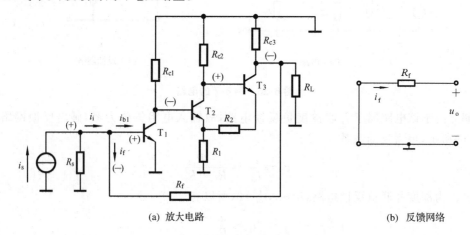

(a) 放大电路　　　　　　　　　(b) 反馈网络

图 6-25　例 6-9 的电路

解　(1) 首先用瞬时极性法判别电路中的反馈极性。设电流源的方向和由电流源引起的各支路电流的方向如图 6-25(a)中的箭头所示,而各节点电位的极性如图中(+)、(−)所示。由此可知,R_f 引入的大环反馈为负反馈,因为它使净输入电流 $i_{b1} = i_i - i_f$ 比没有该反馈时减小了。由 R_f 在该电路输出端和输入端的连接方式知,该反馈为电压并联负反馈。

(2) 画出大环反馈网络如图 6-25(b)所示,则电压并联负反馈的反馈系数为

$$F = \frac{i_f}{u_o} = -\frac{1}{R_f}$$

故闭环电压增益为

$$A_{uf} = \frac{u_o}{u_s} = \frac{u_o}{i_i R_s} \approx \frac{u_o}{i_f R_s} = \frac{1}{F} \cdot \frac{1}{R_s} = -\frac{R_f}{R_s}$$

6.4　负反馈放大电路的自激振荡

前面已提到,反馈深度愈大,对放大电路性能的改善就愈明显。但是,反馈深度过大将引起放大电路产生自激振荡。也就是说,即使输入端不加信号,其输出端也有一定频率和幅度的输出波形,这就破坏了正常的放大功能,故放大电路应避免产生自激振荡。

6.4.1 产生自激振荡的原因及条件

中频段,负反馈放大电路的一般表达式为

$$A_f = \frac{X_o}{X_i} = \frac{A}{1 + AF}$$

负反馈放大电路在中频段,反馈信号 X_f 与输入信号 X_i 同相,则净输入信号 $|X_i'| = |X_i| - |X_f|$,这样引入负反馈后的输出信号 X_o 就减小。

然而,在低频或高频时,由于电路中存在多级 RC 回路,输出信号和反馈信号将在中频段相位关系的基础上产生附加相移,此时电路参数用复数代替。若 $\dot{A}F$ 的附加相移达到 $\pm(2n+1)\pi$,则反馈信号 X_f 与输入信号 X_i 由原来中频段的同相变为反相,净输入信号 $|X_i'| = |X_i| + |X_f|$,从而导致输出信号 X_o 也随之增大。此时即使输入端不加信号,也可以靠反馈信号维持输出信号,而输出信号又维持着反馈信号,则称电路产生了自激振荡。

由表达式 $A_f = \dfrac{\dot{A}}{1 + \dot{A}\dot{F}}$ 可知,若 $1 + \dot{A}\dot{F} = 0$,有 $|A_f| = \infty$,即使无信号输入,也有输出波形,电路产生自激振荡。因此产生自激振荡的条件是

$$\dot{A}\dot{F} = -1$$

它含有幅值和相位两个条件:

$$\begin{cases} |\dot{A}\dot{F}| = 1 \\ \arctan(\dot{A}\dot{F}) = \pm(2n+1)\pi(n \text{ 为整数}) \end{cases}$$

根据以上两式可以判断出单级负反馈放大电路是稳定的,不会产生自激振荡,因为其最大附加相移不可能超过 90°。两级反馈电路也不会产生自激振荡,因为当附加相移为 $\pm 180°$ 时,相应的 $|\dot{A}\dot{F}| = 0$,振幅条件不满足。而当出现三级以上反馈电路时,则容易产生自激振荡。故在深度负反馈时,必须采取措施破坏其自激振荡条件。

6.4.2 自激振荡的判别方法

判断方法是,首先看相位条件,相位条件满足了,绝大多数情况下,只要 $|\dot{A}\dot{F}| \geqslant 1$,放大电路就会产生自激振荡。如果相位条件不满足,则肯定不产生自激振荡。

在工程上,为了直观地判断反馈放大电路的稳定性,通常采用放大电路的 $\dot{A}\dot{F}$ 的频率特性,即用波特图分析电路能否产生自激振荡。由自激振荡产生条件可知,当相位条件满足附加相移 $\varphi = \pm 180°$,$|\dot{A}\dot{F}| < 1$ 时,即 $20\lg|\dot{A}\dot{F}| \leqslant 0$ dB 时,电路稳定;否则不稳定,将产生自激振荡。图 6-26(a)和(b)所示的波特图分别表示不稳定与稳定两种情况。图中 f_c 为附加相移 $\varphi = 180°$ 时的频率;f_o 为 $20\lg|\dot{A}\dot{F}| = 0$ dB 时的频率。由图可看出,$f_c < f_o$ 时,负反馈放大电路不稳定;$f_c > f_o$ 时,负反馈放大电路稳定。

衡量负反馈放大电路稳定程度的指标是稳定裕度。稳定裕度有相位裕度和增益裕度两种。增益裕度 $G_m = 20\lg|\dot{A}\dot{F}|$,对稳定的放大电路而言,$G_m$ 为负值,数值愈小,表示愈稳定。一般反馈放大电路,要求 $G_m \leqslant -10$ dB。相位裕度 $\varphi_m = 180° - |\varphi(f_o)|$,式中 $\varphi(f_o)$ 为 $f = f_o$ 时的相移。

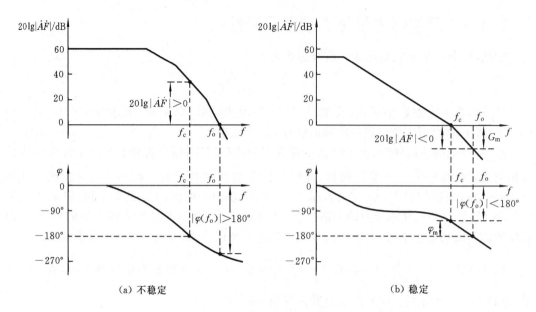

(a) 不稳定　　　　　　　　　　　　　(b) 稳定

图 6-26 $\dot{A}\dot{F}$ 波特图

6.4.3　常用的消除自激振荡的方法

对于一个负反馈放大电路而言,消除自激振荡就是采取措施破坏产生自激振荡的幅度或相位条件。

最简便的方法是减小其反馈系数或反馈深度,使当附加相移 $\varphi_m=180°$ 时,$\dot{A}\dot{F}<1$。这样虽然能够达到消振的目的,但是反馈深度下降,不利于放大电路其他性能的改善。为此希望采取某些措施,使电路既有足够的反馈深度,又能稳定地工作。

通常采用的措施是在放大电路中加入由电阻、电容元件组成的校正电路,如图 6-27(a)、(b)、(c)所示。它们均会使高频放大倍数衰减得快一些,以便当 $\varphi_m=180°$ 时,$|\dot{A}\dot{F}|<1$。以图 6-27 (a)所示电路为例。电容 C 相当于在第一级负载两端并联,频率较高时,容抗变小,第一级放大倍数下降,从而破坏自激振荡的条件,使电路稳定工作。为了不致使高频区放大倍数下降太多,尽可能选容量小的电容。图 6-27(c)所示电路中,将电容接在第二级放大电

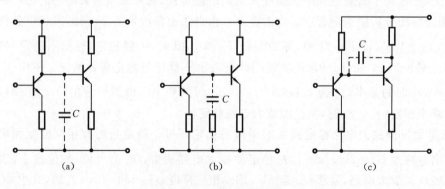

(a)　　　　　　　　　(b)　　　　　　　　　(c)

图 6-27　常用的消振电路

路三极管的 b、c 极之间，根据密勒定理，电容的作用可增大 $|1+K|$ 倍，若第二级电路放大倍数为 $\dot{A}_2$，则电容的作用将增大 $|1+\dot{A}_2|$ 倍，这样，可以选用较小的电容，达到同样的消振效果。

本 章 小 结

本章主要讲述了反馈的基本概念、负反馈放大电路的一般表达式、负反馈对放大电路性能的影响等问题，阐明了反馈的判断方法、深度负反馈条件下放大倍数的估算方法、负反馈放大电路的自激振荡判断方法和消除方法等。

1. 反馈的基本概念

(1) 在电子电路中，将输出量的一部分或全部通过一定的电路形式作用到输入回路，用来影响其输入量的措施称为反馈。

(2) 反馈的判断：正、负反馈的判断常采用瞬时极性法，反馈的结果使净输入量减小，则称之为负反馈，反之，称之为正反馈。直流反馈或交流反馈取决于反馈通路是存在于放大电路的直流通路还是交流通路之中，直流负反馈的作用是稳定静态工作点，交流负反馈的作用是从不同方面改善动态技术指标。判断是电压反馈或是电流反馈，看反馈量的取样端与输出端是否在同一个电极上，若在同一个电极则为电压反馈，反之为电流反馈。判断是串联反馈还是并联反馈，看反馈量与输入量在放大电路输入端是否在同一电极上，若是同一电极则为并联反馈，反之为串联反馈。

(3) 负反馈有四种组态：电压串联负反馈、电压并联负反馈、电流串联负反馈和电流并联负反馈。根据交流负反馈四种组态的功能，在需要进行信号变换时，应该选择合适的组态。

2. 负反馈放大倍数的增益

在中频段，负反馈放大电路放大倍数的一般表达式为 $A_f=\dfrac{A}{1+AF}$，其中 $1+AF$ 称为反馈深度。当 $1+AF\gg1$ 时，其反馈称为深度负反馈，有 $X_i'=0$。

若电路引入深度串联负反馈，则 $U_i\approx U_f$；若电路引入深度并联负反馈，则 $I_i\approx I_f$。利用 $A_f\approx\dfrac{1}{F}$ 可以求出四种反馈组态放大电路的电压放大倍数 A_{uf} 或 A_{usf}。

3. 交流负反馈对放大电路性能的影响

负反馈可以全面改善放大电路的性能，包括提高放大倍数的稳定性、减小非线性失真、扩展频带、改变输入和输出电阻等。

4. 负反馈放大电路的自激振荡

负反馈放大电路的级数愈多，反馈愈深，产生自激振荡的可能性愈大。产生自激振荡的根本原因之一是 $\dot{A}\dot{F}$ 的附加相移。通常采用 $\dot{A}\dot{F}$ 的波特图来判别电路的稳定性，若 $f_c<f_o$，则电路不稳定，会产生自激振荡；若 $f_c>f_o$，则电路稳定，不会产生自激振荡。若负反馈放大电路产生了自激振荡，则应在电路中合适的位置加小容量电容或 RC 电路来消振。

习　　题

6.1　在括号内填入"√"或"×",表明下列说法是否正确。

(1) 若放大电路的放大倍数为负,则引入的反馈一定是负反馈(　　)。

(2) 负反馈放大电路的放大倍数与组成它的基本放大电路的放大倍数量纲相同(　　)。

(3) 若放大电路引入负反馈,则负载电阻变化时,输出电压基本不变(　　)。

(4) 阻容耦合放大电路的耦合电容、旁路电容越多,引入负反馈后,越容易产生低频振荡(　　)。

6.2　判别下列说法的正误,在括号内填入"√"或"×"来表明判别结果。

(1) 只要在放大电路中引入反馈,就一定能使其性能得到改善(　　)。

(2) 放大电路的级数越多,引入的负反馈越强,电路的放大倍数也就越稳定(　　)。

(3) 反馈量仅仅取决于输出量(　　)。

(4) 既然电流负反馈稳定输出电流,那么必然稳定输出电压(　　)。

6.3　选择合适的答案填入空内。

(1) 对于放大电路,所谓开环是指(　　)。

A. 无信号源　　　　　　B. 无反馈通路　　　　C. 无电源　　　　　　D. 无负载

所谓闭环是指(　　)。

A. 考虑信号源内阻　　　B. 存在反馈通路　　　C. 接入电源　　　　　D. 接入负载

(2) 在输入量不变的情况下,若引入反馈后(　　),则说明引入的反馈是负反馈。

A. 输入电阻增大　　　　B. 输出量增大　　　　C. 净输入量增大　　D. 净输入量减小

(3) 直流负反馈是指(　　)。

A. 直接耦合放大电路中所引入的负反馈　　　B. 只有放大直流信号时才有的负反馈

C. 在直流通路中的负反馈

(4) 交流负反馈是指(　　)。

A. 阻容耦合放大电路中所引入的负反馈　　　B. 只有放大交流信号时才有的负反馈

C. 在交流通路中的负反馈

6.4　为了实现下列目的,应引入哪种反馈?

A. 直流负反馈　　　　　B. 交流负反馈

(1) 为了稳定静态工作点,应引入(　　);

(2) 为了稳定放大倍数,应引入(　　);

(3) 为了改变输入电阻和输出电阻,应引入(　　);

(4) 为了抑制温漂,应引入(　　);

(5) 为了展宽频带,应引入(　　)。

6.5　选择合适的答案填入空内。

A. 电压　　　　　　　　B. 电流　　　　　　　C. 串联　　　　　　D. 并联

(1) 为了稳定放大电路的输出电压,应引入(　　)负反馈;

(2) 为了稳定放大电路的输出电流,应引入(　　)负反馈;

(3) 为了增大放大电路的输入电阻,应引入( )负反馈;

(4) 为了减小放大电路的输入电阻,应引入( )负反馈;

(5) 为了增大放大电路的输出电阻,应引入( )负反馈;

(6) 为了减小放大电路的输出电阻,应引入( )负反馈。

6.6 已知交流负反馈有四种组态:

A.电压串联负反馈 B.电压并联负反馈 C.电流串联负反馈 D.电流并联负反馈

选择合适的答案填入下列空格内,只填入 A、B、C 或 D。

(1) 欲得到电流—电压转换电路,应在放大电路中引入( );

(2) 欲将电压信号转换成与之成比例的电流信号,应在放大电路中引入( );

(3) 欲减小电路从信号源索取的电流,增大带负载能力,应在放大电路中引入( );

(4) 欲从信号源获得更大的电流,并稳定输出电流,应在放大电路中引入( )。

6.7 电路如题 6.7 图所示,已知集成运放的开环差模增益和差模输入电阻均近于无穷大,最大输出电压幅值为 ±14 V。填空:

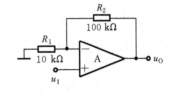

题 6.7 图

电路引入了 _____(填入反馈组态)交流负反馈,电路的输入电阻趋近于 _____,电压放大倍数 A_{uf} $=\Delta u_O/\Delta u_I\approx$ _____ 。设 $u_I=1$ V,则 $u_O\approx$ _____ V;若 R_1 开路,则 u_O 变为 _____ V;若 R_1 短路,则 u_O 变为 _____ V;若 R_2 开路,则 u_O 变为 _____ V;若 R_2 短路,则 u_O 变为 _____ V。

6.8 判断题 6.8 图所示各电路中是否引入了反馈。若引入了反馈,则判断是正反馈还是负反馈。若引入了交流负反馈,则判断是哪种组态的负反馈,并求出反馈系数和深度负反馈条件下的电压放大倍数 A_{uf} 或 A_{usf}。设图中所有电容对交流信号均可视为短路。

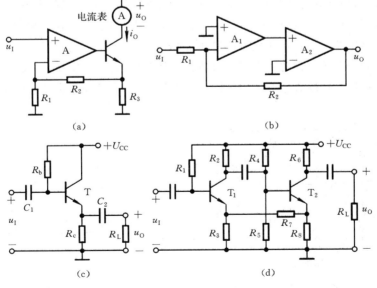

题 6.8 图

6.9 电路如题 6.9 图所示。

(1) 合理连线,接入信号源和反馈,使电路的输入电阻增大,输出电阻减小;

(2) 若 $|\dot{A}_u| = \dfrac{\dot{U}_o}{\dot{U}_i} = 20$,则 R_f 应取多少千欧?

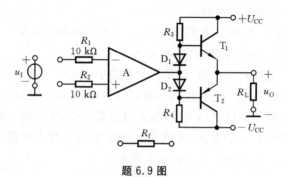

题 6.9 图

6.10 以集成运放作为放大电路,引入合适的负反馈,分别达到下列目的,要求画出电路图。

(1) 实现电流—电压转换电路;

(2) 实现电压—电流转换电路;

(3) 实现输入电阻高、输出电压稳定的电压放大电路;

(4) 实现输入电阻低、输出电流稳定的电流放大电路。

6.11 已知一个负反馈放大电路的 $A = 10^5$,$F = 2 \times 10^{-3}$。

(1) $A_f = ?$

(2) 若 A 的相对变化率为 20%,则 A_f 的相对变化率为多少?

6.12 已知一个电压串联负反馈放大电路的电压放大倍数 $A_{uf} = 20$,其基本放大电路的电压放大倍数 A_u 的相对变化率为 10%,A_{uf} 的相对变化率小于 0.1%,试问 F 和 A_u 各为多少?

6.13 电路如题 6.13 图所示。要求:①稳定输出电流;②提高输入电阻。问:反馈通路 R_f 应与放大电路中的 a、b、c、d 四点该如何连接?

6.14 已知一个负反馈放大电路的对数幅频特性如题 6.14 图所示,反馈网络由纯电阻组成。试问:若要求电路稳定工作,即不产生自激振荡,则反馈系数的上限值为多少分贝? 简述理由。

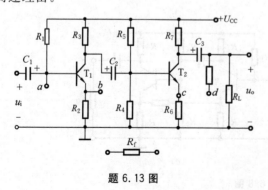

题 6.13 图

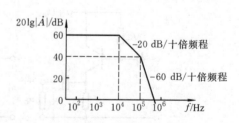

题 6.14 图

6.15 已知负反馈放大电路的 $\dot{A} = \dfrac{10^4}{\left(1+\mathrm{j}\dfrac{f}{10^4}\right)\left(1+\mathrm{j}\dfrac{f}{10^5}\right)^2}$。试分析为了使放大电路能

够稳定工作(即不产生自激振荡),反馈系数的上限值为多少。

6.16 题 6.16 图(a)所示放大电路 $\dot{A}\dot{F}$ 的波特图如题 6.16 图(b)所示。

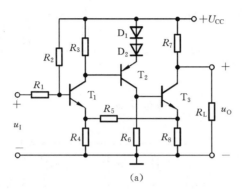

(a)

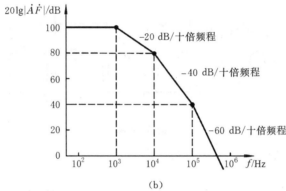

(b)

题 6.16 图

(1)判断该电路是否会产生自激振荡? 简述理由。

(2)若电路产生了自激振荡,则应采取什么措施消振?

(3)若仅有一个 50 pF 电容,分别接在三个三极管的基极和地之间均未能消振,则将其接在何处有可能消振? 为什么?

6.17 负反馈电路如题 6.17 图所示。

(1)判断各电路中引入了哪种组态的交流负反馈,并计算它们的反馈系数。

(2)估算各电路在深度负反馈条件下的电压放大倍数。

(3)定性分析各电路因引入交流负反馈使得放大电路输入电阻和输出电阻所产生的变化。

6.18 电路如题图 6.18 所示。

(1)判断电路中引入了哪种组态的交流负反馈,并计算反馈系数;

(2)近似计算它的闭环电压增益并定性分析它的输入电阻和输出电阻。

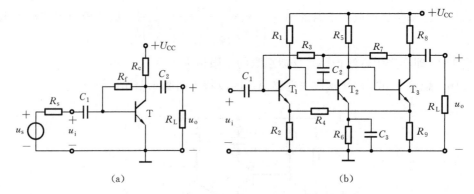

(a)　　　　　　　　　　　(b)

题 6.17 图

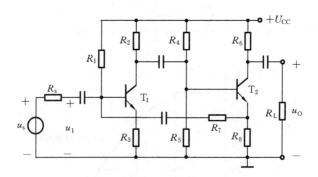

题 6.18 图

6.19　负反馈电路如题 6.19 图所示。

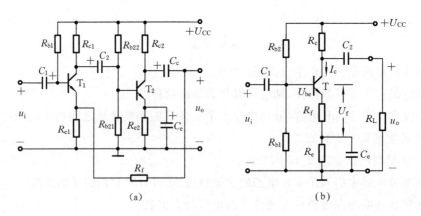

(a)　　　　　　　　　　　(b)

题 6.19 图

（1）判断各电路中引入了哪种组态的交流负反馈,定性分析各电路因引入交流负反馈使得放大电路输入电阻和输出电阻所产生的变化。

（2）估算各电路在深度负反馈条件下的电压放大倍数。

6.20　电路如题 6.20 图所示,近似计算它的闭环电压增益,并定性分析它的输入电阻

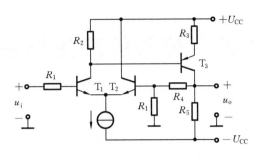

题 6.20 图

和输出电阻。

6.21 电路如题 6.21 图所示。

（1）判断电路中引入了哪种组态的交流负反馈，并计算反馈系数；

（2）近似计算它的闭环电压增益，并定性分析它的输入电阻和输出电阻。

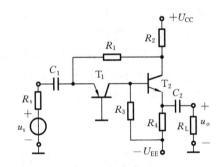

题 6.21 图

第7章　波形的产生与变换

【基本概念】

　　正弦波振荡电路、起振条件、选频网络、振荡频率和振荡幅值、稳幅、比较器的三要素、单限比较器、滞回比较器、窗口比较器。

【重点与难点】

　　(1) 正弦波产生电路起振条件及振荡判断；

　　(2) 单限、滞回电压比较器的工作原理。

【基本分析方法】

　　(1) 正弦波振荡电路的起振条件的分析、RC 桥式正弦波振荡电路振荡频率的计算；

　　(2) 电压比较器传输特性的分析和电路输出波形的分析；

　　(3) 非正弦波产生电路的波形分析方法和振荡频率、幅值的估算。

　　集成运放的应用非常广泛，除了可以构成信号的基本运算电路，还经常用于各种信号波形的产生电路。本章重点介绍正弦波的产生电路、电压比较器，以及矩形波、三角波和锯齿波的变换电路。

7.1　正弦波产生电路

7.1.1　概述

1. 振荡的条件

　　图 7-1 所示的为产生自激振荡的方框图，输入信号 $\dot{X}_i$ 通过基本放大电路后输出 $\dot{X}_o$，再通过反馈通路反馈到输入端，反馈信号为 $\dot{X}_f$。

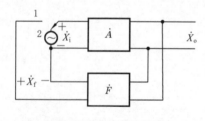

图 7-1　自激振荡的方框图

　　当开关在 2 处时，输入为 $\dot{X}_i$，反馈通路断开，此时电路为一般放大电路，显然有 $\dot{X}_i = \dfrac{\dot{X}_o}{\dot{A}}$。

　　当开关在 1 处时，输入为 $\dot{X}_f$，当反馈信号能完全代替输入信号时，即 $\dot{X}_f = \dot{X}_i$ 时，电路仍然能保持输出 $\dot{X}_o$ 不变。此时电路构成了一个无信号输入但有信号输出的电路，使放大电路变为振荡电路。

　　又因为 $\dot{X}_f = \dot{X}_o \cdot \dot{F}$，所以有 $\dfrac{\dot{X}_o}{\dot{A}} = \dot{X}_o \cdot \dot{F}$，即 $\dot{A}\dot{F} = 1$，这是电路维持自激振荡的条件，又称振荡的平衡条件。其中：幅度平衡条件 $|\dot{A}\dot{F}| = 1$ 保证了反馈信号与原输入信号相等；相位平

衡条件 $\varphi_A + \varphi_F = 2n\pi(n=0,\pm 1,\pm 2,\cdots)$ 保证了反馈信号与原输入信号的相位相等,即引入正反馈。

2. 起振与稳幅

实际上,电路中最初的输入信号 $\dot{X}_i$ 仅仅来自于电扰动(如合闸通电),其幅值极小,如果电路仅满足维持振荡的条件,则电路无法保持正常输出。为了使输出量在合闸后能够有一个从小到大直至平衡在一定幅值的过程,应保证每次反馈到输入端的信号都要大于前一次的输入信号,即有 $\dot{X}_f > \dot{X}_i$,因此振荡电路的起振条件为 $|\dot{A}\dot{F}| > 1$。

当输出幅值增加到一定数值时,放大电路将从线性放大区进入非线性区,此时放大倍数 $|\dot{A}|$ 下降,$|\dot{A}\dot{F}|$ 由大于 1 降到等于 1,使得输出信号稳定在一定幅度上,该过程称为稳幅。为了避免放大电路进入非线性区,通常振荡电路也采用专门的稳幅环节。

3. 正弦波振荡电路的组成

由以上分析可知,正弦波振荡电路一般包括以下几个基本环节。

(1) 放大电路:完成信号放大功能,使电路获得一定幅值的输出量。

(2) 正反馈网络:引入正反馈电路,构成振荡电路。

(3) 选频网络:确定电路的振荡频率,保证电路产生单一频率的正弦波振荡信号。通常选频网络与反馈网络为同一电路。

(4) 稳幅环节:使输出信号幅值稳定。

按选频网络的元件类型,正弦波振荡电路分为 RC 正弦波振荡电路、LC 正弦波振荡电路和石英晶体正弦波振荡电路三种类型。RC 正弦波振荡电路的振荡频率较低,一般在 1 MHz 以下,LC 正弦波振荡电路的振荡频率多在 1 MHz 以上,而石英晶体正弦波振荡电路获得的信号振荡频率非常稳定。

7.1.2 RC 正弦波振荡电路

RC 正弦波振荡电路用于产生低频正弦信号。实用的 RC 正弦波振荡电路多种多样,常见的是 RC 桥式正弦波振荡电路,又称文氏桥正弦波振荡电路。

1. RC 串并联网络的选频特性

图 7-2 所示的为 RC 串并联网络的结构。

由图 7-2 所示电路可得

$$\dot{F} = \frac{\dot{U}_2}{\dot{U}_1} = \frac{R_2 \ // \ \dfrac{1}{j\omega C_2}}{(R_1 + \dfrac{1}{j\omega C_1}) + R_2 \ // \ \dfrac{1}{j\omega C_2}}$$

$$= \frac{\dfrac{R_2}{1 + j\omega R_2 C_2}}{R_1 + \dfrac{1}{j\omega C_1} + \dfrac{R_2}{1 + j\omega R_2 C_2}}$$

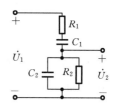

图 7-2 RC 串并联网络

整理后得

$$\dot{F} = \frac{\dot{U}_2}{\dot{U}_1} = \frac{1}{\left(1 + \dfrac{C_2}{C_1} + \dfrac{R_1}{R_2}\right) + \mathrm{j}\left(\omega R_1 C_2 - \dfrac{1}{\omega R_2 C_1}\right)}$$

通常取 $R_1 = R_2 = R, C_1 = C_2 = C$，则

$$\dot{F} = \frac{\dot{U}_2}{\dot{U}_\mathrm{i}} = \frac{1}{3 + \mathrm{j}\left(\dfrac{\omega}{\omega_0} - \dfrac{\omega_0}{\omega}\right)} = \frac{1}{\sqrt{3^2 + \left(\dfrac{\omega}{\omega_0} - \dfrac{\omega_0}{\omega}\right)^2}} \angle - \arctan \frac{1}{3}\left(\frac{\omega}{\omega_0} - \frac{\omega_0}{\omega}\right)$$

其中，$\omega_0 = \dfrac{1}{RC}$，即 $f_0 = \dfrac{1}{2\pi RC}$。

由此可见，当 $\omega = \omega_0 = 1/RC$ 时，$|\dot{F}|$ 达到最大值即 $1/3$，且相移 $\varphi_F = 0$，即输出电压与输入电压同相。

2. RC 桥式正弦波振荡电路

图 7-3 所示的为 RC 桥式正弦波振荡电路。其基本放大电路为同相比例运算电路，正反馈网络和选频网络由 RC 串并联网络组成。

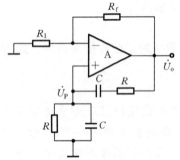

电源合闸后产生的初始电压信号 u_i 由同相输入端引入，基本放大电路的相位 $\varphi_A = 0$。由于振荡电路应满足相位平衡条件 $\varphi_{AF} = \varphi_A + \varphi_F = \pm 2n\pi$，因此反馈网络的相位条件应满足 $\varphi_F = 0$ 才可能产生自激振荡，即放大后的输出电压只有频率为 $f = f_0 = 1/2\pi RC$ 的输出电压 u_o 才会使反馈网络满足振荡的相位平衡条件，其余频率的谐波将因不能构成自激振荡而受到抑制。

图 7-3　RC 桥式正弦波振荡电路

为了使电路能振荡，还应满足起振条件，即 $|\dot{A}\dot{F}| > 1$。

由 RC 串并联网络的选频特性可知，当 $\omega = \omega_0$ 时，$\dot{F} = 1/3$，而放大电路的电压放大倍数为 $A = 1 + \dfrac{R_\mathrm{f}}{R_1}$，因此有 $|\dot{A}\dot{F}| = (1 + \dfrac{R_\mathrm{f}}{R_1}) \times \dfrac{1}{3} > 1$，即要求 $R_\mathrm{f} > 2R_1$。

电路起振后输出为单一频率 $f_0 = \dfrac{1}{2\pi RC}$ 的正弦波，改变文氏电桥参数 R、C，即可改变振荡频率 f_0。

3. 稳幅电路

电路起振后，当输出幅值增加到一定数值时，放大电路将进入非线性区，放大倍数 $|\dot{A}|$ 下降，此时虽然可以使电路满足幅度平衡条件，但输出波形将产生非线性失真。为此，常利用非线性元件作为稳幅措施，使电路由起振时的 $|\dot{A}\dot{F}| > 1$ 降为维持振荡时的 $|\dot{A}\dot{F}| = 1$，以此维持输出电压的幅值基本不变。

常见的稳幅电路可以利用二极管和稳压管的非线性特性、场效应管的可变电阻特性以及热敏电阻等元件的非线性特性，来自动地稳定振荡器输出的幅度。这里以二极管为例介

绍稳幅电路的工作原理。

图 7-4 所示电路中在 R_2 两端并联两个二极管 D_1、D_2，用来稳定振荡电路的输出 u_o 的幅度。起振时，振荡幅度较小，二极管 D_1、D_2 均工作在死区，相当于断路，电路满足起振条件 $|\dot{A}\dot{F}|>1$；起振后，随着输出电压幅值的增大，二极管 D_1、D_2 在输出正弦波的正负半周轮流导通，即反馈电路中总有一个二极管的正向电阻 R_D 与 R_2 并联，$R_f = R_2 /\!/ R_D + R_P$；随着输出幅值增加，二极管的工作点升高，正向电阻 R_D 减小，R_f 减小，放大倍数 $A = 1 + R_f/R_1$ 也随之减小，电路 AF 下降，从而达到稳幅的目的。

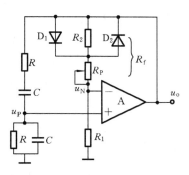

图 7-4　二极管稳幅的 RC 桥式
正弦波振荡电路

7.1.3　LC 正弦波振荡电路

LC 正弦波振荡电路主要用于产生高频信号。由于普通集成运放电路的频带较窄，而高速集成运放的价格高，因此 LC 正弦波振荡电路一般用分立元件组成。

常见的 LC 正弦波振荡电路有变压器反馈式、电感三点式和电容三点式。它们的共同特点是用 LC 并联谐振回路作为选频网络，下面先介绍其选频特性。

1. LC 并联谐振回路的选频特性

LC 并联谐振回路如图 7-5 所示，由图可得

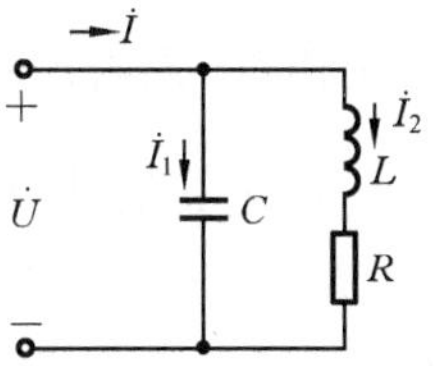

$$\dot{I} = \dot{U}(Y_1 + Y_2) = \dot{U}\left\{ \mathrm{j}\omega C + \left[\frac{R}{R^2 + (\omega L)^2} - \mathrm{j}\frac{\omega L}{R^2 + (\omega L)^2} \right] \right\}$$

$$= \dot{U}\left\{ \frac{R}{R^2 + (\omega L)^2} + \mathrm{j}\left[\omega C - \frac{\omega L}{R^2 + (\omega L)^2} \right] \right\}$$

图 7-5　简单的 LC 并联回路

电路谐振时，虚部等于 0，即 $\omega_0 C = \dfrac{\omega_0 L}{R^2 + (\omega_0 L)^2}$，解得 ω_0

$$= \sqrt{\frac{1}{LC} - \frac{R^2}{L^2}}。$$

通常简单的 LC 并联谐振回路只用一个电容和一个电感并联而成，R 表示回路的等效损耗电阻，其数值一般很小，即有 $R \ll \omega_0 L$，此时：

$$\omega_0 = \frac{1}{\sqrt{LC}} \text{ 或 } f_0 = \frac{1}{2\pi\sqrt{LC}}$$

式中：f_0 为谐振频率。

谐振时，LC 并联谐振回路相当于一个很大的电阻，且相移 $\varphi = 0$。

实际电路中，通常将 LC 并联谐振回路代替放大电路的 R_c，组成选频放大电路，如图 7-6 所示。LC 电路在 $f = f_0 = \dfrac{1}{2\pi\sqrt{LC}}$ 时阻抗最大，且电路相移为零，此时放

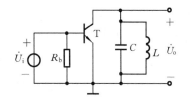

图 7-6　选频放大电路

大电路的电压放大倍数 A_u 最大,且输出信号与输入信号反相,有可能同时满足振荡的幅度平衡条件和相位平衡条件,因而具备了输出单一频率的正弦信号的可能性,该选频放大电路是 LC 振荡电路的基础。

2. 变压器反馈式 LC 正弦波振荡电路

图 7-7 所示的为变压器反馈式 LC 正弦波振荡电路的几种常见接法。图 7-7(a)、(b)所示电路均采用共射极接法,两者区别仅在于采用不同方式将反馈电压送回到半导体三极管的基极。图 7-7(c)所示电路采用共基极接法,反馈电压送回发射极,基极通过电容 C_b 接地。这里以图 7-7(a)所示电路为例介绍变压器反馈式 LC 振荡电路的工作原理。

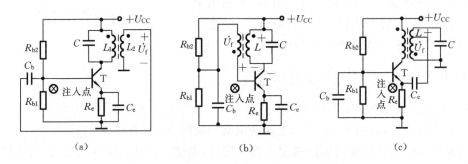

图 7-7 变压器反馈式 LC 正弦波振荡电路

电源合闸后产生的初始电压信号 u_i 由三极管基极(即图 7-7 中注入点)引入,经电路放大后通过变压器副边 L_2 反馈回到三极管基极。其中 L_1C 并联电路只有在谐振时阻抗最大,且电路相移为零,即 L_1C 并联电路只对 $f = f_0 = \dfrac{1}{2\pi\sqrt{L_1C}}$ 的谐波呈现电阻性,无附加相移。采用瞬时极性法判断电路引入的反馈极性。电路输入端引入 f_0 的信号,给定其极性对地为正,则共射极放大电路集电极极性为负,变压器 L_1 上电压上正下负,根据同名端,L_2 上电压也为上正下负,即反馈到输入端的极性为正,与输入电压假设极性相同,电路引入正反馈,满足正弦波振荡的相位条件。由于 L_1C 并联电路对 f_0 的谐波产生最大阻抗,即此时有最大的放大倍数 A_u,因此只要合理选择变压器原、副边线圈的匝数及其他电路参数,电路就很容易满足起振条件,同时该电路利用三极管的非线性特性实现了稳幅环节。

其余频率的谐波因 L_1C 并联电路对其有相移,且呈现阻抗较小,不满足振幅和相位条件而受到抑制。因此,该电路可以唯一地输出频率为 $f_0 = \dfrac{1}{2\pi\sqrt{L_1C}}$ 的正弦波电压信号。

在分析 LC 振荡电路时,要注意把与振荡频率有关的谐振回路的电容(见图 7-7 各图中的电容 C)与作为耦合和旁路的电容(见图 7-7 各电路中的 C_b、C_c)分开。两种电容在数值上相差很大,考虑交流通路时,应将 C_b、C_c 短路。

3. 三点式 LC 正弦波振荡电路

因为这类 LC 振荡电路的谐振回路都有三个引出端子,分别接至三极管的 e、b、c 极上,所以统称为三点式振荡电路。图 7-8 列举了几种常见的接法。

图 7-8 (a)、(b)所示电路为电感三点式,它的特点是把谐振回路的电感分成 L_1 和 L_2 两

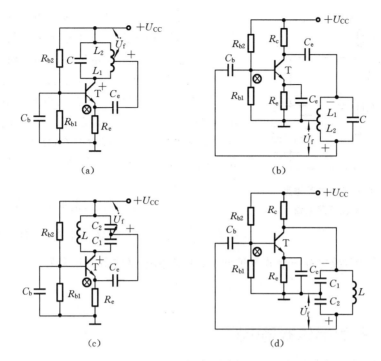

图 7-8 三点式振荡电路

个部分,利用 L_2 上的电压作为反馈信号,而不再用变压器。图 7-8(a)所示电路中,反馈电压接至三极管的发射极,放大电路是共基极接法。图 7-8(b)所示电路中,反馈电压接至基极上,放大电路为共射极接法。不难用瞬时极性法判断,它们均满足振荡的相位条件。

电感三点式正弦波振荡电路的振荡频率基本上等于 LC 并联电路的谐振频率,即

$$f_0 \approx \frac{1}{2\pi \sqrt{L'C}}$$

式中:L' 是谐振回路的等效电感,即 $L' = L_1 + L_2 + 2M$。

电感三点式正弦波振荡电路容易起振,而且采用可变电容可在较宽范围内调节振荡频率,所以在需要经常改变频率的器件(如收音机、信号发生器等)中得到广泛的应用。但是由于它的反馈电压取自电感 L_2,它对高次谐波阻抗较大,因此输出波形中含有高次谐波,波形较差。

图 7-8(c)、(d)所示电路为电容三点式振荡电路,其特点是用 C_1 和 C_2 两个电容作为谐振回路电容,利用电容 C_2 上的电压作为反馈信号。与电感三点式振荡电路相似,图 7-8(c)所示的放大电路采用共基极接法,图 7-8(d)所示电路采用共射极接法。同样用瞬时极性法判断,它们也满足振荡的相位条件。

电容三点式正弦波振荡电路的振荡频率近似等于 LC 并联电路的谐振频率,即

$$f_0 \approx \frac{1}{2\pi \sqrt{LC'}}$$

式中:C' 为谐振回路的等效电容,即 $C' = \dfrac{C_1 C_2}{C_1 + C_2}$。

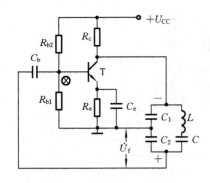

图 7-9 电容三点式改进型
正弦波振荡电路

由于电容三点式正弦波振荡电路的反馈电压取自电容 C_2，反馈电压中谐波分量小，因此输出波形较好，而且电容 C_1、C_2 的容量可以选得较小，并可将管子的极间电容计算到 C_1、C_2 中去，因此振荡频率可达 100 MHz 以上。但管子的极间电容随温度等因素变化，对振荡频率有一定的影响。为了降低这种影响，可在电感 L 支路中串接电容 C，使谐振频率主要由 L 和 C 决定，而 C_1 和 C_2 只起分压作用，其电路如图 7-9 所示。

对于图 7-9 所示电路，谐振回路的等效电容 C' 满足 $\dfrac{1}{C'} = \dfrac{1}{C} + \dfrac{1}{C_1} + \dfrac{1}{C_2}$；在选取电容参数时，可使 $C_1 \gg C$，$C_2 \gg C$，所以 $C' \approx C$，故电容三点式改进型正弦波振荡电路的谐振频率为

$$f_0 \approx \frac{1}{2\pi \sqrt{LC}}$$

7.1.4 石英晶体振荡电路

石英晶体振荡器具有非常稳定的固有频率。对于振荡频率的稳定性要求高的电路，应选用石英晶体作为选频网络。

1. 石英晶体的压电效应

石英晶体为各向异性的 SiO_2 结晶体，将晶体按一定的方向切割成很薄的晶片，在其表面涂上银，并作为两个极引出管脚，加以封装，即构成石英晶体振荡器。其结构示意图和符号如图 7-10 所示。

石英晶体具有压电效应。所谓压电效应，即当机械压力作用于石英晶体使其发生机械变形时，晶片的对应面上会产生正、负电荷，形成电场；反之，在晶片的对应面上加一电场时，石英晶片会发生机械变形。当给石英晶片外加交变电压时，石英晶片将按交变电压的频率发生机械振动，同时机械振动又会在两个电极上产生交变电荷，结果在外电路中形成交变电流。当外加交变电压的频率等于石英晶片的固有机械振动频率时，晶片发生共振，此时机械振动幅度最大，此现象称为压电谐振。晶片的固有机械动频率称为谐振频率。

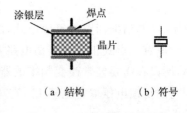

（a）结构   （b）符号

图 7-10 石英晶体振荡器的
结构和符号

2. 石英晶体的等效电路和振荡频率

石英晶体的等效电路如图 7-11(a)所示。当晶片产生振动时，机械振动的惯性等效为电感 L，晶片的弹性等效为电容 C，晶片的摩擦损耗等效为电阻 R，理想情况下损耗电阻可认为是零；当石英晶体不振动时，可等效为一个平板电容 C_0，称为静态电容。一般情况下，$C \ll C_0$。

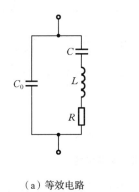 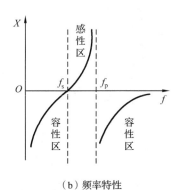

（a）等效电路　　　　　　　　　　（b）频率特性

图 7-11　石英晶体的等效电路及频率特性

由于晶片等效电感 L 很大，而电容 C 和电阻 R 很小，品质因素 Q 可高达 $10^4 \sim 10^6$，因此用石英晶体组成的振荡电路具有很高的频率稳定度，可达 $10^{-11} \sim 10^{-9}$。

当等效电路中 L、C、R 支路产生串联谐振时，该支路呈纯电阻性，等效电阻为 R，谐振频率为

$$f_s \approx \frac{1}{2\pi \sqrt{LC}}$$

由于 R 远小于 C_0 的容抗，因此谐振频率下整个石英晶体可近似认为呈纯阻性，等效电阻为 R。

当 $f < f_s$ 时，C_0 和 C 电抗较大，起主导作用，石英晶体呈容性。

当 $f > f_s$ 时，L、C、R 支路呈感性，将与 C_0 产生并联谐振，石英晶体又呈纯阻性，谐振频率为

$$f_p \approx \frac{1}{2\pi \sqrt{L \dfrac{CC_0}{C+C_0}}} = f_s \sqrt{1 + \frac{C}{C_0}}$$

由于 $C \ll C_0$，因此 $f_p \approx f_s$。

当 $f > f_p$ 时，电抗主要取决于 C_0，石英晶体又呈容性。只有在 $f_s < f < f_p$ 的情况下，石英晶体才呈感性，其频带很窄。石英晶体的频率特性如图 7-11（b）所示。

通常石英晶体要外接一小负载电容 C_L，以达到电路的标称频率 f_0。该负载电容是一个微调电容，可以使 f_0 在 f_s 与 f_p 之间的一个狭小范围内变动。

3. 石英晶体正弦波振荡电路

并联型石英晶体正弦波振荡电路如图 7-12（a）所示。由图可知，只要使石英晶体工作在 f_s 与 f_p 之间，石英晶体呈现电感性，则此电路就是电容三点式的正弦振荡电路。若 C_1 和 C_2 串联等效电容为 C'，则电路的振荡频率可表示为

$$f_0 \approx \frac{1}{2\pi \sqrt{L \dfrac{C(C_0 + C')}{C + C_0 + C'}}}$$

串联型石英晶体正弦波振荡电路如图 7-12（b）所示，电路的第一级为共基极放大电路，

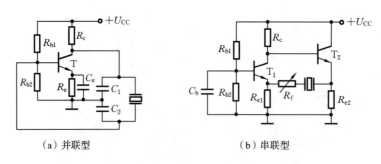

（a）并联型　　　　　　　　　（b）串联型

图 7-12　石英晶体正弦波振荡电路

第二级为共集电极放大电路。只有在石英晶体产生串联谐振,即呈纯阻性时,反馈电压与输入电压才同相,使电路满足正弦波振荡的相位平衡条件。电路的振荡频率为石英晶体的串联谐振频率 f_s。调整 R_f 的阻值,可使电路满足正弦波振荡的幅值平衡条件。

7.2　电压比较器

电压比较器是用来判断输入信号与基准电压之间数值大小的电路,通常由集成运放组成。电压比较器的输入信号通常是模拟量,而输出信号只有两种可能的状态,即高电平或低电平,因此,比较器可以作为模拟电路和数字电路的"接口",广泛应用于模拟信号/数字信号变换、数字仪表、自动控制和自动检测等技术领域,另外,它还是波形产生和变换的基本单元电路。

电压比较器中的集成运放通常工作在非线性区,即开环状态或正反馈状态。对于理想集成运放,由于差模增益无穷大,只要有微小的净输入电压就足以使集成运放输出达到正向饱和电压或负向饱和电压:当 $u_P > u_N$ 时,输出高电平,$u_o = U_{OH} = +U_{om}$;当 $u_P < u_N$ 时,输出低电平,$u_o = U_{OL} = -U_{om}$。当 $u_P = u_N$ 时,输出将从一个电平跃变到另一个电平。将集成运放作为电压比较器使用时,应在一个输入端输入基准电压,另一个输入端接入被比较的输入电压 u_i。

通常利用输出电压 u_o 与输入电压 u_i 之间的函数关系曲线来描述电压比较器,即电压传输特性。为了正确画出电压比较器的电压传输特性,必须求出以下三要素:

（1）比较器的输出高电平 U_{OH} 和输出低电平 U_{OL}。

通常可以通过分析集成运放输出端所接的限幅电路来确定电压比较器的输出高电平 U_{OH} 和输出低电平 U_{OL}。

（2）比较器的阈值 U_T。

比较器的输出状态发生跳变的时刻,所对应的输入电压值称为比较器的阈值电压。通常可令 $u_P = u_N$,解得的输入电压就是阈值电压 U_T。

（3）比较器的组态。

若输入电压 u_i 从集成运放的"−"端输入,称之为反相比较器,则当 u_i 逐渐增大过 U_T 时,u_o 的跃变方向从 U_{OH} 到 U_{OL};若输入电压 u_i 从集成运放的"+"端输入,称之为同相比较器,则当 u_i 逐渐增大过 U_T 时,u_o 的跃变方向从 U_{OL} 到 U_{OH}。

7.2.1　单限电压比较器

1. 过零比较器

过零比较器电路如图 7-13(a)所示。同相输入端接地,反相输入端接输入信号 u_i,则电路阈值电压 $U_T=0$,集成运放工作在开环状态。当输入电压 $u_i<0$(即 $u_P>u_N$)时,输出高电平,$u_o=U_{OH}=+U_{om}$;当 $u_i>0$(即 $u_P<u_N$)时,输出低电平,$u_o=U_{OL}=-U_{om}$。电压传输特性如图 7-13(b)所示,这一类比较器的输出 u_o 在 u_i 逐渐增大过 U_T 时的跃变方向是下跳沿,称之为反相电压比较器。若想获得 u_o 跃变方向相反的电压传输特性,则将图 7-13(a)所示电路中 u_i 与"地"对调即可,同相电压比较器电路如图 7-13(c)所示。

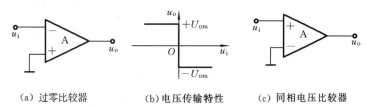

（a）过零比较器　　　（b）电压传输特性　　　（c）同相电压比较器

图 7-13　过零比较器及其电压传输特性

实际电路中为了满足负载的需求,通常在集成运放的输出端加稳压管限幅电路,从而获得合适的输出高电平 U_{OH} 和输出低电平 U_{OL},如图 7-14(a)所示。电阻 R 是限流电阻,稳压管采用双向稳压管,稳压值为 $\pm U_Z$。当输入电压 $u_i<0$ 时,输出高电平,$u_o=U_{OH}=+U_Z$;当 $u_i>0$ 时,输出低电平,$u_o=U_{OL}=-U_Z$。电压传输特性如图 7-14(b)所示。

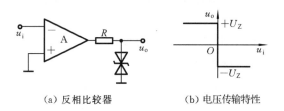

（a）反相比较器　　　　　（b）电压传输特性

图 7-14　电压比较器的输出限幅电路

2. 非零比较器

图 7-15 (a)所示的是阈值电压不等于零的一般单限比较器,U_{REF} 为外加参考电压。根据叠加原理,集成运放反相输入端的电位为

$$u_N=\frac{R_1}{R_1+R_2}u_i+\frac{R_2}{R_1+R_2}U_{REF}$$

令 $u_P=u_N=0$,则求出阈值电压

$$U_T=-\frac{R_2}{R_1}U_{REF}$$

当 $u_i<U_T$ 时,$u_P>u_N$,所以 $u_o'=+U_{om}$,$u_o=U_{OH}=+U_Z$;当 $u_i>U_T$ 时,$u_P<u_N$,所以 $u_o'=U_{OL}=-U_{om}$,$u_o=U_{OL}=-U_Z$。若 $U_{REF}<0$,则电路的电压传输特性如图 7-15(b)所示。

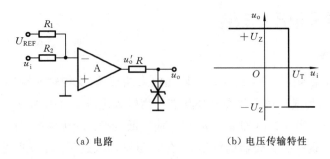

(a) 电路　　　　　(b) 电压传输特性

图 7-15　一般单限比较器及其电压传输特性

根据 $U_T = -\dfrac{R_2}{R_1}U_{REF}$ 可知,只要改变参考电压的大小和极性,以及电阻 R_1 和 R_2 的阻值,就可以改变阈值电压的大小和极性。若要改变 u_i 过 U_T 时 u_o 的跃变方向,则应将集成运放的同相输入端和反相输入端所接外电路互换。

由上可知,单限比较器只有一个阈值电压,输入电压 u_i 逐渐增大或减小过程中过 U_T 时,输出电压产生跃变。这一类比较器具有结构简单、灵敏度高等优点,但其抗干扰能力差。若输入电压在阈值电压附近产生任何微小变化,则都将引起输出电压的跃变,而不管这种微小变化是来源于输入信号还是外部干扰。为了克服这一缺点,实际应用中常采用滞回比较器。

【例 7-1】　校园里的开水炉利用温度传感器控制加热。开水炉中的温度实时监测系统电路如图 7-16(a)所示,将温度传感器探测到的温度转换成电信号,从 u_i 处送入集成运放。若温度值低于预定值(阈值电压),则打开加热开关,开水炉加热。集成运放的最大输出电压 $\pm U_{om} = \pm 12\ \text{V}$,$R_1 = R_2$。试求解:

(1) 电位器调到最大值时电路的电压传输特性;

(2) 电位器调到最小值时的阈值电压。

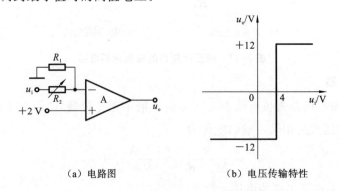

(a) 电路图　　　　　(b) 电压传输特性

图 7-16　例 7-1 的图

解　(1) 由图可知,基准电压 $U_{REF} = 2\ \text{V}$,写出 u_P 的表达式,令 $u_P = u_N = U_{REF} = 2\ \text{V}$,求出的 u_i 就是 U_T。

$$u_P = \frac{R_1}{R_1 + R_2} \cdot u_i = 0.5u_i = 2\ \text{V}$$

$U_T = 4$ V。从集成运放的输出电压可知,$U_{OL} = -12$ V,$U_{OH} = +12$ V。由于输入信号作用于集成运放的同相输入端,因而 $u_i < 4$ V 时,$u_o = U_{OL} = -12$ V;$u_i > 4$ V 时,$u_o = U_{OH} = +12$ V。所以电压传输特性如图 7-16(b)所示。

(2) 当电位器调到最小值时,u_i 直接作用于集成运放的同相输入端,故阈值电压 $U_T = 2$ V。

7.2.2 滞回电压比较器

滞回电压比较器有两个阈值电压,输入电压增加时的门限值与输入电压减小时的门限值不同,电路只对某一个方向变化的电压敏感,如此提高了抗干扰能力。滞回电压比较器的电路中引入了正反馈,图 7-17(a)所示的为反相输入滞回比较器。

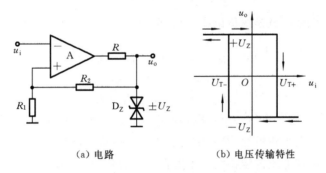

(a) 电路   (b) 电压传输特性

图 7-17 反相输入滞回比较器及其电压传输特性

由电路可知,集成运放反相输入端电位 $u_N = u_i$,同相输入端电位 $u_P = \dfrac{R_1}{R_1 + R_2} \cdot u_o$,从集成运放输出端的限幅电路可以看出 $u_o = \pm U_z$,令 $u_P = u_N$,求出的 u_i 就是阈值电压,因此得出

$$U_T = \pm \frac{R_1}{R_1 + R_2} \cdot U_z$$

设输入电压 u_i 极小时,电路有 $u_P > u_N$,输出高电平,$u_o = U_{OH} = +U_z$,此时阈值电压为 $U_{T+} = +\dfrac{R_1}{R_1 + R_2} \cdot U_z$。当输入电压 u_i 逐渐增大时,只要小于 U_{T+},则输出电压 $u_o = U_{OH} = +U_z$ 保持不变;当 u_i 增大到 U_{T+} 时,电路输出电压从 $+U_z$ 跃变为 $-U_z$,此时电路阈值电压变为 $U_{T-} = -\dfrac{R_1}{R_1 + R_2} \cdot U_z$。同理,设输入电压 u_i 极大(只要大于 U_{T-})时,电路有 $u_P < u_N$,输出电压 $u_o = U_{OL} = -U_z$ 保持不变;当输入电压 u_i 逐渐减小到 U_{T-} 时,电路输出电压从 $-U_z$ 跃变为 $+U_z$,此时电路阈值电压又变为 U_{T+}。由此可见,u_o 从 $+U_z$ 跃变为 $-U_z$ 和 u_o 从 $-U_z$ 跃变为 $+U_z$ 的阈值电压是不同的,电压传输特性如图 7-17(b)所示。

若将电阻 R_1 的接地端接参考电压 U_{REF},如图 7-18(a)所示,则电路的电压传输特性将沿横轴平移。

根据叠加定理可知,集成运放同相输入端的电位为

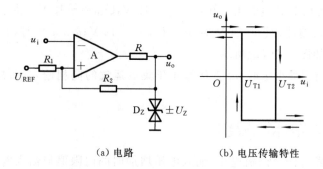

(a) 电路   (b) 电压传输特性

图 7-18 加入参考电压的滞回比较器

$$u_P = \frac{R_2}{R_1 + R_2} U_{REF} \pm \frac{R_1}{R_1 + R_2} \cdot U_Z$$

令 $u_P = u_N$，求出的 u_i 就是阈值电压，因此得出

$$U_{T1} = \frac{R_2}{R_1 + R_2} U_{REF} - \frac{R_1}{R_1 + R_2} \cdot U_Z$$

$$U_{T2} = \frac{R_2}{R_1 + R_2} U_{REF} + \frac{R_1}{R_1 + R_2} \cdot U_Z$$

当 $U_{REF} > 0$ V 时，图 7-18 (a)所示电路的电压传输特性如图 7-18 (b)所示。

改变参考电压的大小和极性，滞回比较器的电压传输特性将产生水平方向的移动；改变稳压管的稳定电压可使电压传输特性产生垂直方向的移动。

【例 7-2】 设计一个电压比较器，使其电压传输特性如图 7-19(a)所示，要求所用电阻阻值为 20～100 kΩ。

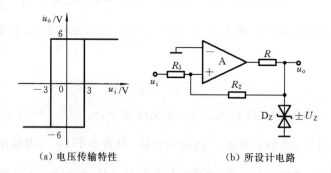

(a) 电压传输特性   (b) 所设计电路

图 7-19 例 7-2 图

解 根据电压传输特性可知，输入电压作用于同相输入端，而且 $u_o = \pm U_Z = \pm 6$ V，$U_{T1} = -U_{T2} = 3$ V，电路没有外加基准电压，故电路如图 7-19(b)所示。阈值电压表达式为

$$u_P = \frac{R_2}{R_1 + R_2} u_i + \frac{R_1}{R_1 + R_2} u_o = u_N = 0$$

或

$$U_T = \pm \frac{R_1}{R_2} U_Z = \pm \frac{R_1}{R_2} \cdot 6 = \pm 3 \text{ V}$$

$$R_2 = 2R_1$$

所以，若取 R_1 为 25 kΩ，则 R_2 应取为 50 kΩ；若取 R_1 为 50 kΩ，则 R_2 应取为 100 kΩ。

7.2.3 窗口电压比较器

单限比较器和滞回比较器在输入电压单一方向变化时,输出电压只跃变一次,若需要检测输入电压是否在两个给定电压之间,即在单一方向变化时输出发生两次跃变,则应采用窗口电压比较器,如图 7-20(a)所示,外加参考电压 $u_{RH} > u_{RL}$,电阻 R_1、R_2 和稳压管 D_Z 构成限幅电路。

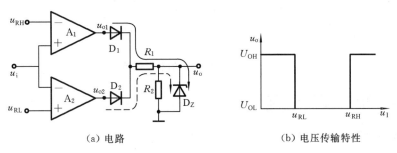

（a）电路　　　　　　　　　　（b）电压传输特性

图 7-20 窗口电压比较器及其电压传输特性

当输入电压 $u_i > u_{RH} > u_{RL}$ 时,集成运放 A_1 的输出 $u_{o1} = +U_{om}$,A_2 的输出 $u_{o2} = -U_{om}$。使得二极管 D_1 导通、D_2 截止,电流通路如图中实线所标注,稳压管 D_Z 工作在稳压状态,输出电压 $u_o = U_{OH} = +U_Z$。

当 $u_i < u_{RL} < u_{RH}$ 时,A_1 的输出 $u_{o1} = -U_{om}$,A_2 的输出 $u_{o2} = +U_{om}$。因此 D_2 导通,D_1 截止,电流通路如图中虚线所标注,D_Z 工作在稳压状态,输出电压仍为 $u_o = U_{OH} = +U_Z$。

当 $u_{RL} < u_i < u_{RH}$ 时,$u_{o1} = u_{o2} = -U_{om}$,所以 D_1 和 D_2 均截止,稳压管截止,$u_o = U_{OL} = 0$。

设两个阈值电压 u_{RH} 和 u_{RL} 均大于零,则窗口电压比较器的电压传输特性如图 7-20 (b)所示。

窗口比较器实质上是由两个输入方式不同、门限值不同的单门限比较器并联而成的。输入信号同时进入两个比较器,利用二极管的单向导电作用,使电路仅输出 $u_i > u_{RH}$ 和 $u_i < u_{RL}$ 时的两部分,从而在 $u_{RL} < u_i < u_{RH}$ 部分形成窗口。值得注意的是,设计窗口比较器时,必须使同相输入比较器中的阈值电压 u_{RH} 大于反相输入比较器中的阈值电压 u_{RL}。

通过对以上三种电压比较器的分析,可得出如下结论。

(1)在电压比较器中,集成运放多工作在非线性区,输出电压只有高电平和低电平两种可能的情况。

(2)一般用电压传输特性来描述输出电压与输入电压的函数关系。

(3)电压传输特性的三个要素是输出电压的高、低电平,阈值电压和输出电压的跃变方向。输出电压的高、低电平取决于限幅电路;令 $u_P = u_N$ 所求出的 u_i 就是阈值电压;u_i 等于阈值电压时输出电压的跃变方向取决于输入电压作用于同相输入端还是反相输入端。

7.3 非正弦波产生电路

在实用电路中除了常见的正弦波外,还有矩形波、三角波、锯齿波、尖顶波和阶梯波,如图 7-21所示。

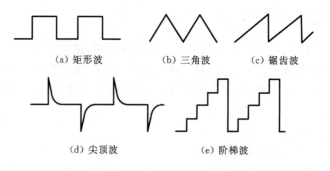

(a) 矩形波　　　　　　(b) 三角波　　　　　　(c) 锯齿波

(d) 尖顶波　　　　　　(e) 阶梯波

图 7-21　几种常见的非正弦波

7.3.1　矩形波产生电路

1. 电路组成及工作原理

矩形波产生电路输出电压只有两种状态,即不是高电平,就是低电平,所以电压比较器是它的重要组成部分,此外还应有 RC 电路,既作为反馈网络,又作为延迟环节,电路可通过 RC 充、放电实现输出状态的自动转换。

图 7-22(a)所示的为矩形波产生电路,图中滞回比较器的输出电压 $u_o = \pm U_Z$,阈值电压

$$U_{T+} = +\frac{R_1}{R_1 + R_2} \cdot U_Z, \quad U_{T-} = -\frac{R_1}{R_1 + R_2} \cdot U_Z$$

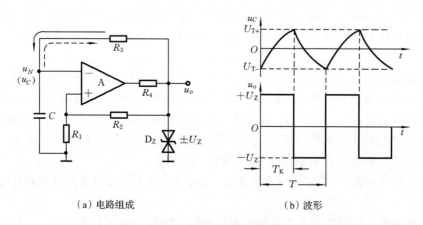

(a) 电路组成　　　　　　　　　　　(b) 波形

图 7-22　矩形波产生电路

设电源合闸后在电路输出端产生高电平,即输出电压 $u_o = +U_Z$,此时同相输入端电位 $u_P = U_{T+}$。u_o 通过 R_3 对电容 C 正向充电,如图中实线箭头所示,反相输入端电位 u_N 逐渐升高,此时 $u_N < u_P = U_{T+}$,$u_o = +U_Z$ 保持不变;随着 u_N 继续增大至略大于 U_{T+},此时滞回比较器发生跃变,输出电压 u_o 从 $+U_Z$ 跃变为 $-U_Z$,则 u_P 也从 U_{T+} 跃变为 U_{T-},随后 u_o 通过 R_3 对电容 C 反向充电,如图中虚线箭头所示,反相输入端电位 u_N 逐渐降低直至略小于 U_{T-},此时滞回比较器输出电压 u_o 又从 $-U_Z$ 跃变为 $+U_Z$,电容又开始正向充电。上述过程周而复始,电路产生了自激振荡,输出矩形波。

2. 波形分析及主要参数

由于图 7-22(a)所示电路中电容正向充电与反向放电的时间常数均为 R_3C,且幅值也相等,因而在一个周期内 $u_o=U_{T+}$ 的时间与 $u_o=-U_Z$ 的时间相等,u_o 波形如图 7-22(b)所示。矩形波的宽度 T_K 与周期 T 之比称为占空比,因此 u_o 是占空比为 50% 的矩形波,所以也称该电路为方波产生电路。

由一阶 RC 电路的三要素法可知

$$u_C(t) = u_C(\infty) + [u_C(0) - u_C(\infty)]\mathrm{e}^{\frac{t}{\tau}}$$

根据电容上电压波形可知,电容正向充电时间 $t=T/2$,$u_C(0_+)=U_{T-}$,$u_C(\infty)=+U_Z$,$u_C(t)$ 终止值为 U_{T+},时间常数 $\tau=R_3C$,代入上式可得

$$U_{T+} = (U_Z - U_{T-})(1 - \mathrm{e}^{\frac{T/2}{R_3C}}) + U_{T-}$$

求出振荡周期 $T=2R_3C\ln(1+\dfrac{2R_1}{R_2})$,即振荡频率 $f=1/T$。

通过以上分析可知,调整电阻 R_1、R_2、R_3 和电容 C 的数值可以改变电路的振荡频率,而要改变 u_o 的振荡幅值,则需更换稳压管以改变 U_Z。

3. 占空比可调电路

通过对矩形波产生电路的分析可知,欲改变输出电压的占空比,就必须使电容正向和反向充电的时间常数不同,即两个充电回路的参数不同。利用二极管的单向导电性可以引导电流流经不同的通路,占空比可调的矩形波产生电路如图 7-23 所示。

若忽略二极管导通时的等效电阻,当 $u_o=+U_Z$ 时,u_o 通过 R_{W1}、D_1 和 R_3 对电容 C 正向充电,时间常数 $\tau_1\approx(R_{W1}+R_3)C$;当 $u_o=-U_Z$ 时,u_o 通过 R_{W2}、D_2 和 R_3 对电容 C 反向充电,时间常数 $\tau_2\approx(R_{W2}+R_3)C$。电路周期为 $T=T_1+T_2\approx(R_W+2R_3)C\ln(1+\dfrac{2R_1}{R_2})$。

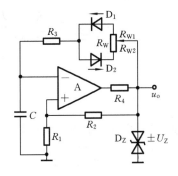

图 7-23　占空比可调的矩形波产生电路

7.3.2　三角波产生电路

1. 电路组成及工作原理

在矩形波产生电路中,当滞回比较器的阈值电压数值较小时,可将电容两端的电压看成近似三角波,但是这个三角波的线性度较差。实际上,只要将矩形波电压作为积分运算电路的输入,积分运算电路的输出就得到三角波电压,如图 7-24 所示。

在实用电路中,一般不采用上述波形变换的手段获得三角波,而是将矩形波产生电路中的 RC 充、放电回路用积分运算电路来取代,滞回比较器和积分电路的输出互为另一个电路的输入,如图 7-25(a)所示。

在图 7-25(a)所示三角波产生电路中,虚线左边为同相输入滞回比较器,右边为积分运算电路。滞回比较器的输出电压 $u_{o1}=\pm U_Z$,它的输入电压是积分电路的输出电压 u_o,根据

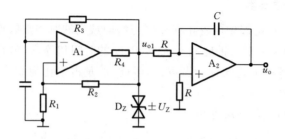

图 7-24 采用波形变换的方法得到三角波

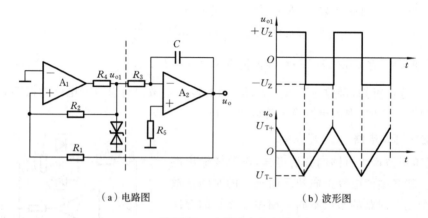

（a）电路图　　　　　　　　　　（b）波形图

图 7-25 三角波产生电路

叠加原理,集成运放 A_1 同相输入端的电位

$$u_{P1} = \frac{R_2}{R_1+R_2}u_o + \frac{R_1}{R_1+R_2}u_{o1} = \frac{R_2}{R_1+R_2}u_o \pm \frac{R_1}{R_1+R_2}U_Z$$

令 $u_{P1}=u_{N1}=0$,则 u_o 的值即为阈值电压

$$U_{T+} = +\frac{R_1}{R_2}U_Z, \quad U_{T-} = -\frac{R_1}{R_2}U_Z$$

积分电路的输入电压是滞回比较器的输出电压 u_{o1},而且 u_{o1} 不是 $+U_Z$,就是 $-U_Z$,所以输出电压可表示为

$$u_o = -\frac{1}{R_3C}u_{o1}(t_1-t_o) + u_o(t_0)$$

式中: $u_o(t_0)$ 为初态时的输出电压。

设初态时 u_{o1} 正好从 $-U_Z$ 跃变为 $+U_Z$,此时电路阈值电压为 $U_{T-} = -\frac{R_1}{R_2}U_Z$,积分电路反向积分,输出电压 u_o 随时间的增长线性下降;当 u_o 降至略小于 U_{T-} 时,u_{o1} 将从 $+U_Z$ 跃变为 $-U_Z$,此时电路阈值电压为 $U_{T+} = +\frac{R_1}{R_2}U_Z$,积分电路正向积分,输出电压 u_o 随时间的增长线性增大;当 u_o 增至略大于 U_{T+} 时,u_{o1} 将从 $-U_Z$ 跃变为 $+U_Z$,回到初态,积分电路又开始反向积分。电路重复上述过程,产生自激振荡。

2．波形分析及主要参数

由以上分析可知，u_o 是三角波，幅值为 $\pm\dfrac{R_1}{R_2}U_Z$；u_{o1} 是矩形波，幅值为 $\pm U_Z$，如图 7-25(b)所示。由于积分电路引入了深度电压负反馈，因此在负载电阻相当大的变化范围内，三角波电压几乎不变。

根据图 7-25(b)所示波形可知，正向积分的起始值为 U_{T-}，终止值为 U_{T+}，积分时间为二分之一周期，将它们代入 $u_o=\dfrac{1}{R_3C}U_Z(t_2-t_1)+u_o(t_1)$，得出

$$\frac{R_1}{R_2}U_Z=\frac{1}{R_3C}U_Z\cdot\frac{T}{2}+\left(-\frac{R_1}{R_2}U_Z\right)$$

经整理可得出振荡周期

$$T=\frac{4R_1R_3C}{R_2}$$

三角波振荡频率

$$f=\frac{R_2}{4R_1R_3C}$$

调节电路中 R_1、R_2、R_3 的阻值和 C 的容量，可以改变振荡频率；而调节 R_1 和 R_2 的阻值，可以改变三角波的幅值。

7.3.3　锯齿波产生电路

如果图 7-25(a)所示积分电路正向积分的时间常数远大于反向积分的时间常数，或者反向积分的时间常数远大于正向积分的时间常数，那么输出电压 u_o 上升和下降的斜率相差很多，就可以获得锯齿波。利用二极管的单向导电性使积分电路两个方向的积分通路不同，就可得到锯齿波产生电路，如图 7-26(a)所示。图中 R_3 远小于 R_W。

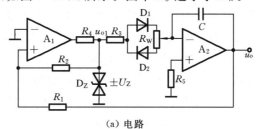

（a）电路

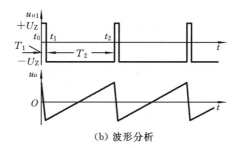

（b）波形分析

图 7-26　锯齿波产生电路及其波形

设二极管导通时的等效电阻可忽略不计,电位器的滑动端移到最上端。当 $u_{o1} = +U_Z$ 时,D_1 导通,D_2 截止,u_o 随时间线性降低,电路反向积分常数为 R_3C;当 $u_{o1} = -U_Z$ 时,D_2 导通,D_1 截止,u_o 随时间线性上升,电路正向积分常数为 $(R_3 + R_W)C$,由于 $R_W \gg R_3$,u_o 上升所需的时间要远大于下降的时间,这样,输出电压呈锯齿形。u_{o1} 和 u_o 的波形如图 7-26(b)所示。调整电位器滑动端的位置,可以改变电路反向积分和正向积分的时间常数,即锯齿波上升和下降的斜率。

本 章 小 结

本章主要讲述了基于集成运放的波形产生与变换电路。

1. 正弦波振荡电路

(1)正弦波振荡电路由放大电路、选频网络、正反馈网络和稳幅环节四部分组成。正弦波振荡的幅值平衡条件为 $|\dot{A}\dot{F}| = 1$,相位平衡条件为 $\varphi_A + \varphi_F = 2n\pi$($n$ 为整数),起振条件为 $|\dot{A}\dot{F}| > 1$。

(2)按选频网络所用元件的不同,通常正弦波振荡电路可分为 RC、LC 和石英晶体三种类型。RC 正弦波振荡电路的振荡频率较低,一般在 1 MHz 以下,常用的 RC 正弦波振荡电路由 RC 串并联网络和同相比例运算电路组成,若电路 RC 串并联网络中电阻均为 R,电容均为 C,则振荡频率为 $f_0 = \dfrac{1}{2\pi RC}$;LC 正弦波振荡电路的振荡频率多在 1 MHz 以上,可分为变压器反馈式、电感反馈式和电容反馈式三种;石英晶体的振荡频率非常稳定,利用石英晶体可构成串联和并联两种正弦波振荡电路。

2. 电压比较器

(1)电压比较器能够将模拟信号转换成数字信号,即输出不是高电平就是低电平。电压比较器中的集成运放通常工作在非线性区,即开环状态或正反馈状态。

(2)通常用电压传输特性来描述电压比较器输出电压与输入电压的函数关系。电压传输特性具有三个要素:一是输出高、低电平,取决于集成运放输出电压的最大幅度或输出端的限幅电路;二是阈值电压,这是使集成运放同相输入端和反相输入端电位相等的输入电压;三是输入电压过阈值电压时输出电压的跃变方向,取决于输入电压是作用在集成运放的反相输入端还是同相输入端。

(3)电压比较器常见的有单限、滞回和窗口比较器。单限比较器只有一个阈值电压;滞回比较器具有滞回特性,虽有两个阈值电压,但是输入电压单一方向变化时输出电压仅跃变一次;窗口比较器有两个阈值电压,当输入电压向单一方向变化时,输出电压跃变两次。

3. 非正弦波产生电路

各类非正弦波产生电路通常由滞回比较器和 RC 延时电路组成。利用电容充、放电作用,改变滞回比较器的输出状态,可以输出一系列矩形波、三角波或锯齿波。电路的主要参数是振荡幅值和振荡频率。

习　题

7.1　判断下列说法是否正确,用"√"或"×"表示判断结果。

(1) 只要集成运放引入正反馈,就一定工作在非线性区(　)。

(2) 当集成运放工作在非线性区时,输出电压不是高电平,就是低电平(　)。

(3) 一般情况下,在电压比较器中,集成运放不是工作在开环状态,就是仅仅引入了正反馈(　)。

(4) 如果一个滞回比较器的两个阈值电压和一个窗口比较器的相同,那么当它们的输入电压相同时,它们的输出电压波形也相同(　)。

(5) 在输入电压从足够低逐渐增大到足够高的过程中,单限比较器和滞回比较器的输出电压均只跃变一次(　)。

(6) 单限比较器比滞回比较器抗干扰能力强,而滞回比较器比单限比较器灵敏度高(　)。

7.2　判断下列说法是否正确,用"√"或"×"表示判断结果。

(1) 放大电路与振荡电路的主要区别之一是:放大电路的输出信号与输入信号频率相同,而振荡电路一般不需要输入信号(压控振荡器例外)(　)。

(2) 振荡电路只要满足相位平衡条件,就可产生自激振荡(　)。

(3) 对于正弦波振荡电路而言,只要不满足相位平衡条件,即使放大电路的放大倍数很大,它也不可能产生正弦波振荡(　)。

(4) 只要具有正反馈,电路就一定能产生振荡(　)。

(5) 正弦波振荡电路自行起振的幅值条件是 $|\dot{A}\dot{F}|=1$(　)。

(6) 正弦波振荡电路维持振荡的条件是 $|\dot{A}\dot{F}|>1$(　)。

(7) 在反馈电路中,只要安排有 LC 谐振电路,就一定能产生正弦波振荡(　)。

7.3　正弦波振荡电路利用正反馈产生振荡,振荡条件是 $\dot{A}\dot{F}=1$,其中相位平衡条件是_____,幅值平衡条件是_____,为使振荡电路起振,其条件是_____。

7.4　实际的正弦波振荡电路绝大多数属于正反馈电路,它主要由_____、_____和_____组成。为了保证振荡幅值稳定且波形较好,常常还需要_____环节。

7.5　现有电路如下:

A. RC 桥式正弦波振荡电路　B. LC 正弦波振荡电路　C. 石英晶体正弦波振荡电路
选择合适的答案填入空内,只需填入 A、B 或 C。

(1) 制作频率为 20 Hz～20 kHz 的音频信号产生电路,应选用(　)。

(2) 制作频率为 2～20 MHz 的接收机的本机振荡器,应选用(　)。

(3) 制作频率非常稳定的测试用信号源,应选用(　)。

7.6　选择下面一个答案填入空内,只需填入 A、B 或 C。

A. 容性　　　　　　　　B. 阻性　　　　　　　　C. 感性

(1) LC 并联网络在谐振时呈(　),在信号频率大于谐振频率时呈(　),在信号频率小于谐振频率时呈(　)。

（2）当信号频率等于石英晶体的串联谐振频率或并联谐振频率时，石英晶体呈（　　）；当信号频率在石英晶体的串联谐振频率和并联谐振频率之间时，石英晶体呈（　　）；其余情况下石英晶体呈（　　）。

（3）当信号频率 $f = f_0$ 时，RC 串并联网络呈（　　）。

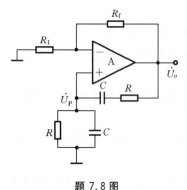

题 7.8 图

7.7　简述电压比较器的三要素；分析单限比较器和滞回比较器各自的特点。

7.8　电路如题 7.8 图所示，假设集成运放是理想的器件。

（1）电阻 $R_1 = 10\ \text{k}\Omega$，为使该电路产生较好的正弦波振荡，则要求（　　）。

    A. $R_f = 10\ \text{k}\Omega + 4.7\ \text{k}\Omega$（可调）

    B. $R_f = 47\ \text{k}\Omega + 4.7\ \text{k}\Omega$（可调）

    C. $R_f = 18\ \text{k}\Omega + 4.7\ \text{k}\Omega$（可调）

    D. $R_f = 4.7\ \text{k}\Omega + 4.7\ \text{k}\Omega$（可调）

（2）若 R_1 和 R_f 取值合适，$R = 100\ \text{k}\Omega$，$C = 0.01\ \mu\text{F}$，则振荡频率约为（　　）。

    A. 15.9 Hz   B. 159 Hz   C. 999 Hz   D. 99.9 Hz

（3）R_1 和 R_f 取值合适，$R = 100\ \text{k}\Omega$，$C = 0.01\ \mu\text{F}$，集成运放的最大输出电压为 ± 10 V。当 R_f 不慎断开时，其输出电压的波形为（　　）。

    A. 幅值为 10 V 的正弦波   B. 幅值为 20 V 的正弦波

    C. 幅值为 0 V（停振）   D. 近似为方波，其峰-峰值为 20 V

（4）正弦波振荡电路的起振条件是（　　）。

    A. $\varphi_A = \varphi_F，|\dot{A}\dot{F}| > 1$ B. $\varphi_A + \varphi_F = 2\pi，|\dot{A}\dot{F}| > 1$

    C. $\varphi_A + \varphi_F = 2n\pi，|\dot{A}\dot{F}| = 1$ D. $\varphi_A = -\varphi_F，|\dot{A}\dot{F}| = 1$

7.9　波形产生电路如题 7.9 图所示，设振荡周期为 T，在一个周期内 $u_{o1} = U_Z$ 的时间为 T_1，则占空比为 T_1/T；在电路某一参数变化时，其余参数不变。选择

    A. 增大   B. 不变   C. 减小

填入空内。

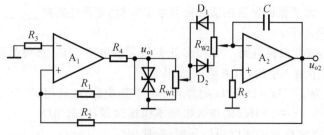

题 7.9 图

当 R_1 增大时，u_{o1} 的占空比将（　　），振荡频率将（　　），u_{o2} 的幅值将（　　）；若 R_{W1} 的滑动端向上移动，则 u_{o1} 的占空比将（　　），振荡频率将（　　），u_{o2} 的幅值将（　　）；若 R_{W2} 的滑动端向上移动，则 u_{o1} 的占空比将（　　），振荡频率将（　　），u_{o2} 的幅值将（　　）。

7.10 电路如题 7.10 图所示。为使电路产生正弦波振荡,标出集成运放的"＋"和"－",并说明电路是哪种正弦波振荡电路。问:若 R_1 短路,则电路将产生什么现象? 若 R_1 断路,则电路将产生什么现象? 若 R_f 短路,则电路将产生什么现象? 若 R_f 断路,则电路将产生什么现象?

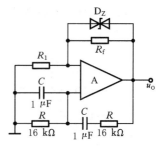

题 7.10 图

7.11 电路如题 7.11 图所示。已知运算放大器的最大输出电压 $U_{om} = \pm 10$ V, $u_i = 3\sin(\omega t)$。

(1) 求阈值电压 U_T;

(2) 画出电路的电压传输特性曲线;

(3) 画出 u_o 的波形。

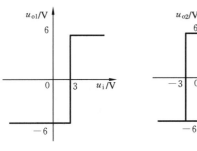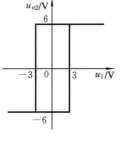
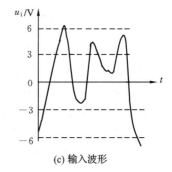

题 7.11 图

7.12 已知两个电压比较器的电压传输特性分别如题 7.12 图(a)、(b)所示,输入电压波形均如题 7.12 图(c)所示。

(1) 它们分别为哪种类型的电压比较器?

(2) 画出输出电压 u_{o1} 和 u_{o2} 的波形。

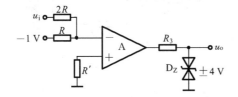
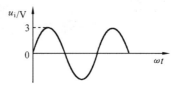

(a) A_1 电压传输特性　　(b) A_2 电压传输特性　　(c) 输入波形

题 7.12 图

7.13 试分别求出题 7.13 图所示各电路的电压传输特性。

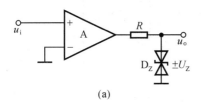
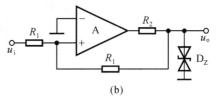

(a)　　　　　　　　　　　　(b)

题 7.13 图

7.14 试分别求解题 7.14 图所示各电路的电压传输特性,集成运放输出电压的最大值为 ± 12 V。

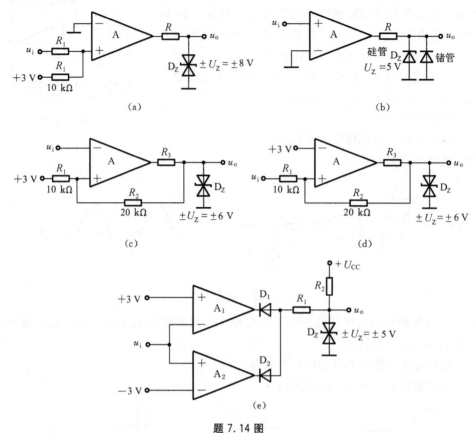

(a)

(b)

(c)

(d)

(e)

题 7.14 图

7.15 电路如题 7.15 图所示。

(1) 分别说明 A_1 和 A_2 各构成哪种基本电路;

(2) 求出 u_{o1} 与 u_o 的关系曲线 $u_{o1} = f(u_o)$;

(3) 求出 u_o 与 u_{o1} 的运算关系式 $u_o = f(u_{o1})$;

(4) 定性画出 u_{o1} 与 u_o 的波形;

(5) 说明若要提高振荡频率,则可以改变哪些电路参数,如何改变。

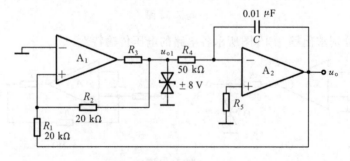

题 7.15 图

7.16 电路如题 7.16 图所示。设 A_1、A_2、A_3 均为理想集成运放，其最大输出电压幅度为 ± 15 V。

（1）$A_1 \sim A_3$ 各组成何种基本应用电路？

（2）若 $u_i = 9\sin(\omega t)$，试画出与之对应的 u_{o1}、u_{o2}、u_o 的波形。

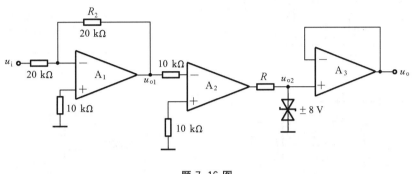

题 7.16 图

7.17 分别判断题 7.17 图所示各电路是否满足正弦波振荡的相位条件。

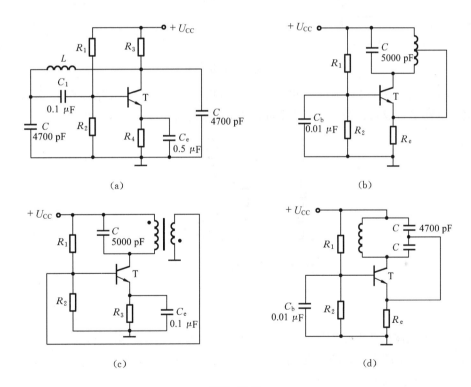

题 7.17 图

7.18 分别标出题 7.18 图所示各电路中变压器的同名端，使之满足正弦波振荡的相位条件。

7.19 RC 正弦波振荡电路如题 7.19 图所示。已知 $R = 10$ kΩ，$C = 0.001$ μF，$R_1 = R_2$

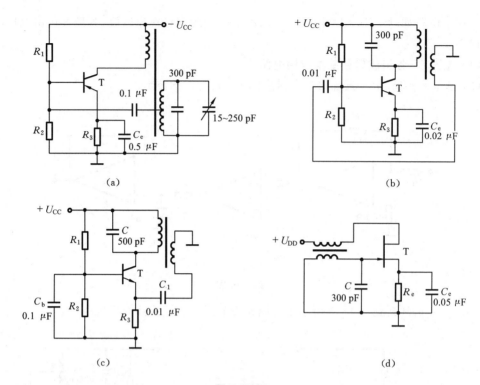

题 7.18 图

$=10$ kΩ,$R_3 = 20$ kΩ;稳压管 D_{Z1} 和 D_{Z2} 稳压值均为 $U_z = 4.7$ V,导通压降均为 0.7 V。
(1)振荡电路能否成功起振?(2)如果能起振,信号的幅度和频率为多少?

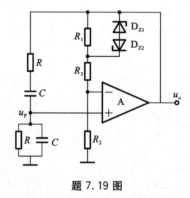

题 7.19 图

7.20 正弦波振荡电路如题 7.20 图(a)所示,已知 A 为理想集成运放。

(1)为使电路产生正弦波振荡,请标出集成运放的同相端和反相端。

(2)求解振荡频率的调节范围。

(3)已知 R_t 为热敏电阻,试问其温度系数是正还是负?

(4)已知热敏电阻 R_t 的特性如题 7.20 图(b)所示,求稳定振荡时 R_t 的阻值和电流 I_t 的有效值。

(5)求稳定振荡时输出电压的峰值。

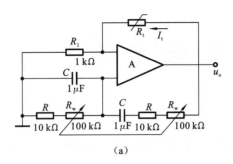
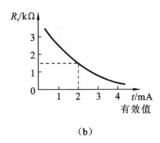

(a)　　　　　　　　　　　　(b)

题 7.20 图

第8章 直流电源

【基本概念】

　　整流、滤波、稳压、稳压系数、输出电压和输出电流平均值、线性稳压、开关型稳压。

【重点与难点】

　　(1) 桥式整流中 U_o 与 U_2 的关系、选管原则;

　　(2) 电容滤波中 U_o 与 U_2 的关系、选管原则、选电容原则;

　　(3) 直流电源中,电路的工作原理及各波形的画法。

【基本分析方法】

　　(1) 整流电路的波形分析及输出电压、输出电流平均值的估算;

　　(2) 整流管、滤波电容的选择;

　　(3) 三端集成稳压器的基本应用电路分析。

8.1　直流电源的组成

　　一般电子设备都需要用直流电源供电。获得直流电源的方法较多,如采用干电池、蓄电池、直流电动机等供电。对于电子线路或计算机等小功率直流设备,通常可以采用小功率直流电源,它将频率为 50 Hz、有效值为 220 V 的交流电压变换成幅值稳定、输出电流为几十安甚至更低的直流电压。小功率直流电源的组成如图 8-1 所示。

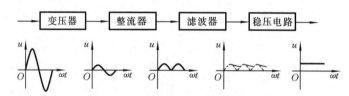

图 8-1　小功率直流电源的组成框图

1. 电源变压器

　　直流电源的输入为单相交流电压,其有效值为 220 V,而通常需要的直流电压要比此值低。因此,先利用变压器进行降压,将 220 V 的交流电变成合适的交流电以后再进行交、直流转换。

2. 整流电路

　　整流电路的主要任务是利用二极管的单向导电特性,将经变压器降压后的交流电变成单向脉动的直流电。经整流电路输出的单向脉动的直流电幅度变化较大,这种直流电一般不能直接供给电子电路使用。

3. 滤波电路

滤波电路的主要任务是滤除脉动直流电中的谐波成分，使输出电压成为比较平滑的直流电压。常采用的元件有电容和电感等。

4. 稳压电路

交流电经降压、整流、滤波后输出的直流电具有较好的平滑程度，通常可以直接作为供电电源。但是，此时的电压值会受到电网电压波动以及负载变化的影响，即经滤波后输出的电压由于各种因素的影响往往是不稳定的。为使输出电压稳定，还需要增加稳压电路部分。稳压电路的作用就是自动稳定输出电压，使输出电压不受电网电压波动和负载大小的影响。

8.2　整　流　电　路

整流电路利用二极管的单向导电性，将正负交替的正弦交流电压变换成单方向的脉动电压。分析电路时，一般将二极管看作理想二极管。

8.2.1　单相半波整流电路

1. 工作原理及波形分析

单相半波整流电路如图 8-2 所示，它由变压器、二极管和负载电阻组成。设 u_2 是变压器副边的输出电压。一般有

$$u_2 = U_{2m}\sin(\omega t) = \sqrt{2}U_2\sin(\omega t)$$

式中：U_2 为有效值。

在 u_2 信号的正半周，二极管 D 在正向电压的作用下导通，电流 i_o 自上而下流过负载 R_L，此时输出电压 u_o 等于变压器副边电压 u_2。在 u_2 信号的负半周，二极管 D 在反向电压的作用下截止，流过负载上的电流为零，此时输出电压 u_o 为零。一个周期内，半波整流电路中各点电压、电流波形如图 8-3 所示。

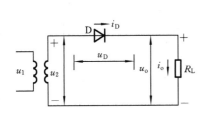

图 8-2　单相半波整流电路

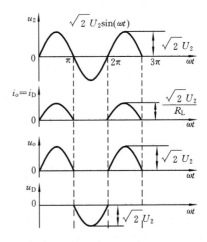

图 8-3　单相半波整流电路波形

2. 主要参数计算

1) 直流电压 U_O 和直流电流 I_O

直流电压 U_O 是输出电压瞬时值 u_o 在一个周期内的平均值,即

$$U_O = \frac{1}{2\pi} \int_0^{2\pi} u_o d(\omega t) = \frac{1}{2\pi} \int_0^{\pi} \sqrt{2} U_2 \sin(\omega t) = \frac{\sqrt{2}}{\pi} U_2 \approx 0.45 U_2$$

输出电流
$$I_O = \frac{U_O}{R_L} \approx 0.45 \frac{U_2}{R_L}$$

2) 脉动系数 S

整流输出电压的脉动系数定义为输出电压的基波最大值 U_{O1m} 与输出直流电压值 U_O 之比,即

$$S = \frac{U_{O1m}}{U_O}$$

式中:U_{O1m} 可通过半波输出电压 U_O 的傅里叶级数求得

$$U_{O1m} = \frac{U_2}{\sqrt{2}}$$

所以
$$S = \frac{U_{O1m}}{U_O} = \frac{\dfrac{U_2}{\sqrt{2}}}{\dfrac{\sqrt{2}}{\pi} U_2} = \frac{\pi}{2} \approx 1.57$$

即半波整流电路的脉动系数为 157%,所以脉动成分很大。

3. 选管原则

在整流电路中,应根据二极管的电流 I_D 和二极管所承受的最大的反向峰值电压 U_{RM} 进行选择整流二极管。

(1) 最大整流电流 I_F

在单相半波整流电路中,二极管的正向平均电流等于负载电流平均值,即

$$I_D = I_O \approx 0.45 \frac{U_2}{R_L}$$

考虑到电网电压的波动范围 $\pm 10\%$,应选择二极管的最大整流电流 $I_F \geqslant 1.1 \times \dfrac{0.45 U_2}{R_L}$。

(2) 最大反向工作电压

由图 8-3 所示波形可知,二极管在电路中承受的的最大反向电压等于变压器副边峰值电压,即 $U_{RM} = \sqrt{2} U_2$。

考虑到电网电压的波动范围 $\pm 10\%$,应选择二极管的最大反向工作电压 $U_R \geqslant 1.1 \times \sqrt{2} U_2$。

半波整流电路的优点是结构简单,使用的元件少。但是也存在明显的缺点:只利用了电源的半个周期,所以电源利用率低,输出的直流成分比较低,输出波形的脉动大,变压器电流含有直流成分,容易饱和。故半波整流只用在要求不高、输出电流较小的场合。

8.2.2　单相桥式整流电路

单相桥式整流电路如图 8-4(a)所示。它由变压器、4 个二极管和负载电阻 R_L 组成。由于 4 个二极管和负载电阻 R_L 接成电桥形式,故称桥式整流。又因为在变压器副边输出电压 u_2 的整个周期内都有电流通过负载 R_L,所以该电路又称桥式全波整流电路。图 8-4(b)是图 8-4(a)的简化画法。

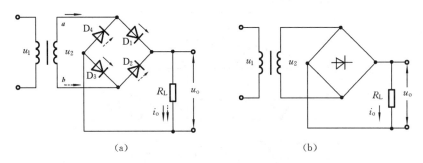

图 8-4　单相桥式整流电路

1. 工作原理及波形分析

当 u_2 为正半周时,D_1、D_3 导通,D_2、D_4 截止。电流从 a 点流出,经过 D_1、R_L、D_3 流入 b 点,如图 8-4(a)所示电路中实线箭头所示。此时输出电压 u_o 等于变压器副边电压 u_2。

当 u_2 为负半周时,D_1、D_3 截止,D_2、D_4 导通。电流从 b 点流出,经过 D_2、R_L、D_4 流入 a 点,如图 8-4(a)所示电路中虚线箭头所示。此时输出电压 u_o 等于 $-u_2$。

由上分析可知,由于 D_1、D_3 和 D_2、D_4 两对二极管交替导通,故负载在 u_2 整个周期内都有电流通过,且电流方向是一致的。设变压器副边电压 $u_2 = \sqrt{2}U_2\sin(\omega t)$,则单相桥式整流电路各部分的电压和电流波形如图 8-5 所示。

2. 主要参数计算

1)直流电压 U_O 和直流电流 I_O

$$U_O = \frac{1}{\pi}\int_0^\pi \sqrt{2}U_2\sin(\omega t)\mathrm{d}(\omega t) = \frac{2\sqrt{2}}{\pi}U_2 \approx 0.9U_2$$

$$I_O = \frac{U_O}{R_L} \approx 0.9\frac{U_2}{R_L}$$

2)脉动系数 S

由 u_o 的傅里叶级数可得

$$U_{o1m} = \frac{4\sqrt{2}}{3\pi}U_2$$

$$S = \frac{U_{o1m}}{U_O} = \frac{\dfrac{4\sqrt{2}}{3\pi}U_2}{\dfrac{2\sqrt{2}}{\pi}U_2} = \frac{2}{3} \approx 0.67$$

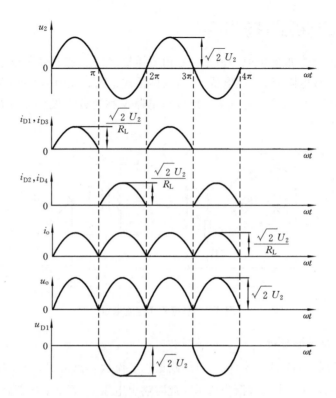

图 8-5 单相桥式整流电路波形图

3. 选管原则

1) 最大整流电流 I_F

在单相桥式整流电路中,因为每个二极管只在变压器副边电压的半个周期通过电流,所以每个二极管的平均电流只有负载电阻上电流平均值的一半,即

$$I_D = \frac{1}{2}I_O = 0.45\frac{U_2}{R_L}$$

考虑到电网电压的波动范围±10%,选择管子时要求

$$I_F \geqslant 1.1 \times I_D = 1.1 \times \frac{0.45U_2}{R_L}$$

2) 最大反向工作电压 U_R

桥式整流电路每管承受的反向峰值电压 U_{RM} 为 u_2 的峰值电压,即

$$U_{RM} = \sqrt{2}U_2$$

考虑到电网电压的波动范围±10%,所以选管时应满足

$$U_R \geqslant 1.1U_{RM} = 1.1 \times \sqrt{2}U_2$$

虽然单相桥式整流电路使用的整流元件较多,但与半波整流电路相比,它具有输出电压平均值高、变压器利用率高、脉动系数小等优点,因此得到广泛应用。

【例 8-1】 已知交流电压 $u_i = 220$ V,负载电阻 $R_L = 50$ Ω,采用图 8-4(a)所示的桥式整流电路,要求输出电压 $U_O = 24$ V。试问如何选用二极管?

解 先求负载直流电流

$$I_O = \frac{U_O}{R_L} = \frac{24}{50} \text{ A} = 480 \text{ mA}$$

则二极管的平均电流

$$I_D = \frac{1}{2} I_O = 240 \text{ mA}$$

变压器副边电压有效值

$$U_2 = \frac{U_O}{0.9} = \frac{24}{0.9} \text{ V} = 26.7 \text{ V}$$

则

$$U_{RM} = \sqrt{2} U_2 = \sqrt{2} \times 26.7 \text{ V} = 37.75 \text{ V}$$

考虑到电网电压的波动范围 $\pm 10\%$，这里选用二极管，其最大整流电流应大于 264 mA，最大反向工作电压应大于 42 V。因此可选用型号为 2CZ54C 的二极管，其最大整流电流为 500 mA，反向工作峰值电压为 100 V。

8.3 滤波电路

滤波电路用于滤去整流输出电压中的谐波成分，它属于无源低通电路，一般由电抗元件组成。利用电容两端电压不能突变和流过电感元件的电流不能突变的原理，将电容和电感分别与负载并联和串联，可以组成电容滤波、电感滤波、复式滤波电路等，以达到减小输出电压脉动的目的。

8.3.1 电容滤波电路

1. 工作原理

图 8-6 所示的为单相桥式整流电容滤波电路。未加入电容滤波环节以前，整流电路的输出波形如图 8-7 中虚线所示。

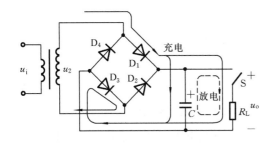

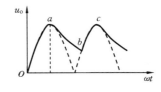

图 8-6 单相桥式整流电容滤波电路　　　　图 8-7 桥式整流电容滤波电路工作波形

接入电容 C，设电容两端初始电压为零。输出端接入负载电阻 R_L，在 $t = 0$ 时刻接通电源，则 u_2 由零开始上升时，二极管 D_1、D_3 导通，电源通过 D_1、D_3 向负载电阻 R_L 提供电流，同时向电容 C 充电，充电回路如图 8-6 中实线所示，则充电时间常数 $\tau_充 = (R_{int} /\!/ R_L)C$，式中：$R_{int}$ 包括变压器副边绕组的直流电阻和二极管的正向电阻。通常 $R_{int} \ll R_L$，忽略 R_{int} 的影响，电容 C 两端的电压将按 u_2 的规律上升，直到电容电压等于变压器副边电压最大值 $\sqrt{2} U_2$，输出波形如图 8-7 中 Oa 段所示。

当电源电压开始下降，此时容电压 $u_C \geqslant u_2$，二极管 D_1、D_3 也因承受反向电压而截止，即 4 个二极管均截止，电容 C 上电压经 R_L 放电，放电回路如图 8-6 中虚线所示，放电时间常数 $\tau_{放} = R_L C$，此时 u_o 按指数规律下降，输出波形如图 8-7 中 ab 段所示。

在 u_2 进入负半周，且 $|u_2| > u_C$ 时，二极管 D_2、D_4 导通，电源又向负载电阻 R_L 提供电流，同时向电容 C 充电，输出波形如图 8-7 中 bc 段所示。如此周而复始，形成一个周期性的电容充放电过程，输出波形如图 8-7 中实线所示。

比较图 8-5 和图 8-7 所示波形可知，接入电容 C 后，输出电压脉动比原来的减小，电压的平均值有了较大的提高。

电容滤波效果取决于电容充放电时间常数，即直接与负载电阻 R_L 的阻值有关，R_L 的阻值越大，滤波效果越好。输出端空载的情况（即不接负载电阻 R_L 的情况）下，当电容充电到 u_2 的最大值 $\sqrt{2} U_2$ 时，电容无放电回路，输出电压保持 $\sqrt{2} U_2$ 恒定不变。

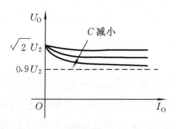

图 8-8　电容滤波电路的输出特性

输出电压 U_O 随输出电流 I_O 的变化关系称为输出特性或外特性，如图 8-8 所示。由图 8-8 可见，电容一定时，输出电压随输出电流增加而减小；输出电流 $I_O = 0$ 时，即 R_L 为无穷大时，$U_O = \sqrt{2} U_2$；输出电流 I_O 增大，即 R_L 减小，电容 C 的放电速度加快，使输出电压降低。同时输出电流 I_O 一定时，输出电压 U_O 随电容 C 的减小而减小，当 $C = 0$ 时，即带纯电阻负载时，直流输出电压最小，为 $0.9 U_2$。由此可见，电容滤波电路的输出特性差，故电容滤波仅适于负载电流较小且基本不变的场合。

2. 电容器的选择

电容滤波的输出电压取决于放电时间常数 $\tau_{放} = R_L C$ 的大小，$\tau_{放}$ 越大，输出电压脉动越小，电压平均值越高，为此，应选择容量较大的电容器作为滤波电容。在实际电路中，电容的耐压值应大于 $\sqrt{2} U_2$，参照以下公式选择电容的容量。

$$\tau_{放} = R_L C \geqslant (3 \sim 5) \frac{T}{2}$$

式中：T 为电网交流电压的周期。

3. 输出直流电压平均值

由前述分析可知，桥式整流电路带纯电阻负载时的直流输出电压 $U_O = 0.9 U_2$；加上电容滤波后，空载时的直流输出电压 $U_O = U_C = \sqrt{2} U_2$；接上负载电阻时的输出电压平均值介于两者之间，输出电压平均值的大小取决于放电时间常数的大小。当电路中电容器的选择满足上述要求时，输出电压平均值有

$$U_O \approx 1.2 U_2$$

4. 选管原则

1）最大整流电流 I_F

在单相桥式整流电路中，未引入滤波电容之前，二极管的导通时间为半个周期，因此有

$I_D = \dfrac{1}{2} I_O$。引入滤波电容后，只有当电容充电时，二极管才导通，因此每个二极管的导通时间都小于半个周期；而且，放电时间常数 $\tau_{放} = R_L C$ 越大，滤波效果越好，而二极管的导通时间也越小，因此二极管在短暂的时间内将流过一个很大的冲击电流为电容充电。为了保证电路的正常工作，因为每个二极管只在变压器副边电压的半个周期通过电流，所以每个二极管的平均电流只有负载电阻上电流平均值的一半，即选用二极管时，其最大整流电流应留有充分的余量。

实际电路中，可参照下式选择二极管：

$$I_F \geqslant (2 \sim 3) \frac{1}{2} I_O$$

2) 最大反向工作电压 U_R

$$U_R \geqslant U_{RM} = \sqrt{2} U_2$$

8.3.2 其他形式的滤波电路

1. 电感滤波电路

电感滤波电路如图 8-9 所示，电感与负载串联。电感的基本性质是当流过它的电流变化时，电感线圈中产生的感应电动势将阻止电流的变化。因此当电路中流过的电流增加时，电感将产生与电流方向相反的自感电动势，阻止电流的增加，同时将一部分电能转化成磁场能量存储在电感中；当流过的电流减小时，自感电动势与电流方向相同，阻止电流的减小，同时释放出存储的能量以补偿电流的减小。由此可见，经过电感滤波后，输出电流和输出电压的脉动减小，波

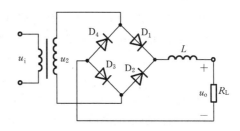

图 8-9 电感滤波电路

形变得更平滑，而且二极管的导通角为半个周期，减小了二极管的冲击电流。

经过整流后的输出电压可以分解为直流分量和交流分量。由于电感对直流分量相当于短路，因此电压中的直流分量全部将在负载 R_L 的两端，其值约为 $0.9U_2$；对于交流分量，电感呈现的阻抗较大，所得分压较多，这样在 R_L 上的压降就很小，输出电压的脉动也就很小。在电感线圈不变的情况下，负载电阻越小（即负载电流越大），输出电压的交流分量越小，脉动越小。值得注意的是，只有 R_L 远远小于感抗值时，才能获得较好的滤波效果，即 L 越大，滤波效果越好。当然，为了增大电感量，往往要带铁芯，使得电感滤波电路笨重、体积大，使用不太方便。因此，电感滤波一般只适用于低电压、大电流的场合。

2. π 形滤波电路

为了进一步提高滤波效果，常采用 π 形滤波电路。

负载电流较小时，可采用 RC-π 形滤波，如图 8-10(a) 所示，该电路通过第一级电容滤波后再由一个低通电路进一步滤波，使输出电压更加平滑。电阻 R 的值越大，滤波效果越差，但同时又会使输出的直流电压降低。因此，当负载电流较大时，可采用 LC-π 形滤波，如图 8-10(b) 所示，电感对直流呈现很小的电阻，而对交流呈现很大的阻抗，较好地达到了滤波目的。

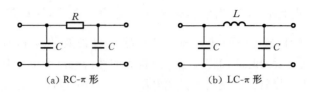

（a）RC-π 形　　　　　　　（b）LC-π 形

图 8-10　π 形滤波电路

8.4　稳　压　电　路

经过整流和滤波后的直流电压，虽然较为平滑，可以对一般的直流电路供电，但是容易随着电网电压的波动而波动，或随着负载电阻的变化而变化。为了获得稳定性较好的直流电压，需要在滤波环节后面加一个稳压环节。

8.4.1　稳压电路的主要指标

稳压电路的主要性能指标包括稳压系数、输出电阻、温度系数和纹波电压等。

1. 稳压系数 S_r

稳压系数 S_r 是在负载固定不变和环境温度不变的前提下，输出电压的相对变化量 $\Delta U_O/U_O$ 与稳压电路输入电压的相对变化量 $\Delta U_I/U_I$ 之比，即

$$S_r = \left. \frac{\Delta U_O/U_O}{\Delta U_I/U_I} \right|_{R_L = 常数}$$

式中：稳压电路输入电压 U_I 就是整流滤波以后的直流电压。

稳压系数反映了电网波动对输出电压的影响。此值越小，说明电网电压波动对输出电压的影响越小，性能越好。

2. 输出电阻 R_o

输出电阻 R_o 的定义是在输入电压和环境温度不变的情况下，输出电压的变化量与输出电流的变化量之比，即

$$R_o = \left. \frac{\Delta U_O}{\Delta I_O} \right|_{U_I = 常数}$$

输出电阻可以衡量稳压电路受负载电阻的影响程度。此值越小越好。

3. 温度系数 S_T

温度系数 S_T 是指电网电压和负载都不变时，由于温度变化而引起的输出电压漂移量，即

$$S_T = \left. \frac{\Delta U_O}{\Delta T} \right|_{\substack{\Delta U_I = 0 \\ \Delta I_O = 0}} （单位：mV/℃）$$

该指标反映了稳压电路受温度的影响程度。此值越小越好。

4. 纹波电压

纹波电压是指稳压电路输出端交流分量的有效值。一般为毫伏数量级，它表示输出电

压的微小波动。

8.4.2 稳压管稳压电路

1. 工作原理

稳压管稳压电路如图 8-11 虚线框所示,由稳压二极管 D_Z 和限流电阻 R 组成。其输入电压 U_I 是整流滤波后的电压,输出电压 U_O 就是稳压管的稳定电压 U_Z。从电路中可以得到两个基本关系式

$$U_O = U_Z = U_I - U_R$$
$$U_R = IR$$
$$I = I_Z + I_O$$

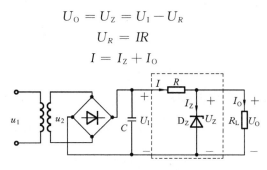

图 8-11 稳压管稳压电路

若负载电阻不变,电网电压升高,则引起稳压电路输入电压 U_I 的升高,随之输出电压 U_O 也升高,即 U_Z 升高,根据稳压管反向击穿特性,U_Z 的增大将引起 I_Z 的急剧增大,于是引起流过电阻 R 的电流 I 的急剧增大,电阻 R 两端的压降同时增大,从而使 U_O 减小时输出电压基本不变。上述过程可简单描述如下:

$$U_I \uparrow \longrightarrow U_O(U_Z) \uparrow \longrightarrow I_Z \uparrow \longrightarrow I \uparrow \longrightarrow U_R \uparrow$$
$$U_O \downarrow \longleftarrow$$

若电网电压不变,负载电阻 R_L 减小,负载分压能力降低,输出电压 U_O 减小,引起 U_Z 的减小,根据稳压管反向击穿特性,U_Z 的减小将引起 I_Z 的急剧下降,于是引起流过电阻 R 的电流 I 的急剧减小,电阻 R 两端的压降同时减小,从而使 U_O 增大时输出电压基本不变。

2. 电路参数的选择

设计一个稳压管稳压电路,必须合理地选择电路元件的有关参数。在选择元件前,应先明确负载所要求的输出电压 U_O、负载输出电流的最小值 I_{Omin} 和最大值 I_{Omax}、输入电压 U_I 的波动范围(一般为 $\pm 10\%$)等。

1)输入电压 U_I

由公式 $U_O = U_I - IR$ 可知,输入电压 U_I 应大于输出电压 U_O。根据经验,一般取

$$U_I = (2 \sim 3)U_O$$

2)稳压管

由于输出电压就是稳压管的稳压值,即应满足

$$U_O = U_Z$$

同时,当负载输出电流变化时,稳压管的电流将产生一个与之相反的变化,因此稳压管工作在稳压区所允许的电流变化范围应大于输出电流变化范围,即应满足 $I_{Zmax} - I_{Zmin} > I_{Omax} -$

I_{Omin}。为了保证有较好的稳压特性,一般取

$$I_{\text{Zmax}} \geqslant (2 \sim 3)I_{\text{Omax}}$$

3) 限流电阻 R

在选择限流电阻 R 时,必须保证稳压管中的电流变化不超过它的正常工作范围,即

$$I_{\text{Zmin}} < I_{\text{Z}} < I_{\text{Zmax}}$$

由公式 $I_{\text{Z}} = I - I_{\text{O}} = \dfrac{U_{\text{I}} - U_{\text{Z}}}{R} - I_{\text{O}}$ 可知:

(1) 当输入电压 U_{I} 最低且负载输出电流 I_{O} 最大(即负载 R_{L} 阻值最小)时,流过稳压管的电流最小,此时 $I_{\text{Z}} = \dfrac{U_{\text{Imin}} - U_{\text{Z}}}{R} - I_{\text{Omax}} > I_{\text{Zmin}}$,由此可得限流电阻 R 的上限值

$$R < \frac{U_{\text{Imin}} - U_{\text{Z}}}{I_{\text{Zmin}} + I_{\text{Omax}}}$$

(2) 当输入电压 U_{I} 最高且负载输出电流 I_{O} 最小(即负载 R_{L} 阻值最大)时,流过稳压管的电流最大,此时 $I_{\text{Z}} = \dfrac{U_{\text{Imax}} - U_{\text{Z}}}{R} - I_{\text{Omin}} < I_{\text{Zmax}}$,由此可得限流电阻 R 的下限值

$$R > \frac{U_{\text{Imax}} - U_{\text{Z}}}{I_{\text{Zmax}} + I_{\text{Omin}}}$$

R 的阻值确定后,可以计算其额定功率,为 $P_R \geqslant (U_{\text{I}} - U_{\text{O}})^2 / R$。

8.4.3 串联型稳压电路

1. 基本调整管电路

基本调整管电路如图 8-12 所示,电路采用射极输出形式,具有电压负反馈作用,能够稳定输出电压 U_{O}。三极管 T 作为调整管,使 U_{O} 稳定。

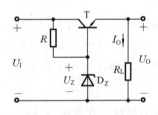

图 8-12 基本调整管电路

当电网电压波动引起输入电压 U_{I} 增大,或负载电阻 R_{L} 变化,引起输出电压 U_{O} 增大时,则三极管发射极电位 U_{E} 升高,而稳压管端电压基本不变,即三极管基极电位 U_{B} 基本不变,所以三极管的基-射极压降 $U_{\text{BE}} = U_{\text{B}} - U_{\text{E}}$ 减小,导致 $I_{\text{B}}(I_{\text{E}})$ 减小,从而使 U_{O} 减小,由此保持 U_{O} 基本不变。

由上分析可知,要使三极管起到调整管的作用,必须使其工作在线性区(放大区),因此这类电路称为线性稳压电路;由于调整管和负载相串联,这类电路又称串联稳压电路。

2. 具有放大环节的串联型稳压电路

为了使输出电压可调,并加深电压负反馈的作用,通常在基本调整管稳压电路的基础上引入放大环节,该放大环节可以由单管放大电路组成,也可以由集成运放组成。这里以集成运放组成的串联型稳压电路为例介绍其稳压原理,如图 8-13 所示。

1) 电路构成

电路中,电阻 R_{Z} 和稳压管 D_{Z} 构成基准电压电路,为电路提供一个稳定基准的电压;电

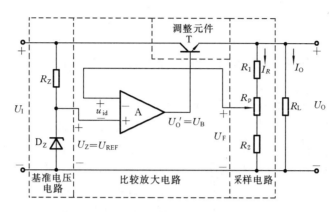

图 8-13 集成运放组成的串联型稳压电路

阻 R_1、R_p 和 R_2 构成采样电路,利用分压原理将输出电压的一部分取出作为采样信号,反映了输出量的变化;集成运放 A 组成比较放大电路,将采样电压与基准电压比较后加以放大;三极管 T 为调整管,通过自身管压降的调整来保证输出电压的稳定。基准电压电路、调整管、比较放大电路和采样电路是串联型稳压电路的基本组成部分。

2) 工作原理

电路的稳压过程如下:由于输入电压或负载变化等原因而使输出电压 U_O 升高(降低),这时采样电路将这一变化趋势送到集成运放 A 的反相输入端,并与同相输入端电位进行比较放大,即采样电压 U_F 与基准电压 $U_{REF} = U_Z$ 进行比较放大;集成运放 A 的输出电压,即调整管 T 的基极电位降低(升高);由于电路采用射极输出形式,因此输出电压 U_O 必然降低(升高),从而使 U_O 回到接近变化前的数值。

3) 输出电压的调节

调节取样电路中电位器 R_p 滑动点位置,可改变输出直流电压 U_O 的大小。对于理想集成运放,有 $U_N = U_P = U_Z$,则当电位器 R_p 的滑动点在最下端时,输出电压最大,为

$$U_O = U_{Omax} = U_Z \frac{R_1 + R_p + R_2}{R_2}$$

当电位器 R_p 的滑动点在最上端时,输出电压最小,为

$$U_O = U_{Omin} = U_Z \frac{R_1 + R_p + R_2}{R_2 + R_p}$$

4) 调整管的选择

在串联型稳压电路中,调整管是核心元件,它的安全工作是电路正常工作的保证。调整管通常为大功率管,在选择时应注意以下几点:

(1) 最大集电极电流 I_{CM}。

$$I_{CM} > I_{Cmax} = I_{Omax} + I$$

式中:I_{Cmax} 为电路中流过调整管的最大集电极电流;I_{Omax} 为负载输出电流的最大额定值;I 为流过采样电路的电流,其值较小,通常可忽略。

(2) 集-射间反向击穿电压 $U_{(BR)CEO}$。

当输出端发生短路时,输入电压全部加在调整管上,此时调整管承受的管压降最大。

因此

$$U_{(BR)CEO} > U_{CEmax} = U_{Imax}$$

式中：U_{CEmax}为调整管的最大集-射间电压；U_{Imax}为输入电压的最大值。

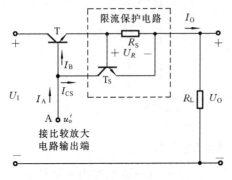

图 8-14　限流保护电路

（3）最大集电极功耗 P_{CM}。

$$P_{CM} > P_{Cmax} = U_{CEmax}I_{Cmax}$$

5）稳压电路的保护措施

在串联型稳压电路中，负载电流全部流过调整管。因此在过载时，尤其当输出短路时，流过调整管的电流过大，且管子承受全部输入电压 U_I，致使调整管上功耗剧增而损坏。因此通常可以加保护措施，使调整管不至于功耗过大而损坏。常用的限流保护电路如图 8-14所示。

限流保护电路由电阻 R_S 和保护管 T_S 组成。当稳压电路正常工作时，输出电流较小，使得电阻 R_S 两端的压降 U_R 较小，则保护管 T_S 截止，不影响电路的正常工作；当输出短路或负载电流过大时，电阻 R_S 两端的压降 U_R 增加，保护管 T_S 导通，则 T_S 管电流 I_{CS} 对调整管 T 的基极电流 I_B 进行分流，使 I_O 和调整管上电流受到限制，达到了保护电路的目的。

8.4.4　集成线性稳压器

随着半导体集成技术的发展，集成稳压器应运而生。它具有体积小，可靠性高，使用灵活，价格低廉以及温度特性好等优点，广泛应用于仪器仪表及各种电子设备中。集成稳压电路按输出电压情况可分为固定输出和可调输出两大类。最简单的集成稳压电路只有三个端，分别为输入端、输出端和公共端（调整端），故简称为三端稳压器。

按功能分，三端稳压器可分为：① 固定式稳压器，这一类稳压器的输出电路是固定的；② 可调式稳压器，这一类稳压器通过接入少量的外围元件就可以使输出电压在较大范围内进行调节。

1. 固定输出的三端稳压器

1）特点及主要参数

根据输出电压极性，常用的串联型集成三端稳压器分为 W7800 系列（输出正电压）和 W7900 系列（输出负电压）两种。型号后面两位数字表示输出电压值，有 5 V、6 V、9 V、12 V、15 V、18 V 和 24 V 等 7 个档次；输出电流有 1.5 A(W7800)、0.5 A(W78M00) 和 0.1 A(W78L00) 三个档次。例如，W7805 表示输出电压为 5 V、最大输出电流为 1.5 A。

其外形图和引脚定义如图 8-15 所示。需要注意的

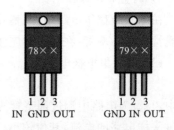

图 8-15　集成三端稳压器外形图及引脚说明

是,不同的封装引脚定义可能不一样,使用的时候,需从相关的数据手册中查到该型号对应的有关参数、性能指标、外形尺寸,并配上合适的散热片。

W7800 系列七种三端稳压器的主要参数如表 8-1 所示。

表 8-1　W7800 系列三端集成稳压器主要参数

参数名称	符号	单位	7805	7806	7808	7812	7815	7818	7824
输入电压	U_I	V	10	11	14	19	23	27	33
输出电压	U_O	V	5	6	8	12	15	18	24
电压调整率	S_u	%/V	0.0076	0.0086	0.01	0.008	0.0066	0.01	0.011
电流调整率 (5 mA≤I_O≤1.5 A)	S_i	mV	40	43	45	52	52	55	60
最小压差	U_I-U_O	V	2	2	2	2	2	2	2
输出噪声	U_N	μV	10	10	10	10	10	10	10
峰值电流	I_{OM}	A	2.2	2.2	2.2	2.2	2.2	2.2	2.2
输出温漂	S_T	mV/℃	1.0	1.0	1.2	1.2	1.5	1.8	2.4

表中的电压调整率是在额定负载电流且输入电压产生最大变化时,输出电压所产生的变化量 ΔU_O;电流调整率是在输入电压一定且负载电流产生最大变化时,输出电压所产生的变化量 ΔU_O。

2)基本应用举例

78/79 系列三端稳压的使用非常简单,如图 8-16(a)所示,220 V 交流信号经变压、整流、滤波后得到的直流电压(图中 U_I),输入到 78L05 的输入引脚 1,就可以从输出引脚 3 得到稳定的 +5 V 直流输出电压。即使输入电压(电网波动引起)或负载电流在一定范围内变化,三端稳压也总是能将输出电压维持在 +5 V。由表 8-1 可知,只有其输入端和输出端间的电压大于 2 V(保证调整管工作在线性区)时,稳压器才能正常工作。

图 8-16(a)所示电路是正电压稳压电路,输入端电容 C_i 用于抵消因长线传输引起的电感效应,防止电路产生自激振荡,一般可取 0.33 μF,输出端电容 C_o 是用来改善负载瞬态响应的,一般可取 1 μF。为了避免输入端对地短路、输入滤波电容开路(C_o 会通过稳压器放电)造成的输出瞬时过电压,在输入端到输出端之间可加接保护二极管,或在输出端加接泄放电阻 R,如图中虚线所示。需要负电压输出时,选用 79Lxx 系列,如图 8-16(b)所示。使用时,应注意接入足够的散热器,并使公共端可靠接地,以防止浮地故障。

3)输出电压可调的电路

图 8-17 所示是输出电压可调的电路,图中 R_1、R_2 为取样电路,U^* 为三端稳压器的标称输出电压值。显然,改变电位器的滑动端即可调节输出电压。故输出电压为

$$U_O = \left(1 + \frac{R_2}{R_1}\right) \cdot U^*$$

2. 可调式三端稳压器

W117 为可调式三端稳压器。

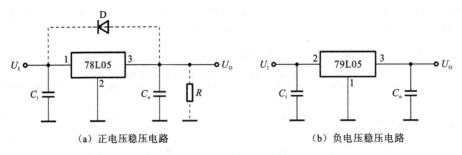

（a）正电压稳压电路　　　　　　（b）负电压稳压电路

图 8-16　输出电压固定的电路

1）特点与主要参数

W117 系列三端稳压器的输出端与调整端之间的电压为 1.25 V，称为基准电压。与 W7800 系列类似，输出电流有 1.5 A(W117)、500 mA(W117M) 和 100 mA(W117L)3 个档次。

W117 系列、W217 系列和 W317 系列具有相同的引出端、相同的基准电压和相似的内部电路，它们的工作温度范围依次为 $-55\sim150$ ℃、$-25\sim150$ ℃、$0\sim125$ ℃。与 W7800 系列产品一样，W117、W217 和 W317 在电网电压波动和负载电阻变化时，输出电压非常稳定。

它们的外形与符号如图 8-18 所示，25 ℃时的主要参数如表 8-2 所示。

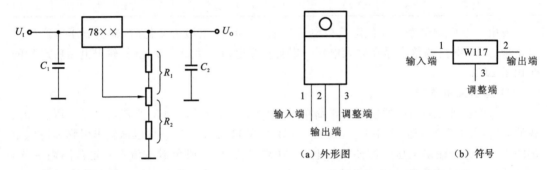

图 8-17　输出电压可调的电路　　　　　　图 8-18　W117 三端稳压器

（a）外形图　　　（b）符号

表 8-2　W117/W217/W317 的主要参数

参数名称	符号	测试条件	单位	W117/W217			W317		
				最小值	典型值	最大值	最小值	典型值	最大值
输出电压	U_O	$I_O=1.5$ A	V	\multicolumn{6}{c}{$1.2\sim37$}					
电压调整率	S_u	$I_O=500$ mA 3 V$\leqslant U_I-U_O\leqslant40$ V	%/V		0.01	0.02		0.01	0.04
电流调整率	S_1	10 mA$\leqslant I_O\leqslant1.5$ A	%		0.1	0.3		0.1	0.5
调整端电流	I_{Ad}		μA		50	100		50	100
调整端电流变化	ΔI_{Ad}	3V$\leqslant U_I-U_O\leqslant40$ V 10 mA$\leqslant I_O\leqslant1.5$ A	μA		0.2	5		0.2	5

续表

参数名称	符号	测试条件	单位	W117/W217			W317		
				最小值	典型值	最大值	最小值	典型值	最大值
基准电压	U_R	$I_O = 500$ mA 25 V$\leqslant U_I - U_O \leqslant 40$ V	V	1.2	1.25	1.30	1.2	1.25	1.30
最小负载电流	I_{Omin}	$U_I - U_O = 40$ V	mA		3.5	5		3.5	10

由表 8-2 可知：

① 对于特定的稳压器，基准电压 U_R 是 1.2 V～1.3 V 中的某一个值，在一般分析计算时可取典型值 1.25 V。

② W117、W217 和 W317 的输出端和输入端电压之差为 3～40 V，过低时不能保证调整管工作在放大区，不能稳压；过高时调整管可能因管压降过大而击穿。

③ 受最小输出电流 I_{Omin} 限制，在空载时必须有合适的电流回路。

④ 调整端电流很小，且变化也很小。

2）基本应用举例

可调式三端稳压器的主要应用是实现输出电压可调的稳压电路，其典型电路如图 8-19 所示。由于调整端的电流非常小，可忽略不计，故输出电压为

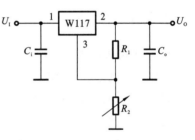

图 8-19 W117 的典型应用电路

$$U_O = \left(1 + \frac{R_2}{R_1}\right) \times 1.25$$

【例 8-2】 电路如图 8-19 所示。已知输入电压 U_I 的波动范围为 $\pm 10\%$；W117 正常工作时输入端与输出端之间电压 U_{12} 为 3～40 V，最小输出电流 $I_{Omin} = 5$ mA，输出端与调整端之间电压 $U_{23} = 1.25$ V；输出电压的最大值 $U_{Omax} = 28$ V。

（1）输出电压的最小值 $U_{Omin} = ?$

（2）R_1 的最大值 $R_{1max} = ?$

（3）若 $R_1 = 200$ Ω，则 R_2 应取多少？

（4）为使电路能够正常工作，U_I 的取值范围为多少？

解 （1）$R_2 = 0$ 时，$U_O = U_{Omin} = U_{23} = 1.25$ V。

（2）为保证空载时 W117 的输出电流大于 5 mA，R_1 的最大值

$$R_{1max} = \frac{U_{23}}{I_{Omin}} = \left(\frac{1.25}{5 \times 10^{-3}}\right) \Omega = 250 \ \Omega$$

（3）若 $R_1 = 200$ Ω，为使 $U_{Omax} = 28$ V，则

$$28 = \left(1 + \frac{R_2}{200}\right) \times 1.25, \quad R_2 = 4.28 \ \text{k}\Omega$$

（4）要使电路正常工作，就应保证 W117 在 U_I 波动时 U_{12} 为 3～40 V。

当 U_O 最小且 U_I 波动 $+10\%$ 时，U_{12} 最大，应小于 40 V，即

$$U_{12\text{max}} = 1.1U_\text{I} - U_{O\text{min}} = 1.1U_\text{I} - 1.25 < 40$$

得到 U_I 的上限值为 37.5 V。

当 U_O 最大且 U_I 波动 -10% 时，U_{12} 最小，应大于 3 V，即

$$U_{12\text{min}} = 0.9U_\text{I} - U_{O\text{max}} = 0.9U_\text{I} - 28 > 3$$

得到 U_I 的下限值约为 34.4 V。U_I 的取值范围是 34.4～37.5 V。

8.5　开关型稳压电路

前面所介绍的线性稳压电路具有结构简单、调节方便、输出电压稳定性强等优点，但是由于调整管始终工作在放大状态，自身功耗较大，以致效率较低，而且为了解决调整管散热问题，必须安装散热器，这就必然增大了整个电源设备的体积和成本。开关型稳压电路使调整管工作在开关状态(饱和和截止)，有效降低了管耗，提高了电路的效率。

按调整管与负载的连接方式，开关型稳压电路分为串联型和并联型。

8.5.1　串联开关型稳压电路

1. 换能电路的工作原理

换能电路如图 8-20 所示。输入电压 U_I 是未经稳压的直流电压；三极管 T 为调整管，工作在开关状态，故又称开关管；u_B 为矩形波，控制开关管的工作状态；电感 L 和电容 C 组成滤波电路；D 为续流二极管。

当 u_B 为高电平时，T 饱和导通，D 反向截止，输入电压 U_I 经开关管 T、电感 L 向负载电阻 R_L 供电，同时电感 L 存储能量、电容 C 充电；此时发射极电位 $u_\text{E} = U_\text{I} - U_\text{CES} \approx U_\text{I}$。当 u_B 为低电平时，T 截止，电感 L 存储能量(瞬时极性左负右正)，D 正向导通，电容 C 放电，负载电流方向不变；此时发射极电位 $u_\text{E} = -U_\text{D} \approx 0$。$u_\text{E}$、$i_\text{L}$ 和 u_o 的波形如图 8-21 所示。

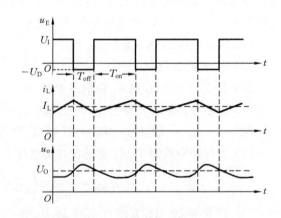

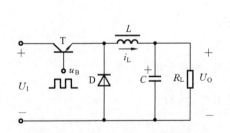

图 8-20　串联开关型稳压电路的换能电路　　　　图 8-21　换能电路的波形图

忽略三极管的饱和管压降和续流二极管 D 的导通压降，则输出电压平均值为

$$U_\text{O} = \frac{T_\text{on}}{T}(U_\text{I} - U_\text{CES}) + \frac{T_\text{off}}{T}(-U_\text{D}) \approx \frac{T_\text{on}}{T}U_\text{I} = qU_\text{I}$$

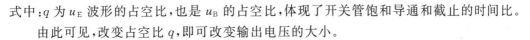

式中:q 为 u_E 波形的占空比,也是 u_B 的占空比,体现了开关管饱和导通和截止的时间比。

由此可见,改变占空比 q,即可改变输出电压的大小。

2. 串联开关型稳压电路

当输入电压波动或负载变化时,输出电压将随之变动。由换能电路可知,若能在输出电压 U_O 增大时减小占空比,或在输出电压 U_O 减小时增大占空比,则可获得较为稳定的输出电压。因此,可以将 U_O 的采样电压通过反馈来控制 u_B 的占空比,以达到稳压的目的。

串联开关型稳压电路的结构原理图如图 8-22 所示。它包括开关管 T、比较放大电路 A、电压比较器 C、三角波发生电路、基准电压电路、采样电路(R_1、R_2)和滤波电路(电感 L、电容 C_2 和续流二极管 D)等。

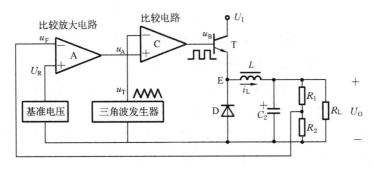

图 8-22　串联开关型稳压电路的结构原理图

基准电压电路输出稳定的电压,采样电压 u_F 与基准电压 U_R 的差值经比较放大电路 A 放大后,作为电压比较器 C 的阈值电压 u_A,三角波发生器的输出电压 u_T 与之进行比较,得到控制信号 u_B。

对于比较放大电路 A,当 $u_F = U_R$ 时,输出 $u_A = 0$;当 $u_F < U_R$ 时,输出 $u_A > 0$;当 $u_F > U_R$ 时,输出 $u_A < 0$。对于电压比较器 C,当 $u_A < u_T$ 时,输出 u_B 为低电平;当 $u_A > u_T$ 时,输出 u_B 为高电平。图 8-23 所示为 $u_F < U_R$ 时的波形图。

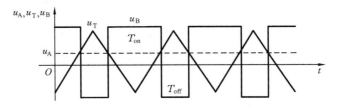

图 8-23　电压比较器的输入、输出波形

由波形图可知,通过调节 u_A 的大小,可以调节 u_B 的占空比。$u_F = U_R$,$u_A = 0$ 时,$q = 50\%$;$u_F < U_R$,$u_A > 0$ 时,$q > 50\%$;$u_F > U_R$,$u_A < 0$ 时,$q < 50\%$。

而 $u_F = \dfrac{R_2}{R_1 + R_2} U_O$,当输出电压 U_O 增大时,采样电压 u_F 也随之增大,使比较放大电路输出端 u_A 随之减小,经电压比较器 C 又使 u_B 的占空比变小,因此输出电压 U_O 随之减小,调节的结果是输出电压基本不变。

8.5.2 并联开关型稳压电路

串联开关型稳压电路开关管与负载串联,输出电压总是小于输入电压,属于降压型稳压电路。实际应用中,还需要升压型稳压电路,这类电路将开关管与负载并联,称为并联开关型稳压电路。电路的结构原理图如图 8-24 所示。

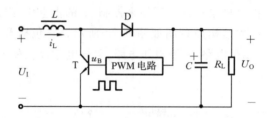

图 8-24 并联开关型稳压电路的结构原理图

将 U_O 的采样电压经脉宽调制电路后,形成的矩形波 u_B 送入开关管 T 的基极。开关管 T 的工作状态受到 u_B 的控制。当 u_B 为高电平时,T 饱和导通,D 反向截止,电感 L 存储能量,同时电容对负载电阻 R_L 放电;当 u_B 为低电平时,T 截止,电感释放能量(瞬时极性左负右正)与输入电压 U_I 同向叠加,D 正向导通,输入电压 U_I 经电感 L、续流二极管 D 向负载电阻 R_L 供电,同时电容 C 充电,负载电流方向不变。因此,改变 u_B 的占空比,可以改变输出电压。其稳压原理与串联开关型稳压电路的相同。

本 章 小 结

本章介绍了直流稳压电源的组成,各部分电路的工作原理和各种不同类型电路的结构及工作特点。

1. 直流电源的组成

直流稳压电源由变压器、整流电路、滤波电路和稳压电路组成。变压器是利用变压器进行降压;整流电路利用二极管的单向导电特性,将交流电压变成单向脉动的直流电压;滤波电路可减小脉动使直流电压平滑;稳压电路使输出电压不受电网电压波动和负载变化的影响。

2. 整流电路

在小功率的直流电源中,整流电路有单相半波和单相全波两种形式,最常用的是单相桥式整流电路。分析整流电路,应分析其输出电压、输出电流及二极管端电压的波形,并由此获得输出电压、输出电流的平均值,以及二极管的最大平均电流和承受的最高反向电压。单相桥式整流电路中,$U_O = 0.9U_2$,$I_O = 0.9\dfrac{U_2}{R_L}$,$I_D = \dfrac{1}{2}I_O$,$U_{RM} = \sqrt{2}U_2$。

3. 滤波电路

滤波电路利用电容或电感在电路中起储能作用,常用的滤波电路有电容滤波电路、电感滤波电路、复式滤波电路。电容滤波电路中,一般取放电时间常数 $\tau_{放} = R_L C \geqslant (3 \sim 5)\dfrac{T}{2}$,输出直流电压平均值 $U_O \approx 1.2U_2$。负载电流较大时,应采用电感滤波。

4. 稳压电路

(1) 稳压管稳压电路利用稳压管的电流调节作用和限流电阻的补偿作用,使输出电压稳定。该电路结构简单,但输出电压不可调,仅适用于负载电流较小且其变化范围较小的情况。

(2) 串联型线性稳压电路,一般由调整管、基准电压电路、输出电压采样电路和比较放大电路组成。电路引入深度电压负反馈,有效地稳定输出电压。集成三端稳压器仅有输入端、输出端和公共端三个引脚,使用方便,稳压性能好。

(3) 开关型稳压电路,使调整管工作在开关状态,因而功耗低、电路效率高,但一般输出的纹波电压较大。串联开关型稳压电路是降压型电路,并联开关型稳压电路是升压型电路。电路通过对输出电压的采样和反馈,调整开关管基极电位的占空比,进一步调整开关管的通断时间,从而达到稳定输出电压的目的。

习　　题

8.1　直流电源通常由哪几部分组成? 各部分的作用是什么?

8.2　选择合适的答案填入空内。

(1) 整流的目的是(　　)。

A. 将交流变为直流　　　　B. 将高频变为低频　　　　C. 将正弦波变为方波

(2) 在单相桥式整流电路中,若有一个整流管接反,则(　　)。

A. 输出电压约为 $2U_D$　　　B. 变为半波整流　　　　C. 整流管将因电流过大而烧坏

(3) 直流稳压电源中滤波电路的目的是(　　)。

A. 将交流变为直流　　　　　　　　　　　　B. 将高频变为低频

C. 将交、直流混合量中的交流成分滤掉

(4) 滤波电路应选用(　　)。

A. 高通滤波电路　　　　　B. 低通滤波电路　　　　C. 带通滤波电路

(5) 串联型稳压电路中的放大环节所放大的对象是(　　)。

A. 基准电压　　　　　　　B. 采样电压　　　　　C. 基准电压与采样电压之差

(6) 开关型直流电源比线性直流电源效率高的原因是(　　)。

A. 调整管工作在开关状态　　　　　　　　　B. 输出端有 LC 滤波电路

C. 可以不用电源变压器

8.3　单相桥式整流和单相半波整流电路相比,在变压器副边电压相同的条件下,_____电路的输出电压平均值高了一倍;若输出电流相同,就每个整流二极管而言,则_____电路的整流平均电流大了一倍,采用_____电路,脉动系数可以下降很多,若变压器副边电压有效值为 U_2,每个整流管的反向峰值电压为 U_{RM},则桥式整流电路的 $U_{RM} =$

_____,半波整流电路的 $U_{RM}=$ _____。

8.4 单相桥式整流电路如题8.4图所示,已知变压器副边电压 $U_2=10$ V(有效值)。

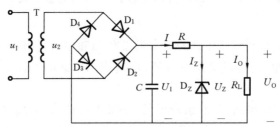

题8.4图

(1) 整流滤波后的直流电压 $U_1=($)。

A. 4.5 V   B. 9 V   C. 12 V   D. 14 V

(2) 电容 C 因虚焊未接上,$U_1=($)。

A. 4.5 V   B. 9 V   C. 12 V   D. 14 V

(3) 整流桥中二极管 D_2 因虚焊开路,则( )。

A. 电容 C 将过压击穿   B. 变为半波整流

C. 变压器有半周被短路,会引起元件损坏

(4) 若整流桥中二极管 D_2 接反,则( )。

A. 电容 C 将过压击穿   B. 变为半波整流

C. 变压器有半周被短路,会引起元件损坏

(5) 若电阻 R 短路,则( )。

A. U_O 升高   B. 变为半波整流

C. 电容 C 将过压击穿   D. 稳压管将过流而损坏

(6) 设电路正常工作,当电网电压波动而使 U_2 增大(负载不变)时,则 I 将( ),I_Z 将( )。

A. 增大   B. 减小   C. 基本不变

(7) 设电路正常工作,当负载电流 I_O 增大时(电网电压不变),则 I 将( ),I_Z 将( )。

A. 增大   B. 减小   C. 基本不变

8.5 在电容滤波和电感滤波中,_____滤波适用于大电流负载,_____滤波的直流输出电压高。

8.6 分别列出单相半波和单相桥式整流电路中以下几项参数的表达式,并进行比较。

(1) 输出直流电压 U_O;

(2) 脉动系数 S;

(3) 二极管正向平均电流 I_D;

(4) 二极管最大反向峰值电压 U_{RM}。

8.7 电容和电感为什么能起滤波作用?它们在滤波电路中应如何与 R_L 连接?

8.8 单相桥式整流电路如题8.8图所示。

（1）若变压器副边电压有效值 $U_2 = 20$ V，则 u_o 的直流平均电压为多大？

（2）当输出电流平均值为 I_O 时，I_{D1} 为多大？

（3）考虑到电网电压波动为 $\pm 10\%$，二极管该如何选型？

（4）若 D_1 的正负极性接反，则输出波形会怎样变化？

（5）若 D_1 开路，则输出波形会怎样？

（6）若 D_1 短路，则输出波形会怎样？

8.9　在题 8.8 图所示电路中，已知直流输出电压平均值 $U_O = 20$ V，负载 $R_L = 40$ Ω，试确定整流二极管的参数并求出变压器副边电压和电流的有效值（设二极管的正向压降为 0.7 V）。

8.10　桥式整流、电容滤波电路如题 8.10 图所示，已知交流电源 $U_i = 220$ V、50 Hz，$R_L = 50$ Ω，要求输出直流电压为 24 V，纹波较小。

（1）选择整流管的型号。

（2）选择滤波电容器。

（3）当测得直流输出电压 U_O 分别为以下数值时，可能出现了什么故障？$U_O = 18$ V；$U_O = 28$ V；$U_O = 9$ V。

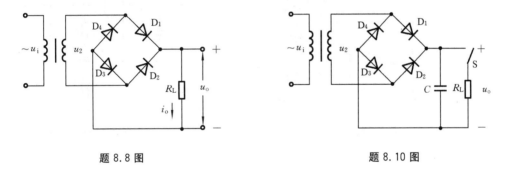

题 8.8 图　　　　　　　　　　　题 8.10 图

8.11　电路如题 8.10 图所示，已知交流电源电压 $u_2 = 20\sqrt{2}\sin(\omega t)$，在下列不同的情况下，$u_o$ 对应的直流电压平均值 U_O 各为多少？

（1）电容 C 因虚焊未接上；

（2）有电容 C，但负载电阻 R_L 为 ∞；

（3）整流桥中有一个二极管因虚焊开路，有电容 C，但负载电阻 R_L 为 ∞；

（4）有电容 C，但负载电阻 $R_L \neq \infty$。

8.12　电路如题 8.12 图所示。合理连线，构成输出为 5 V 的直流电源。

8.13　电路如题 8.13 图所示，由集成稳压器 7805 和集成运放组成了输出电压可调的直流稳压电源，当调节可变电阻器 R_W 时，输出电压 U_O 将发生变化，求输出电压的变化范围（7805 的输出电压 U_{32} 为固定的 5 V）。

8.14　稳压电路如题 8.14 图所示。已知输入电压 $U_I = 35$ V，波动范围为 $\pm 10\%$；W117 调整端电流可忽略不计，输出电压为 1.25 V，要求输出电流大于 5 mA、输入端与输出端之间的电压 U_{12} 的范围为 3~40 V。

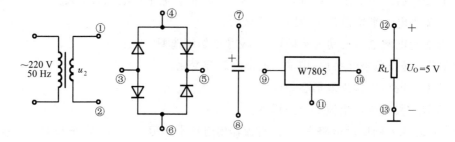

题 8.12 图

（1）根据 U_1 确定作为该电路性能指标的输出电压的最大值；

（2）求解 R_1 的最大值；

（3）若 $R_1 = 200\ \Omega$，输出电压最大值为 25 V，则 R_2 的取值为多少？

（4）该电路中 W117 输入端与输出端之间承受的最大电压为多少？

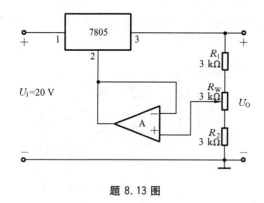

题 8.13 图

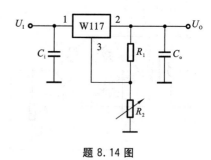

题 8.14 图

专业术语汉英对照

第 1 章　半导体器件

半导体　semiconductor

空穴　hole

空间电荷区　space charge region

自由电子　free electron

玻尔兹曼常数　Boltzmann constant

二极管　diode

势垒电容　barrier capacitance

扩散电容　diffusion capacitance

特性曲线　characteristic

齐纳击穿　Zener breakdown

雪崩击穿　avalanche breakdown

参数　parameters

反向峰值电压　reverse peak voltage

齐纳二极管　Zener diode

肖特基二极管　Schottky diode

发光二极管　light-emitting diode

光电二极管　photo diode

变容二极管　varactor diode

三极管　bipolar junctiontransistor，BJT

发射极　emitter

集电极　collector

基极　base

放大区　active region

截止区　cutoff region

饱和区　saturation region

极限参数　ratings

反向偏置　reverse bias

正向偏置　forward bias

反向饱和电流　reverse saturation current

击穿电压　breakdown voltage

二次击穿　second breakdown

场效应管　field effect transistor，FET

金属-氧化物-半导体　metal-oxide-semiconductor，MOS

结型　junction type

绝缘栅型　isolated gate type

增强型　enhancement type

耗尽型　depletion type

开启电压　threshold voltage

夹断电压　pinch off voltage

输出特性　output characteristics

转移特性　transfer characteristics

衬底　substrate

恒流区　constant current region

可变电阻区　variable resistance region

第 2 章　基本放大电路

放大电路　amplifier

电压放大电路　voltage amplifier

电压增益　voltage gain

电流增益　current gain

互阻增益　transresistance gain

互导增益　transconductance gain

输入电阻　input resistance

输出电阻　output resistance

频率响应　frequency response

负载　load

偏置电路　biasing circuits

交流通路　AC path

直流通路　DC path

混合参数（H 参数）　hybrid parameter

小信号模型　small signal model

图解分析　graphical analysis

直流负载线　direct current load line

交流负载线　alternating current load line

电压跟随器　voltage follower
射极输出器　emitter follower
共源组态　common source configuration
共漏组态　common drain configuration
共珊组态　common gate configuration
零点漂移　zero drift
温度漂移　temperature drift
多级放大电路　multistage amplifier

第3章　放大电路的频率响应

波特图　Bode plot
通频带　pass band
分贝　decibel, dB
基区体电阻　base-spreading resistance
混合 π 型模型　hybrid π
幅度　amplitude
相位　phase
截止频率　cutoff frequency
共发射极截止频率　common emitter cutoff frequency
共基极截止频率　common base cutoff frequency
特征频率　characteristic frequency

第4章　集成运算放大电路

集成电路　integrated circuit
模拟集成电路　analog ICs
电流源　current source
镜像电流源　mirror current source
多路电流源　multiple current source
微电流源　micro current source
有源负载　active load
差动放大电路　differential amplifier
差模信号　differential-mode signal
共模信号　common-mode signal
差模电压增益　differential-mode voltage gain
共模电压增益　common-mode voltage gain
共模抑制比　common-mode refection ratio

功率放大电路　power amplifier
甲类　class A
乙类　class B
甲乙类　class AB
效率　efficiency
互补对称功率放大器　complementary symmetry power amplifier
复合管(达林顿)电路　Darlington circuit
互补型 MOS　complementary MOS, CMOS
推挽式　push pull
变压器耦合　transformer-coupled
OCL　output capacitor less
OTL　output transformer less
交越失真　crossover distortion
功放管　power transistor
散热器　heat sink
运算放大器　operation amplifier
通用型　popular type
专用型　special type
偏置电流　bias current
失调电流与失调电压　offset currents and voltages
开环电压增益　open loop voltage gain
转换速率　slew rate

第5章　信号的基本运算与滤波处理

理想运算放大器　ideal operation amplifier
虚短　virtual short circuit
虚地　virtual ground
虚断　virtual broken circuit
同相　noninverting
反相　inverting
减法器　subtractor
加法器　adder
积分器　integrator
微分器　differentiator
模拟乘法器　analog multiplier
变跨导式模拟乘法器　variable transcond-

uctance analog multiplier

滤波电路　filter

有源滤波电路　active filter

高通　high-pass

低通　low-pass

带通　band-pass

带阻　band-reject

第6章　负反馈放大电路

反馈放大电路　feedback amplifiers

方框图　block diagram

基本放大器　basic amplifier

反馈网络　feedback network

负反馈放大电路　negative feedback amplifier

电压串联　voltage-series

电压并联　voltage-shunt

电流串联　current-series

电流并联　current-shunt

开环增益　open-loop gain

闭环增益　closed-loop gain

反馈深度　desensitivity

非线性失真　nonlinear distortion

抑制噪声　reduction of noise

频率补偿　frequency compensation

第7章　波形的产生与变换

振荡电路　oscillator

正弦波振荡电路　sinusoidal oscillator

文氏电桥　Wien bridge

比较器　comparator

滞回比较器　comparator with hysteresis

方波发生器　square wave generator

三角波发生器　triangle-wave generator

锯齿波电压发生器　saw-tooth wave voltage generator

第8章　直流电源

电源　power supply

稳压电源　regulated power supply

开关稳压电源　switching regulated power supply

脉宽调制　pulse-width-modulation，PWM

脉冲频率调制　pulse frequency modulation，PFM

占空比　duty ratio

并联升压型　parallel boost type

串联降压型　serial buck type

直流变换型　DC-converter

参 考 文 献

[1]　康华光.电子技术基础模拟部分[M].4版.北京:高等教育出版社,2003.

[2]　杨素行.模拟电子技术基础简明教程[M].3版.北京:高等教育出版社,2006.

[3]　Robert Boylestan, Louis Nasnelky. Electronic Devices and Circuit Theory[M]. Prentice-Hall, Inc, 2008.

[4]　华成英,童诗白.模拟电子技术基础[M].北京:高等教育出版社,2006.

[5]　元增明.模拟电子技术[M].北京:清华大学出版社,2013.

[6]　江晓安,董秀峰.模拟电子技术[M].2版.西安:西安电子科技大学出版社,2002.

[7]　黄跃华,张钰玲.模拟电子技术[M].北京:北京理工大学出版社,2009.

[8]　Paul Scherz.实用电子元器件与电路基础[M].2版.夏建生,等,译.北京:电子工业出版社,2012.